できるポケット

時短の王道 改訂版
Excel 関数

全事典

Office 365 & Excel 2019/2016/2013/2010 対応

羽山 博・吉川明広&できるシリーズ編集部

インプレス

本書の読み方

本書では、Excelで利用できるすべての関数の機能や引数の意味などを解説しています。目次と2種類のインデックスから、知りたい関数をすぐに見つけられます。

チェックマーク

関数を「覚えた」ときや「試した」ときにマークを付けます。

機能

関数で行える処理や計算の内容です。**目的別インデックス**（P.32）では使いたい機能から関数を探せます。

関数名と引数

関数の名称および読みと、引数です。**関数名インデックス**（P.19）では名称から関数を探せます。

必修／NEW

特に注目したい関数を表すマークです。

どのような業種でも使う機会がある、すべての人がまず覚えておきたい関数です。

NEW

Excel 2016以降（またはOffice 365）で追加された、新しい関数です。

対応バージョン

関数が利用できるバージョンを表します。〈365〉はOffice 365のExcelを表します。

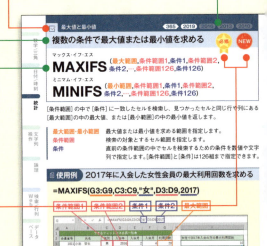

使用例ファイルをダウンロード！

本書で掲載している「使用例」と同じファイルを、インプレスブックスのサイトからダウンロードできます。

https://book.impress.co.jp/books/1118101125

※上記ページの［ダウンロード］を参照してください。
※ダウンロードした使用例ファイルを開くと［保護ビュー］で表示されますが、［編集を有効にする］をクリックすると、編集できるようになります。

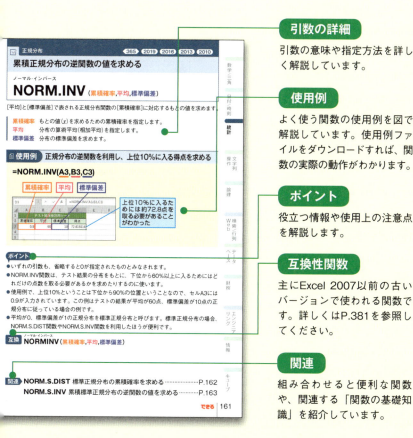

引数の詳細
引数の意味や指定方法を詳しく解説しています。

使用例
よく使う関数の使用例を図で解説しています。使用例ファイルをダウンロードすれば、関数の実際の動作がわかります。

ポイント
役立つ情報や使用上の注意点を解説します。

互換性関数
主にExcel 2007以前の古いバージョンで使われる関数です。詳しくはP.381を参照してください。

関連
組み合わせると便利な関数や、関連する「関数の基礎知識」を紹介しています。

目次

本書の読み方 ･･ 2
関数名インデックス ･･･ 19
目的別インデックス ･･･ 32

第1章	数学／三角関数			45
数値の集計	SUM	必修	数値を合計する	46
	SUMIF	必修	条件を指定して数値を合計する	47
	SUMIFS		複数の条件を指定して数値を合計する	48
	SUBTOTAL		さまざまな集計値を求める	49
	AGGREGATE	必修	さまざまな集計値、順位や分位数を求める	50
数値の積と和	PRODUCT		積を求める	52
	SUMPRODUCT		配列要素の積を合計する	52
	SUMSQ		平方和を求める	52
配列の平方計算	SUMX2PY2		2つの配列要素の平方和を合計する	53
	SUMX2MY2		2つの配列要素の平方差を合計する	53
	SUMXMY2		2つの配列要素の差の平方和を求める	53
数値の丸め	ROUND	必修	四捨五入して指定の桁数まで求める	54
	ROUNDDOWN		切り捨てて指定の桁数まで求める	55
	TRUNC			
	ROUNDUP		切り上げて指定の桁数まで求める	55
	INT	必修	小数点以下を切り捨てる	56
	FLOOR.MATH		数値を基準値の倍数に切り捨てる	57
	FLOOR.PRECISE		数値を基準値の倍数に切り捨てる	58
	MROUND		指定した数値の倍数になるように丸める	58
	CEILING.MATH		数値を基準値の倍数に切り上げる	59
	ISO.CEILING		数値を基準値の倍数に切り上げる	60
	CEILING.PRECISE			
	EVEN		偶数または奇数に切り上げる	61
	ODD			
商と余り	QUOTIENT		整数商を求める	61
	MOD		余りを求める	62
絶対値	ABS		絶対値を求める	62
数値の符号	SIGN		正負を調べる	62
最大公約数と最小公倍数	GCD		最大公約数を求める	63
	LCM		最小公倍数を求める	64

4 できる

順列と	FACT	階乗を求める	64
組み合わせ	FACTDOUBLE	二重階乗を求める	64
	PERMUT	順列の数を求める	65
	PERMUTATIONA	重複順列の数を求める	66
	COMBIN	組み合わせの数を求める	67
	COMBINA	重複組み合わせの数を求める	68
	MULTINOMIAL	多項係数を求める	69
べき級数	SERIESSUM	べき級数を求める	69
平方根	SQRT	平方根を求める	69
	SQRTPI	円周率 π の倍数の平方根を求める	70
指数関数	POWER	べき乗を求める	70
	EXP	自然対数の底 e のべき乗を求める	70
対数関数	LOG	任意の数値を底とする対数を求める	71
	LOG10	常用対数を求める	71
	LN	自然対数を求める	71
円周率	PI	円周率 π の近似値を求める	72
度とラジアン	RADIANS	度をラジアンに変換する	72
	DEGREES	ラジアンを度に変換する	72
三角関数	SIN	正弦を求める	73
	COS	余弦を求める	73
	TAN	正接を求める	73
	CSC	余割を求める	74
	SEC	正割を求める	74
	COT	余接を求める	74
逆三角関数	ASIN	逆正弦を求める	75
	ACOS	逆余弦を求める	75
	ATAN	逆正接を求める	75
	ATAN2	x-y 座標から逆正接を求める	76
	ACOT	逆余接を求める	76
双曲線関数	SINH	双曲線正弦を求める	76
	COSH	双曲線余弦を求める	77
	TANH	双曲線正接を求める	77
	CSCH	双曲線余割を求める	77
	SECH	双曲線正割を求める	78
	COTH	双曲線余接を求める	78
逆双曲線関数	ASINH	双曲線逆正弦を求める	78
	ACOSH	双曲線逆余弦を求める	79
	ATANH	双曲線逆正接を求める	79
	ACOTH	双曲線逆余接を求める	79

行列と行列式	MDETERM		行列の行列式を求める	79
	MINVERSE		行列の逆行列を求める	80
	MMULT		2つの行列の積を求める	80
	MUNIT		単位行列を求める	80
配列の作成	SEQUENCE	NEW	等差数列が入った配列を作成する	81
乱数	RANDBETWEEN		乱数を発生させる（整数）	82
	RAND		乱数を発生させる（0以上1未満の実数）	83
	RANDARRAY	NEW	乱数が入った配列を作成する	84

第2章　日付／時刻関数　　　85

日付と時刻	TODAY	必修	現在の日付、または現在の日付と時刻を求める	86
	NOW			
年月日の取得	YEAR	必修	日付から「年」を取り出す	87
	MONTH		日付から「月」を取り出す	88
	DAY		日付から「日」を取り出す	88
時分秒の取得	MINUTE		時刻から「分」を取り出す	88
	SECOND		時刻から「秒」を取り出す	88
	HOUR		時刻から「時」を取り出す	89
曜日の取得	WEEKDAY	必修	日付から曜日を取り出す	90
週番号の取得	WEEKNUM		日付が何週目かを求める	91
	ISOWEEKNUM		ISO8601方式で日付が何週目かを求める	92
日付の変換	DATESTRING		日付を和暦に変換する	92
日付の シリアル値	DATEVALUE		日付を表す文字列からシリアル値を求める	93
	DATE		年、月、日から日付を求める	93
時刻の シリアル値	TIMEVALUE		時刻を表す文字列からシリアル値を求める	93
	TIME		時、分、秒から時刻を求める	94
期日	EOMONTH		数カ月前や数カ月後の月末を求める	94
	EDATE		数カ月前や数カ月後の日付を求める	95
	WORKDAY		土日と祝日を除外して期日を求める	96
	WORKDAY.INTL		指定した休日を除外して期日を求める	97
期間	DAYS		2つの日付から期間内の日数を求める	98
	DAYS360		1年を360日として期間内の日数を求める	98
	NETWORKDAYS		土日と祝日を除外して期間内の日数を求める	98
	NETWORKDAYS.INTL		指定した休日を除外して期間内の日数を求める	99
	DATEDIF		期間内の年数、月数、日数を求める	100
	YEARFRAC		期間が1年間に占める割合を求める	100

第3章　統計関数　　101

データの個数	COUNT	必修	数値や日付、時刻、またはデータの個数を求める	102
	COUNTA			
	COUNTBLANK		空のセルの個数を求める	103
	COUNTIF	必修	条件に一致するデータの個数を求める	104
	COUNTIFS		複数の条件に一致するデータの個数を求める	105
平均値	AVERAGE	必修	数値またはデータの平均値を求める	106
	AVERAGEA			
	AVERAGEIF	必修	条件を指定して数値の平均を求める	107
	AVERAGEIFS		複数の条件を指定して数値の平均を求める	108
	TRIMMEAN		極端なデータを除外して平均値を求める	109
	GEOMEAN		相乗平均（幾何平均）を求める	110
	HARMEAN		調和平均を求める	111
最大値と最小値	MAX	必修	数値の最大値または最小値を求める	112
	MIN			
	MAXA		データの最大値または最小値を求める	113
	MINA			
	MAXIFS	必修 NEW	複数の条件で最大値または最小値を求める	114
	MINIFS	NEW		
度数分布	FREQUENCY		区間に含まれる値の個数を求める	115
中央値と最頻値	MEDIAN		数値の中央値を求める	116
	MODE.SNGL		数値の最頻値を求める	117
	MODE.MULT		複数の最頻値を求める	118
順位	LARGE	必修	大きいほうから何番目かの値を求める	119
	SMALL		小さいほうから何番目かの値を求める	120
	RANK.EQ	必修	順位を求める（同じ値のときは最上位を返す）	121
	RANK.AVG		順位を求める （同じ値のときは順位の平均値を返す）	122
百分位数	PERCENTILE.INC		百分位数を求める （0%と100%を含めた範囲）	123
	PERCENTILE.EXC		百分位数を求める （0%と100%を除いた範囲）	124
	PERCENTRANK.INC		百分率での順位を求める （0%と100%を含めた範囲）	125
	PERCENTRANK.EXC		百分率での順位を求める （0%と100%を除いた範囲）	126

四分位数	QUARTILE.INC	四分位数を求める (0% と 100% を含めた範囲)	127
	QUARTILE.EXC	四分位数を求める (0% と 100% を除いた範囲)	128
分散	VAR.P	数値をもとに分散を求める	129
	VARPA	データをもとに分散を求める	130
	VAR.S	数値をもとに不偏分散を求める	131
	VARA	データをもとに不偏分散を求める	132
標準偏差	STDEV.P	数値をもとに標準偏差を求める	133
	STDEVPA	データをもとに標準偏差を求める	134
	STDEV.S	数値をもとに不偏標準偏差を求める	135
	STDEVA	データをもとに不偏標準偏差を求める	136
平均偏差	AVEDEV	数値をもとに平均偏差を求める	136
変動	DEVSQ	数値をもとに変動を求める	136
標準化変量	STANDARDIZE	数値をもとに標準化変量を求める	137
歪度と尖度	SKEW	歪度を求める(SPSS 方式)	138
	SKEW.P	歪度を求める	139
	KURT	尖度を求める(SPSS 方式)	140
回帰分析に よる予測	FORECAST.LINEAR 🆕	単回帰分析を使って予測する	141
	FORECAST		
	TREND	重回帰分析を使って予測する	142
	SLOPE	回帰直線の傾きを求める(単回帰分析)	143
	INTERCEPT	回帰直線の切片を求める(単回帰分析)	144
	LINEST	回帰式の係数や定数項を求める(重回帰分析)	145
	STEYX	回帰直線の標準誤差を求める(単回帰分析)	146
	RSQ	回帰直線の当てはまりのよさを求める (単回帰分析)	146
指数回帰曲線 による予測	GROWTH	指数回帰曲線を使って予測する	147
	LOGEST	指数回帰曲線の定数や底などを求める	147
時系列分析に よる予測	FORECAST.ETS 🆕	時系列分析を利用して将来の値を予測する	148
	FORECAST.ETS. SEASONALITY 🆕	時系列分析の季節変動の長さを求める	150
	FORECAST.ETS. CONFINT 🆕	時系列分析による値の信頼区間を求める	151
	FORECAST.ETS.STAT 🆕	時系列分析の各種統計量を求める	152
相関関数	CORREL	相関係数を求める	153
	PEARSON		

8 **できる**

共分散	COVARIANCE.P	共分散を求める	154
	COVARIANCE.S	不偏共分散を求める	154
信頼期間	CONFIDENCE.NORM	母集団に対する信頼区間を求める （正規分布を利用）	155
	CONFIDENCE.T	母集団に対する信頼区間を求める （t分布を利用）	155
下限値～ 上限値の確率	PROB	下限値から上限値までの確率を求める	156
二項分布	BINOM.DIST	二項分布の確率や累積確率を求める	156
	BINOM.DIST.RANGE	二項分布の一定区間の累積確率を求める	157
	BINOM.INV	二項分布の累積確率が基準値以下になる 最大値を求める	157
	NEGBINOM.DIST	負の二項分布の確率を求める	158
超幾何分布	HYPGEOM.DIST	超幾何分布の確率を求める	158
ポワソン分布	POISSON.DIST	ポアソン分布の確率や累積確率を求める	159
正規分布	NORM.DIST	正規分布の確率や累積確率を求める	160
	NORM.INV	累積正規分布の逆関数の値を求める	161
	NORM.S.DIST	標準正規分布の累積確率を求める	162
	NORM.S.INV	累積標準正規分布の逆関数の値を求める	163
	PHI	標準正規分布の確率を求める	163
	GAUSS	標準正規分布で平均からの累積確率を求める	163
対数正規分布	LOGNORM.DIST	対数正規分布の確率や累積確率を求める	164
	LOGNORM.INV	累積対数正規分布の逆関数の値を求める	164
カイ二乗分布	CHISQ.DIST	カイ二乗分布の確率や累積確率を求める	165
	CHISQ.DIST.RT	カイ二乗分布の右側確率を求める	166
	CHISQ.INV	カイ二乗分布の左側確率から逆関数の値を 求める	166
	CHISQ.INV.RT	カイ二乗分布の右側確率から逆関数の値を 求める	166
カイ二乗検定	CHISQ.TEST	カイ二乗検定を行う	167
t分布	T.DIST	t分布の確率や累積確率を求める	168
	T.DIST.RT	t分布の右側確率を求める	169
	T.DIST.2T	t分布の両側確率を求める	170
	T.INV	t分布の左側確率から逆関数の値を求める	171
	T.INV.2T	t分布の両側確率から逆関数の値を求める	171
t検定	T.TEST	t検定を行う	172
z検定	Z.TEST	正規母集団の平均を検定する	173

F 分布	F.DIST	F 分布の確率や累積確率を求める	174
	F.DIST.RT	F 分布の右側確率を求める	175
	F.INV	F 分布の左側確率から逆関数の値を求める	176
	F.INV.RT	F 分布の右側確率から逆関数の値を求める	176
F 検定	F.TEST	F 検定を行う	177
フィッシャー変換	FISHER	フィッシャー変換を行う	178
	FISHERINV	フィッシャー変換の逆関数を求める	178
指数分布関数	EXPON.DIST	指数分布の確率や累積確率を求める	178
ガンマ関数	GAMMA	ガンマ関数の値を求める	179
	GAMMA.DIST	ガンマ分布の確率や累積確率を求める	179
	GAMMA.INV	ガンマ分布の逆関数の値を求める	180
	GAMMALN.PRECISE	ガンマ関数の自然対数を求める	180
ベータ分布	BETA.DIST	ベータ分布の確率や累積確率を求める	181
	BETA.INV	ベータ分布の累積分布関数の逆関数の値を求める	182
ワイブル分布	WEIBULL.DIST	ワイブル分布の値を求める	182

第4章 文字列操作関数 183

文字列の長さ	LEN 必修	文字列の文字数またはバイト数を求める	184
	LENB		
文字列の抽出	LEFT 必修	左端から何文字かまたは何バイトかを取り出す	185
	LEFTB		
	RIGHT	右端から何文字かまたは何バイトかを取り出す	186
	RIGHTB		
	MID	指定した位置から何文字かまたは何バイトかを取り出す	187
	MIDB		
文字列の検索	FIND	文字列の位置またはバイト位置を調べる	188
	FINDB		
	SEARCH	文字列の位置またはバイト位置を調べる	189
	SEARCHB		
文字列の置換	REPLACE	指定した文字数またはバイト数の文字列を置き換える	190
	REPLACEB		
	SUBSTITUTE	検索した文字列を置き換える	191
文字列の連結	CONCAT NEW	文字列を連結する	192
	CONCATENATE		
	TEXTJOIN NEW	区切り記号で複数の文字列を連結する	193
文字列の削除	TRIM	余計な空白文字を削除する	194
	CLEAN	印刷できない文字を削除する	195
ふりがな	PHONETIC 必修	ふりがなを取り出す	196

繰り返し	REPT		指定した回数だけ文字列を繰り返す	197
文字コードの操作	CODE		文字コードを調べる	198
	UNICODE			
	CHAR		文字コードに対応する文字を返す	199
	UNICHAR			
	ASC		全角文字または半角文字に変換する	200
	JIS			
表示形式の変換	UPPER		英字を大文字または小文字に変換する	201
	LOWER			
	TEXT	必修	数値に表示形式を適用した文字列を返す	202
	FIXED		数値に桁区切り記号と小数点を付ける	204
	YEN		数値に通貨記号と桁区切り記号を付ける	205
	DOLLAR			
	VALUE		数値を表す文字列を数値に変換する	206
	NUMBERSTRING		数値を漢数字の文字列に変換する	207
	NUMBERVALUE		地域表示形式で表された数字を数値に変換する	208
	BAHTTEXT		数値をタイ文字の通貨表記に変換する	208
	ROMAN		数値をローマ数字の文字列に変換する	209
	ARABIC		ローマ数字の文字列を数値に変換する	209
	PROPER		英単語の先頭文字だけを大文字に変換する	209
文字列の比較	EXACT		文字列が等しいかどうかを調べる	210
文字列の取得	T		引数が文字列のときだけ文字列を返す	210

第5章	論理関数			211
条件による分岐	IF	必修	条件によって異なる値を返す	212
複数条件による分岐	IFS	NEW	複数の条件を順に調べた結果に応じて異なる値を返す	213
複数条件の組み合わせ	AND	必修	すべての条件が満たされているかを調べる	214
	OR	必修	いずれかの条件が満たされているかを調べる	215
	XOR		奇数個の条件が満たされているかを調べる	216
条件の否定	NOT		条件が満たされていないことを調べる	217
論理値	TRUE		常に真（TRUE）であることを表す	218
	FALSE		常に偽（FALSE）であることを表す	218
エラー時の処理	IFERROR	必修	エラーの場合に返す値を指定する	219
	IFNA			
値による分岐	SWITCH	NEW	複数の値を検索して対応する値を返す	220

できる | 11

第6章　検索／行列関数・Web関数　221

表の検索	XLOOKUP	必修 NEW	範囲を下方向に検索して対応する値を返す	222
	VLOOKUP	必修	範囲を下に向かって検索する	223
	HLOOKUP		範囲を右に向かって検索する	223
	LOOKUP		1行または1列の範囲を検索する	224
値の選択	CHOOSE		引数のリストから値を選ぶ	225
行と列の位置	COLUMN		セルの列番号を求める	226
	ROW	必修	セルの行番号を求める	227
	MATCH		検索値の相対位置を求める	228
範囲内の要素	COLUMNS		列数を求める	229
	ROWS		行数を求める	230
	AREAS		範囲に含まれる領域数を求める	231
セル参照	INDEX		行と列で指定したセルの参照を求める	232
	OFFSET		行と列で指定したセルやセル範囲の参照を求める	233
セル参照	INDIRECT		参照文字列をもとにセルを間接参照する	234
	ADDRESS		行番号と列番号からセル参照の文字列を求める	235
行と列の入れ替え	TRANSPOSE		行と列の位置を入れ替える	236
データの抽出	FILTER	NEW	条件に一致する行を抽出する	237
配列	UNIQUE	NEW	重複するデータをまとめる	238
	SORT	NEW	データを並べ替えて取り出す	239
	SORTBY	NEW	データを複数の基準で並べ替えて取り出す	240
ハイパーリンク	HYPERLINK		ハイパーリンクを作成する	241
ピボットテーブル	GETPIVOTDATA		ピボットテーブルからデータを取り出す	242
Webサービス	ENCODEURL		文字列をURLエンコードする	243
	WEBSERVICE		Webサービスを利用してデータをダウンロードする	244
	FILTERXML		XML文書から必要な情報だけを取り出す	245
サーバーデータ	RTD		RTDサーバーからデータを取り出す	246
	FIELDVALUE	NEW	株価データや地理データの値を取り出す	246

第7章　データベース関数　247

データの個数	DCOUNT	表を検索して数値の個数を求める	248
	DCOUNTA	表を検索してデータの個数を求める	249
データの集計	DSUM	表を検索して数値の合計を求める	250
	DAVERAGE	表を検索して数値の平均を求める	251
	DPRODUCT	表を検索して数値の積を求める	252
最大値と 最小値	DMAX	表を検索して数値の最大値や最小値を求める	253
	DMIN		
データの検索	DGET	表を検索してデータを取り出す	254
分散	DVAR	表を検索して不偏分散を求める	255
	DVARP	表を検索して分散を求める	256
標準偏差	DSTDEV	表を検索して不偏標準偏差を求める	256
	DSTDEVP	表を検索して標準偏差を求める	256

第8章　財務関数　257

ローンや積立 貯蓄の計算	PMT	ローンの返済額や積立貯蓄の払込額を求める	258
	PPMT	ローンの返済額の元金相当分を求める	259
	CUMPRINC	ローンの返済額の元金相当分の累計を求める	260
	IPMT	ローンの返済額の金利相当分を求める	261
	CUMIPMT	ローンの返済額の金利相当分の累計を求める	262
	ISPMT	元金均等返済の金利相当分を求める	263
	PV	現在価値を求める	264
	FV	将来価値を求める	265
	FVSCHEDULE	利率が変動する預金の将来価値を求める	266
投資期間と 利率	NPER	ローンの返済期間や積立貯蓄の払込期間を 求める	267
	RATE	ローンや積立貯蓄の利率を求める	268
	EFFECT	実効年利率・名目年利率を求める	269
	NOMINAL		
	RRI	元金と満期受取額から複利計算の利率を 求める	270
	PDURATION	投資金額が目標額になるまでの期間を求める	271
正味現在価値	NPV	定期的なキャッシュフローから 正味現在価値を求める	272
	XNPV	不定期なキャッシュフローから 正味現在価値を求める	273

内部利益率	IRR	定期的なキャッシュフローから内部利益率を求める	274
	XIRR	不定期的なキャッシュフローから内部利益率を求める	275
	MIRR	定期的なキャッシュフローから修正内部利益率を求める	276
定期利付債の計算	YIELD	定期利付債の利回りを求める	277
	PRICE	定期利付債の現在価格を求める	278
	ACCRINT	定期利付債の経過利息を求める	279
定期利付債の日付情報	COUPPCD	定期利付債の受渡日以前または受渡日以降の利払日を求める	280
	COUPNCD		
	COUPNUM	定期利付債の受渡日〜満期日の利払回数を求める	281
	COUPDAYBS	定期利付債の受渡日〜利払日の日数を求める	282
	COUPDAYSNC		
	COUPDAYS	定期利付債の受渡日が含まれる利払期間の日数を求める	283
定期利付債のデュレーション	DURATION	定期利付債のデュレーションを求める	284
	MDURATION	定期利付債の修正デュレーションを求める	285
利払期間が半端な定期利付債	ODDFYIELD	利払期間が半端な定期利付債の利回りを求める	286
	ODDLYIELD		
	ODDFPRICE	利払期間が半端な定期利付債の現在価格を求める	287
	ODDLPRICE		
満期利付債	YIELDMAT	満期利付債の利回りを求める	288
	PRICEMAT	満期利付債の現在価格を求める	289
	ACCRINTM	満期利付債の経過利息を求める	290
割引債	YIELDDISC	割引債の単利年利回りを求める	291
	INTRATE	割引債の利回りを求める	292
	RECEIVED	割引債の満期日受取額を求める	293
	PRICEDISC	割引債の現在価格を求める	294
	DISC	割引債の割引率を求める	295
米国財務省短期証券	TBILLYIELD	米国財務省短期証券の利回りを求める	296
	TBILLEQ	米国財務省短期証券の債券換算利回りを求める	296
	TBILLPRICE	米国財務省短期証券の現在価格を求める	296
ドル価格の表記	DOLLARDE	分数表記のドル価格を小数表記に変換する	297
	DOLLARFR	小数表記のドル価格を分数表記に変換する	298

減価償却費	SLN	定額法（旧定額法）で減価償却費を求める	299
	DB	定率法（旧定率法）で減価償却費を求める	300
	DDB	倍額定率法で減価償却費を求める	301
	VDB	指定した期間の減価償却費を倍額定率法で求める	301
	SYD	算術級数法で減価償却費を求める	302
	AMORLINC	フランスの会計システムで減価償却費を求める	302
	AMORDEGRC		

第9章 エンジニアリング関数 303

単位の変換	CONVERT	数値の単位を変換する	304
数値の比較	DELTA	2つの数値が等しいかどうかを調べる	306
	GESTEP	数値が基準値以上かどうかを調べる	306
記数法の変換	DEC2BIN	10進数表記を2進数表記に変換する	307
	DEC2OCT	10進数表記を8進数表記に変換する	308
	DEC2HEX	10進数表記を16進数表記に変換する	308
	BASE	10進数表記をn進数表記に変換する	308
	BIN2OCT	2進数表記を8進数表記に変換する	309
	BIN2DEC	2進数表記を10進数表記に変換する	309
	BIN2HEX	2進数表記を16進数表記に変換する	309
	OCT2BIN	8進数表記を2進数表記に変換する	310
	OCT2DEC	8進数表記を10進数表記に変換する	310
	OCT2HEX	8進数表記を16進数表記に変換する	310
	HEX2BIN	16進数表記を2進数表記に変換する	311
	HEX2OCT	16進数表記を8進数表記に変換する	311
	HEX2DEC	16進数表記を10進数表記に変換する	311
	DECIMAL	n進数表記を10進数表記に変換する	312
ビット演算	BITAND	ビットごとの論理積を求める	313
	BITOR	ビットごとの論理和や排他的論理和を求める	314
	BITXOR		
	BITLSHIFT	ビットを左または右にシフトする	315
	BITRSHIFT		
複素数の作成と分解	COMPLEX	実部と虚部から複素数を作成する	316
	IMREAL	複素数の実部や虚部を求める	317
	IMAGINARY		
	IMCONJUGATE	共役複素数を求める	318
複素数の極形式	IMABS	複素数の絶対値を求める	318
	IMARGUMENT	複素数の偏角を求める	318

できる | 15

複素数の 四則演算	IMSUM	複素数の和を求める	319
	IMSUB	複素数の差を求める	319
	IMPRODUCT	複素数の積を求める	319
	IMDIV	複素数の商を求める	320
複素数の 平方根	IMSQRT	複素数の平方根を求める	320
複素数の べき関数	IMPOWER	複素数のべき関数の値を求める	320
複素数の 指数関数	IMEXP	複素数の指数関数の値を求める	321
複素数の 対数関数	IMLN	複素数の自然対数を求める	321
	IMLOG10	複素数の常用対数を求める	321
	IMLOG2	複素数の2を底とする対数の値を求める	322
複素数の 三角関数	IMSIN	複素数の正弦を求める	322
	IMCOS	複素数の余弦を求める	322
	IMTAN	複素数の正接を求める	323
	IMCSC	複素数の余割を求める	323
	IMSEC	複素数の正割を求める	323
	IMCOT	複素数の余接を求める	324
	IMSINH	複素数の双曲線正弦を求める	324
	IMCOSH	複素数の双曲線余弦を求める	324
	IMCSCH	複素数の双曲線余割を求める	325
	IMSECH	複素数の双曲線正割を求める	325
ベッセル関数	BESSELJ	第1種ベッセル関数の値を求める	325
	BESSELY	第2種ベッセル関数の値を求める	326
	BESSELI	第1種変形ベッセル関数の値を求める	326
	BESSELK	第2種変形ベッセル関数の値を求める	326
誤差関数	ERF	誤差関数を積分した値を求める	327
	ERF.PRECISE		
	ERFC	相補誤差関数を積分した値を求める	328
	ERFC.PRECISE		

第10章 情報関数   329

セルの内容と情報	CELL	セルの情報を得る	330
	ISBLANK	空のセルかどうかを調べる	332
	ISERROR	エラー値かどうかを調べる	333
	ISERR		
	ISNA	［#N/A］かどうかを調べる	334
	ISTEXT	文字列か文字列以外かどうかを調べる	335
	ISNONTEXT		
	ISNUMBER	数値かどうかを調べる	336
	ISEVEN	偶数か奇数かどうかを調べる	337
	ISODD		
	ISLOGICAL	論理値かどうかを調べる	338
	ISFORMULA	数式かどうかを調べる	339
	FORMULATEXT	数式を取り出す	340
	ISREF	セル参照かどうかを調べる	341
操作環境の情報	INFO	現在の操作環境についての情報を得る	341
	SHEET	ワークシートの番号を調べる	342
	SHEETS	ワークシートの数を調べる	343
	ERROR.TYPE	エラー値の種類を調べる	344
	TYPE	データの種類を調べる	345
	NA	［#N/A］を返す	346
	N	引数を数値に変換する	346

第11章 キューブ関数   347

メンバーや組の取得	CUBEMEMBER	キューブ内のメンバーや組を返す	348
プロパティ値の取得	CUBEMEMBERPROPERTY	キューブメンバーのプロパティの値を返す	349
セットの取得	CUBESET	キューブからメンバーや組のセットを取り出す	350
セットの項目数	CUBESETCOUNT	キューブセット内の項目の個数を求める	351
集計値	CUBEVALUE	キューブの集計値を求める	352
メンバーの順位	CUBERANKEDMEMBER	指定した順位のメンバーを求める	353
KPIプロパティ	CUBEKPIMEMBER	主要業績評価指標（KPI）のプロパティを返す	354

できる | 17

付録	関数の基礎知識	355
関数と演算子	関数の形式	356
	引数に指定できるもの	357
	演算子の種類	358
	演算子の優先順位	359
	論理式とは	360
関数の入力	関数を直接入力する	361
	ダイアログボックスを使って関数を入力する	362
	関数ライブラリを使って関数を入力する	364
	関数を組み合わせる	365
数式の修正と コピー	数式を修正する	366
	数式中のセル参照を修正する	367
	数式をコピーする	368
	セル参照を固定したまま数式をコピーする	369
	セル参照の列または行を固定してコピーする	370
	相対参照と絶対参照を切り替える	371
配列の利用	関数の引数に配列定数を指定する	372
	配列数式で複数の計算を一度に実行する	373
	複数の値を返す関数を配列数式で入力する	374
	スピル機能を利用して配列数式を簡単に入力する	375
	スピル機能を利用して配列を返す関数を簡単に入力する	376
エラーの 取り扱い	エラー値の種類	377
	エラーをチェックする	378
	循環参照に対処する	379
	循環参照を起こしているセルを探す	380
互換性関数	互換性関数とは	381

本書に掲載されている情報について

- 本書で紹介する情報は、すべて2019年2月現在のものです。
- 本書では「Windows 10」と「Office 365 Solo」がインストールされているパソコンで、インターネットに常時接続されている環境を前提に画面を再現しています。
- 本書は2017年9月発刊の「できる大事典 Excel関数 2016/2013/2010対応」と、2013年12月発刊の「できる逆引き Excel 関数を極める勝ちワザ 740 2013/2010/2007/2003対応」の一部を再編集し、加筆・修正して構成しています。重複する内容があることを、あらかじめご了承ください。

「できる」「できるシリーズ」は、株式会社インプレスの登録商標です。
本書に記載されている会社名、製品名、サービス名は、一般に各開発メーカーおよびサービス提供元の登録商標または商標です。なお、本文中には™および®マークは明記していません。

関数名インデックス

関数名のアルファベット順で探せるインデックスです。引数も掲載しています。

A

ABS(数値)	62
ACCRINT(発行日,最初の利払日,受渡日,利率,額面,頻度,基準,計算方式)	279
ACCRINTM(発行日,受渡日,利率,額面,基準)	290
ACOS(数値)	75
ACOSH(数値)	79
ACOT(数値)	76
ACOTH(数値)	79
ADDRESS(行番号,列番号,参照の種類,参照形式,シート名)	235
AGGREGATE(集計方法,オプション,参照1,参照2,…,参照253) ／ (集計方法,オプション,配列,値)	50
AMORDEGRC(取得価額,購入日,開始期,残存価額,期,率,年の基準)	302
AMORLINC(取得価額,購入日,開始期,残存価額,期,率,年の基準)	302
AND(論理式1,論理式2,…,論理式255)	214
ARABIC(文字列)	209
AREAS(参照)	231
ASC(文字列)	200
ASIN(数値)	75
ASINH(数値)	78
ATAN(数値)	75
ATAN2(x座標,y座標)	76
ATANH(数値)	79
AVEDEV(数値1,数値2,…,数値255)	136
AVERAGE(数値1,数値2,…,数値255)	106
AVERAGEA(値1,値2,…,値255)	106
AVERAGEIF(範囲,検索条件,平均対象範囲)	107
AVERAGEIFS(平均対象範囲,条件範囲1,条件1,…,条件範囲127,条件127)	108

B

BAHTTEXT(数値)	208
BASE(数値,基数,最低桁数)	308
BESSELI(数値,次数)	326
BESSELJ(数値,次数)	325
BESSELK(数値,次数)	326
BESSELY(数値,次数)	326
BETA.DIST(値,α,β,関数形式,下限,上限)	181
BETA.INV(確率,α,β,下限,上限)	182
BETADIST(値,α,β,下限,上限)	181
BETAINV(確率,α,β,下限,上限)	182

BIN2DEC(数値)	309
BIN2HEX(数値,桁数)	309
BIN2OCT(数値,桁数)	309
BINOM.DIST(成功数,試行回数,成功率,関数形式)	156
BINOM.DIST.RANGE(試行回数,成功率,成功数1,成功数2)	157
BINOM.INV(試行回数,成功率,基準値)	157
BINOMDIST(成功数,試行回数,成功率,関数形式)	156
BITAND(数値1,数値2)	313
BITLSHIFT(数値,シフト数)	315
BITOR(数値1,数値2)	314
BITRSHIFT(数値,シフト数)	315
BITXOR(数値1,数値2)	314

C

CEILING(数値,基準値)	60
CEILING.MATH(数値,基準値,モード)	59
CEILING.PRECISE(数値,基準値)	60
CELL(検査の種類,対象範囲)	330
CHAR(数値)	199
CHIDIST(値,自由度)	166
CHIINV(確率,自由度)	166
CHISQ.DIST(値,自由度,関数形式)	165
CHISQ.DIST.RT(値,自由度)	166
CHISQ.INV(左側確率,自由度)	166
CHISQ.INV.RT(確率,自由度)	166
CHISQ.TEST(実測値範囲,期待値範囲)	167
CHITEST(実測値範囲,期待値範囲)	167
CHOOSE(インデックス,値1,値2,…,値254)	225
CLEAN(文字列)	195
CODE(文字列)	198
COLUMN(参照)	226
COLUMNS(配列)	229
COMBIN(総数,抜き取り数)	67
COMBINA(総数,抜き取り数)	68
COMPLEX(実部,虚部,虚数単位)	316
CONCAT(文字列1,文字列2,…,文字列255)	192
CONCATENATE(文字列1,文字列2,…,文字列255)	192
CONFIDENCE(有意水準,標準偏差,データの個数)	155
CONFIDENCE.NORM(有効水準,標準偏差,データの個数)	155
CONFIDENCE.T(有効水準,標準偏差,データの個数)	155
CONVERT(数値,変換前単位,変換後単位)	304
CORREL(配列1,配列2)	153

COS(数値)	73
COSH(数値)	77
COT(数値)	74
COTH(数値)	78
COUNT(値1,値2,…,値255)	102
COUNTA(値1,値2,…,値255)	102
COUNTBLANK(範囲)	103
COUNTIF(範囲,検索条件)	104
COUNTIFS(範囲1,検索条件1,…,範囲127,検索条件127)	105
COUPDAYBS(受渡日,満期日,頻度,基準)	282
COUPDAYS(受渡日,満期日,頻度,基準)	283
COUPDAYSNC(受渡日,満期日,頻度,基準)	282
COUPNCD(受渡日,満期日,頻度,基準)	280
COUPNUM(受渡日,満期日,頻度,基準)	281
COUPPCD(受渡日,満期日,頻度,基準)	280
COVAR(配列1,配列2)	154
COVARIANCE.P(配列1,配列2)	154
COVARIANCE.S(配列1,配列2)	154
CRITBINOM(試行回数,成功率,基準値)	157
CSC(数値)	74
CSCH(数値)	77
CUBEKPIMEMBER(接続名,KPI名,プロパティ,キャプション)	354
CUBEMEMBER(接続名,メンバー式,キャプション)	348
CUBEMEMBERPROPERTY(接続名,メンバー式,プロパティ)	349
CUBERANKEDMEMBER(接続名,セット式,ランク,キャプション)	353
CUBESET(接続名,セット式,キャプション,並べ替え順序,並べ替えキー)	350
CUBESETCOUNT(セット)	351
CUBEVALUE(接続名,メンバー式1,メンバー式2,…,メンバー式254)	352
CUMIPMT(利率,期間,現在価値,開始期,終了期,支払期日)	262
CUMPRINC(利率,期間,現在価値,開始期,終了期,支払期日)	260

D

DATE(年,月,日)	93
DATEDIF(開始日,終了日,単位)	100
DATESTRING(シリアル値)	92
DATEVALUE(日付文字列)	93
DAVERAGE(データベース,フィールド,条件)	251
DAY(シリアル値)	88
DAYS(終了日,開始日)	98
DAYS360(開始日,終了日,方式)	98
DB(取得価額,残存価額,耐用年数,期,月)	300
DCOUNT(データベース,フィールド,条件)	248

関数	ページ
DCOUNTA(データベース,フィールド,条件)	249
DDB(取得価額,残存価額,耐用年数,期,率)	301
DEC2BIN(数値,桁数)	307
DEC2HEX(数値,桁数)	308
DEC2OCT(数値,桁数)	308
DECIMAL(文字列,基数)	312
DEGREES(角度)	72
DELTA(数値1,数値2)	306
DEVSQ(数値1,数値2,…,数値255)	136
DGET(データベース,フィールド,条件)	254
DISC(受渡日,満期日,現在価格,償還価額,基準)	295
DMAX(データベース,フィールド,条件)	253
DMIN(データベース,フィールド,条件)	253
DOLLAR(数値,桁数)	205
DOLLARDE(整数部と分子部,分母)	297
DOLLARFR(小数値,分母)	298
DPRODUCT(データベース,フィールド,条件)	252
DSTDEV(データベース,フィールド,条件)	256
DSTDEVP(データベース,フィールド,条件)	256
DSUM(データベース,フィールド,条件)	250
DURATION(受渡日,満期日,利率,利回り,頻度,基準)	284
DVAR(データベース,フィールド,条件)	255
DVARP(データベース,フィールド,条件)	256

E

関数	ページ
EDATE(開始日,月)	95
EFFECT(名目年利率,複利計算回数)	269
ENCODEURL(文字列)	243
EOMONTH(開始日,月)	94
ERF(下限,上限)	327
ERF.PRECISE(上限)	327
ERFC(下限)	328
ERFC.PRECISE(下限)	328
ERROR.TYPE(テストの対象)	344
EVEN(数値)	61
EXACT(文字列1,文字列2)	210
EXP(指数)	70
EXPON.DIST(値,λ,関数形式)	178
EXPONDIST(値,λ,関数形式)	178

F

関数	ページ
F.DIST(値,自由度1,自由度2,関数形式)	174

関数	ページ
F.DIST.RT(値,自由度1,自由度2)	175
F.INV(左側確率,自由度1,自由度2)	176
F.INV.RT(右側確率,自由度1,自由度2)	176
F.TEST(配列1,配列2)	177
FACT(数値)	64
FACTDOUBLE(数値)	64
FALSE()	218
FDIST(値,自由度1,自由度2)	175
FIELDVALUE(値,フィールド名)	246
FILTER(範囲,条件,一致しない場合の値)	237
FILTERXML(XML,パス)	245
FIND(検索文字列,対象,開始位置)	188
FINDB(検索文字列,対象,開始位置)	188
FINV(右側確率,自由度1,自由度2)	176
FISHER(r)	178
FISHERINV(z)	178
FIXED(数値,桁数,桁区切り)	204
FLOOR(数値,基準値)	58
FLOOR.MATH(数値,基準値,モード)	57
FLOOR.PRECISE(数値,基準値)	58
FORECAST(予測に使うx,yの範囲,xの範囲)	141
FORECAST.ETS(目標期日,値,タイムライン,季節性,補間,集計)	148
FORECAST.ETS.CONFINT(目標期日,値,タイムライン,信頼レベル,季節性,補間,集計)	151
FORECAST.ETS.SEASONALITY(値,タイムライン,補間,集計)	150
FORECAST.ETS.STAT(値,タイムライン,求めたい値,季節性,補間,集計)	152
FORECAST.LINEAR(予測に使うx,yの範囲,xの範囲)	141
FORMULATEXT(参照)	340
FREQUENCY(データ配列,区間配列)	115
FTEST(配列1,配列2)	177
FV(利率,期間,定期支払額,現在価値,支払期日)	265
FVSCHEDULE(元金,利率配列)	266

G

関数	ページ
GAMMA(数値)	179
GAMMA.DIST(値,α,β,関数形式)	179
GAMMA.INV(確率,α,β)	180
GAMMADIST(値,α,β,関数形式)	179
GAMMAINV(確率,α,β)	180
GAMMALN(値)	180
GAMMALN.PRECISE(値)	180
GAUSS(数値)	163
GCD(数値1,数値2,…,数値255)	63

GEOMEAN(数値1,数値2,…,数値255)	110
GESTEP(数値,しきい値)	306
GETPIVOTDATA(データフィールド,ピボットテーブル,フィールド1,アイテム1,…,フィールド126,アイテム126)	242
GROWTH(yの範囲,xの範囲,予測に使うxの範囲,定数の扱い)	147

H

HARMEAN(数値1,数値2,…,数値255)	111
HEX2BIN(数値,桁数)	311
HEX2DEC(数値)	311
HEX2OCT(数値,桁数)	311
HLOOKUP(検索値,範囲,列番号,検索の方法)	223
HOUR(シリアル値)	89
HYPERLINK(リンク先,別名)	241
HYPGEOM.DIST(標本の成功数,標本数,母集団の成功数,母集団の大きさ,関数形式)	158
HYPGEOMDIST(標本の成功数,標本数,母集団の成功数,母集団の大きさ)	158

I

IF(論理式,真の場合,偽の場合)	212
IFERROR(値,エラーの場合の値)	219
IFNA(値,エラーの場合の値)	219
IFS(論理式1,真の場合1,論理式2,真の場合2,…,論理式127,真の場合127)	213
IMABS(複素数)	318
IMAGINARY(複素数)	317
IMARGUMENT(複素数)	318
IMCONJUGATE(複素数)	318
IMCOS(複素数)	322
IMCOSH(複素数)	324
IMCOT(複素数)	324
IMCSC(複素数)	323
IMCSCH(複素数)	325
IMDIV(複素数1,複素数2)	320
IMEXP(複素数)	321
IMLN(複素数)	321
IMLOG10(複素数)	321
IMLOG2(複素数)	322
IMPOWER(複素数,数値)	320
IMPRODUCT(複素数1,複素数2,…,複素数255)	319
IMREAL(複素数)	317
IMSEC(複素数)	323
IMSECH(複素数)	325
IMSIN(複素数)	322
IMSINH(複素数)	324

IMSQRT(複素数)	320
IMSUB(複素数1,複素数2)	319
IMSUM(複素数1,複素数2,…,複素数255)	319
IMTAN(複素数)	323
INDEX(参照,配列,行番号,列番号)	232
INDIRECT(参照文字列,参照形式)	234
INFO(検査の種類)	341
INT(数値)	56
INTERCEPT(yの範囲, xの範囲)	144
INTRATE(受渡日,満期日,現在価格,償還価額,基準)	292
IPMT(利率,期,期間,現在価値,将来価値,支払期日)	261
IRR(範囲,推定値)	274
ISBLANK(テストの対象)	332
ISERR(テストの対象)	333
ISERROR(テストの対象)	333
ISEVEN(テストの対象)	337
ISFORMULA(参照)	339
ISLOGICAL(テストの対象)	338
ISNA(テストの対象)	334
ISNONTEXT(テストの対象)	335
ISNUMBER(テストの対象)	336
ISO.CEILING(テストの対象)	60
ISODD(テストの対象)	337
ISOWEEKNUM(シリアル値)	92
ISPMT(利率,期,期間,現在価値)	263
ISREF(テストの対象)	341
ISTEXT(テストの対象)	335

J

JIS(文字列)	200

K

KURT(数値1,数値2,…,数値255)	140

L

LARGE(配列,順位)	119
LCM(文字列,文字数)	64
LEFT(文字列,バイト数)	185
LEFTB(文字列,バイト数)	185
LEN(文字列)	184
LENB(文字列)	184
LINEST(yの範囲, xの範囲,定数項の扱い,補正項の扱い)	145
LN(数値,底)	71

LOG(数値)	71
LOG10(数値)	71
LOGEST(yの範囲,xの範囲,定数項の扱い,補正項の扱い)	147
LOGINV(累積確率,平均,標準偏差)	164
LOGNORM.DIST(値,平均,標準偏差,関数形式)	164
LOGNORM.INV(累積確率,平均,標準偏差)	164
LOGNORMDIST(値,平均,標準偏差)	164
LOOKUP(検索値,検索範囲,対応範囲)	224
LOWER(文字列)	201

M

MATCH(検検索値,検索範囲,照合の種類)	228
MAX(数値1,数値2,…,数値255)	112
MAXA(値1,値2,…,値255)	113
MAXIFS(最大範囲,条件範囲1,条件1,条件範囲2,条件2,…,条件範囲126,条件126)	114
MDETERM(配列)	79
MDURATION(受渡日,満期日,利率,利回り,頻度,基準)	285
MEDIAN(数値1,数値2,…,数値255)	116
MID(文字列,開始位置,文字数)	187
MIDB(文字列,開始位置,バイト数)	187
MIN(数値1,数値2,…,数値255)	112
MINA(値1,値2,…,値255)	113
MINIFS(最小範囲,条件範囲1,条件1,条件範囲2,条件2,…,条件範囲126,条件126)	114
MINUTE(シリアル値)	88
MINVERSE(配列)	80
MIRR(範囲,安全利率,危険利率)	276
MMULT(配列1,配列2)	80
MOD(数値,除数)	62
MODE(数値1,数値2,…,数値255)	117
MODE.MULT(数値1,数値2,…,数値255)	118
MODE.SNGL(数値1,数値2,…,数値255)	117
MONTH(シリアル値)	88
MROUND(数値,基準値)	58
MULTINOMIAL(数値1,数値2,…,数値255)	69
MUNIT(数値)	80

N

N(データ)	346
NA()	346
NEGBINOM.DIST(失敗数,成功数,成功率,関数形式)	158
NEGBINOMDIST(失敗数,成功数,成功率)	158
NETWORKDAYS(開始日,終了日,祝日)	98

NETWORKDAYS.INTL(開始日,終了日,週末,祝日)	99
NOMINAL(実効年利率,複利計算回数)	269
NORM.DIST(値,平均,標準偏差,関数形式)	160
NORM.INV(累積確率,平均,標準偏差)	161
NORM.S.DIST(z,関数形式)	162
NORM.S.INV(累積確率)	163
NORMDIST(値,平均,標準偏差,関数形式)	160
NORMINV(累積確率,平均,標準偏差)	161
NORMSDIST(z)	162
NORMSINV(累積確率)	163
NOT(論理式)	217
NOW()	86
NPER(利率,定期支払額,現在価値,将来価値,支払期日)	267
NPV(割引率,値1,値2,…,値254)	272
NUMBERSTRING(数値,形式)	207
NUMBERVALUE(文字列,小数点記号,桁区切り記号)	208

O

OCT2BIN(数値,桁数)	310
OCT2DEC(数値)	310
OCT2HEX(数値,桁数)	310
ODD(数値)	61
ODDFPRICE(受渡日,満期日,発行日,最初の利払日,利率,利回り,償還価額,頻度,基準)	287
ODDFYIELD(受渡日,満期日,発行日,最初の利払日,利率,現在価格,償還価額,頻度,基準)	286
ODDLPRICE(受渡日,満期日,最後の利払日,利率,利回り,償還価額,頻度,基準)	287
ODDLYIELD(受渡日,満期日,最後の利払日,利率,現在価格,償還価額,頻度,基準)	286
OFFSET(参照,行数,列数,高さ,幅)	233
OR(論理式1,論理式2,…,論理式255)	215

P

PDURATION(利率,現在価値,将来価値)	271
PEARSON(配列1,配列2)	153
PERCENTILE(配列,率)	123
PERCENTILE.EXC(配列,率)	124
PERCENTILE.INC(配列,率)	123
PERCENTRANK(配列,値,有効桁数)	125
PERCENTRANK.EXC(配列,率,有効桁数)	126
PERCENTRANK.INC(配列,率,有効桁数)	125
PERMUT(総数,抜き取り数)	65
PERMUTATIONA(総数,抜き取り数)	66
PHI(値)	163
PHONETIC(参照)	196

PI()	72
PMT(利率,期間,現在価値,将来価値,支払期日)	258
POISSON(事象の数,事象の平均,関数形式)	159
POISSON.DIST(事象の数,事象の平均,関数形式)	159
POWER(数値,指数)	70
PPMT(利率,期,期間,現在価値,将来価値,支払期日)	259
PRICE(受渡日,満期日,利率,利回り,償還価額,頻度,基準)	278
PRICEDISC(受渡日,満期日,割引率,償還価額,基準)	294
PRICEMAT(受渡日,満期日,発行日,利率,利回り,基準)	289
PROB(値の範囲,確率範囲,下限,上限)	156
PRODUCT(数値1,数値2,…,数値255)	52
PROPER(文字列)	209
PV(利率,期間,定期支払額,将来価値,支払期日)	264

Q	
QUARTILE(配列,位置)	127
QUARTILE.EXC(配列,位置)	128
QUARTILE.INC(配列,位置)	127
QUOTIENT(数値,除数)	61

R	
RADIANS(角度)	72
RAND()	83
RANDARRAY(行数,列数)	84
RANDBETWEEN(最小値,最大値)	82
RANK(数値,参照,順序)	121
RANK.AVG(数値,参照,順序)	122
RANK.EQ(数値,参照,順序)	121
RATE(期間,定期支払額,現在価値,将来価値,支払期日,推定値)	268
RECEIVED(受渡日,満期日,現在価格,割引率,基準)	293
REPLACE(文字列,開始位置,文字数,置換文字列)	190
REPLACEB(文字列,開始位置,バイト数,置換文字列)	190
REPT(文字列,繰り返し回数)	197
RIGHT(文字列,文字数)	186
RIGHTB(文字列,バイト数)	186
ROMAN(数値,書式)	209
ROUND(数値,桁数)	54
ROUNDDOWN(数値,桁数)	55
ROUNDUP(数値,桁数)	55
ROW(参照)	227
ROWS(配列)	230
RRI(期間,現在価値,将来価値)	270

RSQ(yの範囲,xの範囲)	146
RTD(プログラムID,サーバー,トピック1,トピック2,…,トピック253)	246

S

SEARCH(検索文字列,対象,開始位置)	189
SEARCHB(検索文字列,対象,開始位置)	189
SEC(数値)	74
SECH(数値)	78
SECOND(シリアル値)	88
SEQUENCE(行数,列数,開始値,増分)	81
SERIESSUM(変数値,初期値,増分,係数)	69
SHEET(参照)	342
SHEETS(参照)	343
SIGN(数値)	62
SIN(数値)	73
SINH(数値)	76
SKEW(数値1,数値2,…,数値255)	138
SKEW.P(数値1,数値2,…,数値255)	139
SLN(取得価額,残存価額,耐用年数)	299
SLOPE(yの範囲, xの範囲)	143
SMALL(配列,順位)	120
SORT(範囲,基準,順序,データの並び)	239
SORTBY(範囲,基準1,順序1,基準2,順序2,…,基準126,順序126)	240
SQRT(数値)	69
SQRTPI(数値)	70
STANDARDIZE(値,平均値,標準偏差)	137
STDEV(数値1,数値2,…,数値255)	135
STDEV.P(数値1,数値2,…,数値255)	133
STDEV.S(数値1,数値2,…,数値255)	135
STDEVA(値1,値2,…,値255)	136
STDEVP(数値1,数値2,…,数値255)	133
STDEVPA(値1,値2,…,値255)	134
STEYX(yの範囲, xの範囲)	146
SUBSTITUTE(文字列,検索文字列,置換文字列,置換対象)	191
SUBTOTAL(集計方法,参照1,参照2,…,参照254)	49
SUM(数値1,数値2,…,数値255)	46
SUMIF(範囲,検索条件,合計範囲)	47
SUMIFS(合計対象範囲,条件範囲1,条件1,条件範囲2,条件2,…,検索範囲127,条件127)	48
SUMPRODUCT(配列1,配列2,…,配列255)	52
SUMSQ(数値1,数値2,…,数値255)	52
SUMX2MY2(配列1,配列2)	53
SUMX2PY2(配列1,配列2)	53

SUMXMY2(配列1,配列2)	53
SWITCH(検索値,値1,対応値1,値2,対応値2,…,値126,対応値126,既定の対応値)	220
SYD(取得価額,残存価額,耐用年数,期)	302

T

T(値)	210
T.DIST(値,自由度,関数形式)	168
T.DIST.2T(値,自由度)	170
T.DIST.RT(値,自由度)	169
T.INV(左側確率,自由度)	171
T.INV.2T(両側確率,自由度)	171
T.TEST(範囲1,範囲2,尾部,検定の種類)	172
TAN(数値)	73
TANH(数値)	77
TBILLEQ(受渡日,満期日,割引率)	296
TBILLPRICE(受渡日,満期日,割引率)	296
TBILLYIELD(受渡日,満期日,現在価格)	296
TDIST(値,自由度,尾部)	169
TEXT(値,表示形式)	202
TEXTJOIN(区切り記号,空の文字列を無視,文字列1,文字列2,…,文字列252)	193
TIME(時,分,秒)	94
TIMEVALUE(時刻文字列)	93
TINV(両側確率,自由度)	171
TODAY()	86
TRANSPOSE(配列)	236
TREND(yの範囲,xの範囲,予測に使うxの範囲,切片)	142
TRIM(文字列)	194
TRIMMEAN(配列,割合)	109
TRUE()	218
TRUNC(数値,桁数)	55
TTEST(範囲1,範囲2,尾部,検定の種類)	172
TYPE(テストの対象)	345

U

UNICHAR(数値)	199
UNICODE(文字列)	198
UNIQUE(範囲,検索方向,回数)	238
UPPER(文字列)	201

V

VALUE(文字列)	206
VAR(数値1,数値2,…,数値255)	131
VAR.P(数値1,数値2,…,数値255)	129

VAR.S(数値1,数値2,…,数値255)	131
VARA(値1,値2,…,値255)	132
VARP(数値1,数値2,…,数値255)	129
VARPA(値1,値2,…,値255)	130
VDB(取得価額,残存価額,耐用年数,開始期,終了期,率,切り替え方法)	301
VLOOKUP(検索値,範囲,列番号,検索の方法)	223

W

WEBSERVICE(URL)	244
WEEKDAY(シリアル値,週の基準)	90
WEEKNUM(シリアル値,週の基準)	91
WEIBULL(値,α,β,関数形式)	182
WEIBULL.DIST(値,α,β,関数形式)	182
WORKDAY(開始日,日数,祝日)	96
WORKDAY.INTL(開始日,日数,週末,祝日)	97

X

XIRR(範囲,日付,推定値)	275
XLOOKUP(検索値,検索範囲,戻り値の範囲,見つからない場合,一致モード,検索モード)	222
XNPV(割引率,キャッシュフロー,日付)	273
XOR(論理式1,論理式2,…,論理式254)	216

Y

YEAR(シリアル値)	87
YEARFRAC(開始日,終了日,基準)	100
YEN(数値,桁数)	205
YIELD(受渡日,満期日,利率,現在価格,償還価額,頻度,基準)	277
YIELDDISC(受渡日,満期日,現在価格,償還価額,基準)	291
YIELDMAT(受渡日,満期日,発行日,利率,現在価格,基準)	288

Z

Z.TEST(配列,μ_0,標準偏差)	173
ZTEST(配列,μ_0,標準偏差)	173

目的別インデックス

関数で行える処理や計算のキーワードから、使いたい関数を探せるインデックスです

数字、アルファベット

2進数から変換	2進数表記を8進数表記に変換する	**BIN2OCT**	309
	2進数表記を10進数表記に変換する	**BIN2DEC**	309
	2進数表記を16進数表記に変換する	**BIN2HEX**	309
8進数から変換	8進数表記を2進数表記に変換する	**OCT2BIN**	310
	8進数表記を10進数表記に変換する	**OCT2DEC**	310
	8進数表記を16進数表記に変換する	**OCT2HEX**	310
10進数から変換	10進数表記を2進数表記に変換する	**DEC2BIN**	307
	10進数表記を8進数表記に変換する	**DEC2OCT**	308
	10進数表記を16進数表記に変換する	**DEC2HEX**	308
	10進数表記をn進数表記に変換する	**BASE**	308
16進数から変換	16進数表記を2進数表記に変換する	**HEX2BIN**	311
	16進数表記を8進数表記に変換する	**HEX2OCT**	311
	16進数表記を10進数表記に変換する	**HEX2DEC**	311
F検定	F検定を行う	**F.TEST**	177
		FTEST	177
F分布	F分布の確率や累積確率を求める	**F.DIST**	174
	F分布の右側確率を求める	**F.DIST.RT**	175
		FDIST	175
	F分布の左側確率から逆関数の値を求める	**F.INV**	176
	F分布の右側確率から逆関数の値を求める	**F.INV.RT**	176
		FINV	176
n進数から変換	n進数表記を10進数表記に変換する	**DECIMAL**	312
PC環境	現在の操作環境についての情報を得る	**INFO**	341
RTDサーバー	RTDサーバーからデータを取り出す	**RTD**	246
t検定	t検定を行う	**T.TEST**	172
		TTEST	172
t分布	t分布の確率や累積確率を求める	**T.DIST**	168
	t分布の右側確率や両側確率を求める	**TDIST**	169
	t分布の右側確率を求める	**T.DIST.RT**	169
	t分布の両側確率を求める	**T.DIST.2T**	170
	t分布の左側確率から逆関数の値を求める	**T.INV**	171
	t分布の両側確率から逆関数の値を求める	**T.INV.2T**	171
		TINV	171
Webサービス	文字列をURLエンコードする	**ENCODEURL**	243
	Webサービスを利用してデータをダウンロードする	**WEBSERVICE**	244

XML	XML文書から必要な情報だけを取り出す	**FILTERXML**	245
z検定	正規母集団の平均を検定する	**Z.TEST**	173
		ZTEST	173

あ

値の選択	引数のリストから値を選ぶ	**CHOOSE**	225
余り	余りを求める	**MOD**	62
エラー	エラーの場合に返す値を指定する	**IFERROR**	219
		IFNA	219
	エラー値かどうかを調べる	**ISERROR**	333
		ISERR	333
	［#N/A］かどうかを調べる	**ISNA**	334
	エラー値の種類を調べる	**ERROR.TYPE**	344
	［#N/A］を返す	**NA**	346
円周率	円周率πの近似値を求める	**PI**	72
大文字	英字を大文字に変換する	**UPPER**	201

か

カイ二乗検定	カイ二乗検定を行う	**CHISQ.TEST**	167
		CHITEST	167
カイ二乗分布	カイ二乗分布の確率や累積確率を求める	**CHISQ.DIST**	165
	カイ二乗分布の左側確率から逆関数の値を求める	**CHISQ.INV**	166
	カイ二乗分布の右側確率を求める	**CHISQ.DIST.RT**	166
		CHIDIST	166
	カイ二乗分布の右側確率から逆関数の値を求める	**CHISQ.INV.RT**	166
		CHIINV	166
階乗	階乗を求める	**FACT**	64
空のセル	空のセルかどうかを調べる	**ISBLANK**	332
漢数字	数値を漢数字の文字列に変換する	**NUMBERSTRING**	207
ガンマ関数	ガンマ関数の値を求める	**GAMMA**	179
	ガンマ関数の自然対数を求める	**GAMMALN.PRECISE**	180
		GAMMALN	180
ガンマ分布	ガンマ分布の確率や累積確率を求める	**GAMMA.DIST**	179
		GAMMADIST	179
	ガンマ分布の逆関数の値を求める	**GAMMA.INV**	180
		GAMMAINV	180
期間	2つの日付から期間内の日数を求める	**DAYS**	98
	1年を360日として期間内の日数を求める	**DAYS360**	98
	土日と祝日を除外して期間内の日数を求める	**NETWORKDAYS**	98
	指定した休日を除外して期間内の日数を求める	**NETWORKDAYS.INTL**	99
	期間内の年数、月数、日数を求める	**DATEDIF**	100

期間	期間が1年間に占める割合を求める	**YEARFRAC**	100
期日	数カ月前や数カ月後の月末を求める	**EOMONTH**	94
	数カ月前や数カ月後の日付を求める	**EDATE**	95
	土日と祝日を除外して期日を求める	**WORKDAY**	96
	指定した休日を除外して期日を求める	**WORKDAY.INTL**	97
奇数	奇数に切り上げる	**ODD**	61
	奇数かどうかを調べる	**ISODD**	337
逆行列	行列の逆行列を求める	**MINVERSE**	80
逆三角関数	逆正弦を求める	**ASIN**	75
	逆余弦を求める	**ACOS**	75
	逆正接を求める	**ATAN**	75
	逆余接を求める	**ACOT**	76
	x-y座標から逆正接を求める	**ATAN2**	76
逆双曲線関数	双曲線逆正弦を求める	**ASINH**	78
	双曲線逆余弦を求める	**ACOSH**	79
	双曲線逆正接を求める	**ATANH**	79
	双曲線逆余接を求める	**ACOTH**	79
キューブ	キューブ内のメンバーや組を返す	**CUBEMEMBER**	348
	キューブメンバーのプロパティの値を返す	**CUBEMEMBER PROPERTY**	349
	キューブからメンバーや組のセットを取り出す	**CUBESET**	350
	キューブセット内の項目の個数を求める	**CUBESETCOUNT**	351
	キューブの集計値を求める	**CUBEVALUE**	352
	指定した順位のメンバーを求める	**CUBERANKED MEMBER**	353
	主要業績評価指標（KPI）のプロパティを返す	**CUBEKPIMEMBER**	354
行数	行数を求める	**ROWS**	230
行と列の 入れ替え	行と列の位置を入れ替える	**TRANSPOSE**	236
共分散	共分散を求める	**COVARIANCE.P**	154
		COVAR	154
	不偏共分散を求める	**COVARIANCE.S**	154
共役複素数	共役複素数を求める	**IMCONJUGATE**	318
行列	2つの行列の積を求める	**MMULT**	80
行列式	行列の行列式を求める	**MDETERM**	79
切り上げ	切り上げて指定の桁数まで求める	**ROUNDUP**	55
	数値を基準値の倍数に切り上げる	**CEILING.MATH**	59
		ISO.CEILING	60
		CEILING.PRECISE	60
		CEILING	60

切り捨て	切り捨てて指定の桁数まで求める	ROUNDDOWN	55
		TRUNC	55
	小数点以下を切り捨てる	INT	56
	数値を基準値の倍数に切り捨てる	FLOOR.MATH	57
		FLOOR.PRECISE	58
		FLOOR	58
偶数	偶数に切り上げる	EVEN	61
	偶数かどうかを調べる	ISEVEN	337
組み合わせ	組み合わせの数を求める	COMBIN	67
	重複組み合わせの数を求める	COMBINA	68
減価償却費	定額法（旧定額法）で減価償却費を求める	SLN	299
	定率法（旧定率法）で減価償却費を求める	DB	300
	倍額定率法で減価償却費を求める	DDB	301
	指定した期間の減価償却費を倍額定率法で求める	VDB	301
	算術級数法で減価償却費を求める	SYD	302
	フランスの会計システムで減価償却費を求める	AMORLINC	302
		AMORDEGRC	302
現在の日時	現在の日付と時刻を求める	NOW	86
	現在の日付を求める	TODAY	86
検索	範囲を下方向に検索して対応する値を返す	XLOOKUP	222
	範囲を下に向かって検索する	VLOOKUP	223
	範囲を右に向かって検索する	HLOOKUP	223
	1行または1列の範囲を検索する	LOOKUP	224
	表を検索してデータを取り出す	DGET	254
合計	数値を合計する	SUM	46
	条件を指定して数値を合計する	SUMIF	47
	複数の条件を指定して数値を合計する	SUMIFS	48
	表を検索して数値の合計を求める	DSUM	250
誤差関数	誤差関数を積分した値を求める	ERF	327
		ERF.PRECISE	327
	相補誤差関数を積分した値を求める	ERFC	328
		ERFC.PRECISE	328
個数	数値や日付、時刻の個数を求める	COUNT	102
	データの個数を求める	COUNTA	102
	空のセルの個数を求める	COUNTBLANK	103
	条件に一致するデータの個数を求める	COUNTIF	104
	複数の条件に一致するデータの個数を求める	COUNTIFS	105
	表を検索して数値の個数を求める	DCOUNT	248
	表を検索してデータの個数を求める	DCOUNTA	249
小文字	英字を小文字に変換する	LOWER	201

できる | 35

さ

サーバーのデータ	株価データや地理データの値を取り出す	**FIELDVALUE**	246
最小公倍数	最小公倍数を求める	**LCM**	64
最小値	数値の最小値を求める	**MIN**	112
	データの最小値を求める	**MINA**	113
	複数の条件で最小値を求める	**MINIFS**	114
	表を検索して数値の最小値を求める	**DMIN**	253
最大公約数	最大公約数を求める	**GCD**	63
最大値	数値の最大値を求める	**MAX**	112
	データの最大値を求める	**MAXA**	113
	複数の条件で最大値を求める	**MAXIFS**	114
	表を検索して数値の最大値を求める	**DMAX**	253
最頻値	数値の最頻値を求める	**MODE.SNGL**	117
		MODE	117
	複数の最頻値を求める	**MODE.MULT**	118
三角関数	正弦を求める	**SIN**	73
	余弦を求める	**COS**	73
	正接を求める	**TAN**	73
	余割を求める	**CSC**	74
	正割を求める	**SEC**	74
	余接を求める	**COT**	74
時系列分析	時系列分析を利用して将来の値を予測する	**FORECAST.ETS**	148
	時系列分析の季節変動の長さを求める	**FORECAST.ETS.SEASONALITY**	150
	時系列分析による値の信頼区間を求める	**FORECAST.ETS.CONFINT**	151
	時系列分析の各種統計量を求める	**FORECAST.ETS.STAT**	152
時刻	時刻から「分」を取り出す	**MINUTE**	88
	時刻から「秒」を取り出す	**SECOND**	88
	時刻から「時」を取り出す	**HOUR**	89
	時刻を表す文字列からシリアル値を求める	**TIMEVALUE**	93
	時、分、秒から時刻を求める	**TIME**	94
四捨五入	四捨五入して指定の桁数まで求める	**ROUND**	54
指数回帰分析	指数回帰曲線を使って予測する	**GROWTH**	147
	指数回帰曲線の定数や底などを求める	**LOGEST**	147
指数分布関数	指数分布の確率や累積確率を求める	**EXPON.DIST**	178
		EXPONDIST	178
自然対数	自然対数を求める	**LN**	71

四分位数	四分位数を求める（0%と100%を含めた範囲）	QUARTILE.INC	127
		QUARTILE	127
	四分位数を求める（0%と100%を除いた範囲）	QUARTILE.EXC	128
重回帰分析	重回帰分析を使って予測する	TREND	142
	回帰式の係数や定数項を求める（重回帰分析）	LINEST	145
集計（各種）	さまざまな集計値を求める	SUBTOTAL	49
	さまざまな集計値、順位や分位数を求める	AGGREGATE	50
週番号	日付が何週目かを求める	WEEKNUM	91
	ISO8601方式で日付が何週目かを求める	ISOWEEKNUM	92
順位	大きいほうから何番目かの値を求める	LARGE	119
	小さいほうから何番目かの値を求める	SMALL	120
	順位を求める（同じ値のときは最上位を返す）	RANK.EQ	121
		RANK	121
	順位を求める（同じ値のときは順位の平均値を返す）	RANK.AVG	122
順列	順列の数を求める	PERMUT	65
	重複順列の数を求める	PERMUTATIONA	66
商	整数商を求める	QUOTIENT	61
条件分岐	条件によって異なる値を返す	IF	212
	複数の条件を順に調べて異なる値を返す	IFS	213
	複数の値を検索して対応する値を返す	SWITCH	220
正味現在価値	定期的なキャッシュフローから正味現在価値を求める	NPV	272
	不定期的なキャッシュフローから正味現在価値を求める	XNPV	273
常用対数	常用対数を求める	LOG10	71
信頼区間	母集団に対する信頼区間を求める	CONFIDENCE.NORM	155
	（正規分布を利用）	CONFIDENCE	155
	母集団に対する信頼区間を求める（t分布を利用）	CONFIDENCE.T	155
数式	数式を取り出す	FORMULATEXT	340
数値に変換	数値を表す文字列を数値に変換する	VALUE	206
	引数を数値に変換する	N	346
正規分布	正規分布の確率や累積確率を求める	NORM.DIST	160
		NORMDIST	160
正負	正負を調べる	SIGN	62
積	積を求める	PRODUCT	52
	配列要素の積を合計する	SUMPRODUCT	52
	表を検索して数値の積を求める	DPRODUCT	252
絶対値	絶対値を求める	ABS	62
セルアドレス	行番号と列番号からセル参照の文字列を求める	ADDRESS	235
セル参照	行と列で指定したセルの参照を求める	INDEX	232
	行と列で指定したセルやセル範囲の参照を求める	OFFSET	233
	参照文字列をもとにセルを間接参照する	INDIRECT	234

セルの位置	セルの列番号を求める	**COLUMN**	226
	セルの行番号を求める	**ROW**	227
	検索値の相対位置を求める	**MATCH**	228
セルの情報	セルの情報を得る	**CELL**	330
セルの内容	セル参照かどうかを調べる	**ISREF**	341
全角文字	半角文字を全角文字に変換する	**JIS**	200
尖度	尖度を求める（SPSS方式）	**KURT**	140
相関関数	相関係数を求める	**CORREL**	153
		PEARSON	153
双曲線関数	双曲線正弦を求める	**SINH**	76
	双曲線余弦を求める	**COSH**	77
	双曲線余割を求める	**CSCH**	77
	双曲線正接を求める	**TANH**	77
	双曲線正割を求める	**SECH**	78
	双曲線余接を求める	**COTH**	78
相乗平均	相乗平均（幾何平均）を求める	**GEOMEAN**	110

た

対数	任意の数値を底とする対数を求める	**LOG**	71
対数正規分布	対数正規分布の確率や累積確率を求める	**LOGNORM.DIST**	164
		LOGNORMDIST	164
多項係数	多項係数を求める	**MULTINOMIAL**	69
単位行列	単位行列を求める	**MUNIT**	80
単位の変換	数値の単位を変換する	**CONVERT**	304
単回帰分析	単回帰分析を使って予測する	**FORECAST.LINEAR**	141
		FORECAST	141
	回帰直線の傾きを求める（単回帰分析）	**SLOPE**	143
	回帰直線の切片を求める（単回帰分析）	**INTERCEPT**	144
	回帰直線の標準誤差を求める（単回帰分析）	**STEYX**	146
	回帰直線の当てはまりのよさを求める（単回帰分析）	**RSQ**	146
単語	英単語の先頭文字だけを大文字に変換する	**PROPER**	209
中央値	数値の中央値を求める	**MEDIAN**	116
抽出	条件に一致する行を抽出する	**FILTER**	237
超幾何分布	超幾何分布の確率を求める	**HYPGEOM.DIST**	158
		HYPGEOMDIST	158
重複データの削除	重複するデータをまとめる	**UNIQUE**	238
調和平均	調和平均を求める	**HARMEAN**	111
通貨	数値に¥記号と桁区切り記号を付ける	**YEN**	205
	数値に＄記号と桁区切り記号を付ける	**DOLLAR**	205
	数値をタイ文字の通貨表記に変換する	**BAHTTEXT**	208

通貨表記	小数表記のドル価格を分数表記に変換する	**DOLLARFR**	298
	分数表記のドル価格を小数表記に変換する	**DOLLARDE**	297
定期利付債	定期利付債の利回りを求める	**YIELD**	277
	定期利付債の現在価格を求める	**PRICE**	278
	定期利付債の経過利息を求める	**ACCRINT**	279
	定期利付債の受渡日以前または受渡日以降の	**COUPPCD**	280
	利払日を求める	**COUPNCD**	280
	定期利付債の受渡日〜満期日の利払回数を 求める	**COUPNUM**	281
	定期利付債の受渡日〜利払日の日数を求める	**COUPDAYBS**	282
		COUPDAYSNC	282
	定期利付債の受渡日が含まれる利払期間の 日数を求める	**COUPDAYS**	283
	定期利付債のデュレーションを求める	**DURATION**	284
	定期利付債の修正デュレーションを求める	**MDURATION**	285
	利払期間が半端な定期利付債の利回りを 求める	**ODDFYIELD**	286
		ODDLYIELD	286
	利払期間が半端な定期利付債の現在価格を 求める	**ODDFPRICE**	287
		ODDLPRICE	287
データの種類	値かどうかを調べる	**ISNUMBER**	336
	数式かどうかを調べる	**ISFORMULA**	339
	データの種類を調べる	**TYPE**	345
度	ラジアンを度に変換する	**DEGREES**	72
投資期間	投資金額が目標額になるまでの期間を求める	**PDURATION**	271
度数分布	区間に含まれる値の個数を求める	**FREQUENCY**	115

な			
内部利益率	定期的なキャッシュフローから 内部利益率を求める	**IRR**	274
	不定期的なキャッシュフローから 内部利益率を求める	**XIRR**	275
	定期的なキャッシュフローから 修正内部利益率を求める	**MIRR**	276
並べ替え	データを並べ替えて取り出す	**SORT**	239
	データを複数の基準で並べ替えて取り出す	**SORTBY**	240
二項分布	下限値から上限値までの確率を求める	**PROB**	156
	二項分布の確率や累積確率を求める	**BINOM.DIST**	156
		BINOMDIST	156
	二項分布の一定区間の累積確率を求める	**BINOM.DIST.RANGE**	157

二項分布	二項分布の累積確率が基準値以下になる最大値を求める	BINOM.INV	157
		CRITBINOM	157
	負の二項分布の確率を求める	NEGBINOM.DIST	158
		NEGBINOMDIST	158
二重階乗	二重階乗を求める	FACTDOUBLE	64

は

バイト数	文字列のバイト数を求める	LENB	184
ハイパーリンク	ハイパーリンクを作成する	HYPERLINK	241
配列の作成	等差数列が入った配列を作成する	SEQUENCE	81
端数処理	指定した数値の倍数になるように丸める	MROUND	58
半角文字	全角文字を半角文字に変換する	ASC	200
比較	文字列が等しいかどうかを調べる	EXACT	210
	2つの数値が等しいかどうかを調べる	DELTA	306
	数値が基準値以上かどうかを調べる	GESTEP	306
日付	日付から「年」を取り出す	YEAR	87
	日付から「月」を取り出す	MONTH	88
	日付から「日」を取り出す	DAY	88
	日付を表す文字列からシリアル値を求める	DATEVALUE	93
	年、月、日から日付を求める	DATE	93
ビット演算	ビットごとの論理積を求める	BITAND	313
	ビットごとの論理和を求める	BITOR	314
	ビットごとの排他的論理和を求める	BITXOR	314
	ビットを左にシフトする	BITLSHIFT	315
	ビットを右にシフトする	BITRSHIFT	315
ピボットテーブル	ピボットテーブルからデータを取り出す	GETPIVOTDATA	242
百分位数	百分位数を求める（0%と100%を含めた範囲）	PERCENTILE.INC	123
		PERCENTILE	123
		PERCENTILE.EXC	124
	百分率での順位を求める（0%と100%を含めた範囲）	PERCENTRANK.INC	125
		PERCENTRANK	125
		PERCENTRANK.EXC	126
表示形式	数値に表示形式を適用した文字列を返す	TEXT	202
	数値に桁区切り記号と小数点を付ける	FIXED	204
	地域表示形式で表された数字を数値に変換する	NUMBERVALUE	208
標準化変量	数値をもとに標準化変量を求める	STANDARDIZE	137
標準正規分布	標準正規分布の累積確率を求める	NORM.S.DIST	162
		NORMSDIST	162
	累積標準正規分布の逆関数の値を求める	NORM.S.INV	163
		NORMSINV	163
	標準正規分布の確率を求める	PHI	163
	標準正規分布で平均からの累積確率を求める	GAUSS	163

標準偏差	数値をもとに標準偏差を求める	**STDEV.P**	133
		STDEVP	133
	データをもとに標準偏差を求める	**STDEVPA**	134
	数値をもとに不偏標準偏差を求める	**STDEV.S**	135
		STDEV	135
	データをもとに不偏標準偏差を求める	**STDEVA**	136
	表を検索して標準偏差を求める	**DSTDEVP**	256
	表を検索して不偏標準偏差を求める	**DSTDEV**	256
フィッシャー変換	フィッシャー変換を行う	**FISHER**	178
	フィッシャー変換の逆関数を求める	**FISHERINV**	178
複素数	実部と虚部から複素数を作成する	**COMPLEX**	316
	複素数の実部を求める	**IMREAL**	317
	複素数の虚部を求める	**IMAGINARY**	317
複素数の極形式	複素数の絶対値を求める	**IMABS**	318
	複素数の偏角を求める	**IMARGUMENT**	318
複素数の三角関数	複素数の正弦を求める	**IMSIN**	322
	複素数の余弦を求める	**IMCOS**	322
	複素数の正接を求める	**IMTAN**	323
	複素数の余割を求める	**IMCSC**	323
	複素数の正割を求める	**IMSEC**	323
	複素数の余接を求める	**IMCOT**	324
	複素数の双曲線正弦を求める	**IMSINH**	324
	複素数の双曲線余弦を求める	**IMCOSH**	324
	複素数の双曲線正割を求める	**IMSECH**	325
	複素数の双曲線余割を求める	**IMCSCH**	325
複素数の指数関数	複素数の指数関数の値を求める	**IMEXP**	321
複素数の四則演算	複素数の和を求める	**IMSUM**	319
	複素数の差を求める	**IMSUB**	319
	複素数の積を求める	**IMPRODUCT**	319
	複素数の商を求める	**IMDIV**	320
複素数の対数関数	複素数の自然対数を求める	**IMLN**	321
	複素数の常用対数を求める	**IMLOG10**	321
	複素数の2を底とする対数の値を求める	**IMLOG2**	322
複素数の平方根	複素数の平方根を求める	**IMSQRT**	320
複素数のべき関数	複素数のべき関数の値を求める	**IMPOWER**	320
不偏分散	数値をもとに不偏分散を求める	**VAR.S**	131
		VAR	131
	データをもとに不偏分散を求める	**VARA**	132
ふりがな	ふりがなを取り出す	**PHONETIC**	196

分散	数値をもとに分散を求める	VAR.P	129
		VARP	129
	データをもとに分散を求める	VARPA	130
	表を検索して不偏分散を求める	DVAR	255
	表を検索して分散を求める	DVARP	256
平均	数値の平均値を求める	AVERAGE	106
	データの平均値を求める	AVERAGEA	106
	条件を指定して数値の平均を求める	AVERAGEIF	107
	複数の条件を指定して数値の平均を求める	AVERAGEIFS	108
	極端なデータを除外して平均値を求める	TRIMMEAN	109
	表を検索して数値の平均を求める	DAVERAGE	251
平均偏差	数値をもとに平均偏差を求める	AVEDEV	136
米国財務省短期証券	米国財務省短期証券の利回りを求める	TBILLYIELD	296
	米国財務省短期証券の債券換算利回りを求める	TBILLEQ	296
	米国財務省短期証券の現在価格を求める	TBILLPRICE	296
平方根	平方根を求める	SQRT	69
	円周率πの倍数の平方根を求める	SQRTPI	70
平方差	2つの配列要素の平方差を合計する	SUMX2MY2	53
平方和	平方和を求める	SUMSQ	52
	2つの配列要素の差の平方和を求める	SUMXMY2	53
	2つの配列要素の平方和を合計する	SUMX2PY2	53
ベータ分布	ベータ分布の確率や累積確率を求める	BETA.DIST	181
	ベータ分布の累積分布関数の値を求める	BETADIST	181
	ベータ分布の累積分布関数の逆関数の値を求める	BETA.INV	182
		BETAINV	182
べき級数	べき級数を求める	SERIESSUM	69
べき乗	自然対数の底eのべき乗を求める	EXP	70
	べき乗を求める	POWER	70
ベッセル関数	第1種ベッセル関数の値を求める	BESSELJ	325
	第2種ベッセル関数の値を求める	BESSELY	326
	第1種変形ベッセル関数の値を求める	BESSELI	326
	第2種変形ベッセル関数の値を求める	BESSELK	326
変動	数値をもとに変動を求める	DEVSQ	136
ポアソン分布	ポアソン分布の確率や累積確率を求める	POISSON.DIST	159
		POISSON	159

ま			
満期利付債	満期利付債の利回りを求める	YIELDMAT	288
	満期利付債の現在価格を求める	PRICEMAT	289
	満期利付債の経過利息を求める	ACCRINTM	290

文字コード	文字コードを調べる	CODE	198
		UNICODE	198
	文字コードに対応する文字を返す	CHAR	199
		UNICHAR	199
文字数	文字列の文字数を求める	LEN	184
文字列	文字列かどうかを調べる	ISTEXT	335
		ISNONTEXT	335
文字列の繰り返し	指定した回数だけ文字列を繰り返す	REPT	197
文字列の検索	文字列の位置を調べる	FIND	188
		SEARCH	189
	文字列のバイト位置を調べる	FINDB	188
		SEARCHB	189
文字列の取得	引数が文字列のときだけ文字列を返す	T	210
文字列の置換	指定したバイト数の文字列を置き換える	REPLACEB	190
	指定した文字数の文字列を置き換える	REPLACE	190
	検索した文字列を置き換える	SUBSTITUTE	191
文字列の抽出	左端から何文字かを取り出す	LEFT	185
	左端から何バイトかを取り出す	LEFTB	185
	右端から何文字かを取り出す	RIGHT	186
	右端から何バイトかを取り出す	RIGHTB	186
	指定した位置から何文字かを取り出す	MID	187
	指定した位置から何バイトかを取り出す	MIDB	187
文字列の連結	文字列を連結する	CONCAT	192
		CONCATENATE	192
	区切り記号で複数の文字列を連結する	TEXTJOIN	193

や

曜日	日付から曜日を取り出す	WEEKDAY	90
余計な文字の削除	余計な空白文字を削除する	TRIM	194
	印刷できない文字を削除する	CLEAN	195

ら

ラジアン	度をラジアンに変換する	RADIANS	72
乱数	乱数を発生させる（整数）	RANDBETWEEN	82
	乱数を発生させる（0以上1未満の実数）	RAND	83
	乱数が入った配列を作成する	RANDARRAY	84
領域数	範囲に含まれる領域数を求める	AREAS	231
利率	ローンや積立貯蓄の利率を求める	RATE	268
	実効年利率を求める	EFFECT	269
	名目年利率を求める	NOMINAL	269
	元金と満期受取額から複利計算の利率を求める	RRI	270

累積正規分布	累積正規分布の逆関数の値を求める	**NORM.INV**	161
		NORMINV	161
累積対数 正規分布	累積対数正規分布の逆関数の値を求める	**LOGNORM.INV**	164
		LOGINV	164
列数	列数を求める	**COLUMNS**	229
ローマ数字	数値をローマ数字の文字列に変換する	**ROMAN**	209
	ローマ数字の文字列を数値に変換する	**ARABIC**	209
ローン・貯蓄	ローンの返済額や積立貯蓄の払込額を求める	**PMT**	258
	ローンの返済額の元金相当分を求める	**PPMT**	259
	ローンの返済額の元金相当分の累計を求める	**CUMPRINC**	260
	ローンの返済額の金利相当分を求める	**IPMT**	261
	ローンの返済額の金利相当分の累計を求める	**CUMIPMT**	262
	元金均等返済の金利相当分を求める	**ISPMT**	263
	現在価値を求める	**PV**	264
	将来価値を求める	**FV**	265
	利率が変動する預金の将来価値を求める	**FVSCHEDULE**	266
	ローンの返済期間や積立貯蓄の払込期間を求める	**NPER**	267
論理値	すべての条件が満たされているかを調べる	**AND**	214
	いずれかの条件が満たされているかを調べる	**OR**	215
	奇数個の条件が満たされているかを調べる	**XOR**	216
	条件が満たされていないことを調べる	**NOT**	217
	常に真（TRUE）であることを表す	**TRUE**	218
	常に偽（FALSE）であることを表す	**FALSE**	218
	論理値かどうかを調べる	**ISLOGICAL**	338

わ

ワークシート	ワークシートの番号を調べる	**SHEET**	342
	ワークシートの数を調べる	**SHEETS**	343
歪度	歪度を求める（SPSS方式）	**SKEW**	138
	歪度を求める	**SKEW.P**	139
ワイブル分布	ワイブル分布の値を求める	**WEIBULL.DIST**	182
		WEIBULL	182
割引債	割引債の単利年利回りを求める	**YIELDDISC**	291
	割引債の利回りを求める	**INTRATE**	292
	割引債の満期日受取額を求める	**RECEIVED**	293
	割引債の現在価格を求める	**PRICEDISC**	294
	割引債の割引率を求める	**DISC**	295
和暦	日付を和暦に変換する	**DATESTRING**	92

第 **1** 章

数学／三角関数

四則演算（加減乗除）、切り上げや切り捨て、四捨五入といった基本的な計算やさまざまな集計のほか、数学で使われる行列や階乗の計算、三角関数や指数関数の計算をするための関数群です。

☑ 数値の集計 　　　　　　　　　　　　　　365　2019　2016　2013　2010

数値を合計する

必修

サム

SUM （数値1,数値2,…,数値255）

［数値］の合計を求めます。

数値　合計を求めたい数値を指定します。「A1:A3」のようなセル範囲も指定できます。

📄 使用例　月ごとの売上金額の合計を求める

=SUM(B3:B5)

数値

月ごとの売上金額の
合計が求められた

| B6 | ▼ | : | × | ✓ | fx | =SUM(B3:B5) |

▲	A	B	C	D	E
1	Bell@Sports 第3四半期 店舗別売上表				
2	店舗名	10月	11月	12月	
3	上野本店	8,317,200	869,560	9,368,200	
4	御茶ノ水店	7,745,600	6,986,400	8,001,200	
5	神田登山店	10,837,800	9,152,700	9,268,900	
6	合計	26,900,600	17,008,660	26,638,300	
7					

ポイント

- 計算の対象になるのは、数値、文字列として入力された数字、またはこれらを含むセルです。空のセルや文字列の入力されたセルは無視されます。
- ［数式］タブの［関数ライブラリ］グループにある［合計］ボタンを使えば、SUM関数を簡単に入力できます。たとえば、使用例でセルB6 ～ D6を選択してから［合計］ボタンをクリックすれば、3つのSUM関数が一度に入力できます。
- セル範囲は1個の引数として扱われます。たとえば「=SUM(A1:A3,A5)」と入力した場合、引数は2個指定したことになります。

関連 **SUMIF** 条件を指定して数値を合計する ………………………………… P.47
　　　　 AGGREGATE さまざまな集計値、順位や分位数を求める……… P.50

46

数値の集計

365 2019 2016 2013 2010

条件を指定して数値を合計する

サム・イフ

SUMIF (範囲,検索条件,合計範囲)

必修

[範囲]から[検索条件]に一致するセルを検索し、見つかったセルと同じ行(または列)にある、[合計範囲]のセルの数値の合計を求めます。

範囲 検索の対象とするセル範囲を指定します。
検索条件 セルを検索するための条件を数値や文字列で指定します。
合計範囲 合計したい値が入力されているセル範囲を指定します。[範囲]と[検索条件]によって絞り込まれた[合計範囲]の中のセルが合計の対象となります。省略すると、[範囲]がそのまま合計の対象となります。

使用例 平日の来場者数だけの合計を求める

=SUMIF(B3:B8,"<>土",C3:C8)

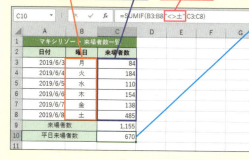

平日の来場者数だけの合計が求められた

ポイント

- [検索条件]に文字列を指定する場合は「"」で囲む必要があります。
- [検索条件]には以下のワイルドカード文字が利用できます。
  * 任意の文字列　? 任意の1文字　~ ワイルドカードの意味を打ち消す
- [範囲]と[合計範囲]の行数(または列数)が異なっていると、正しい結果が得られない場合があります。

関連 SUMIFS 複数の条件を指定して数値を合計する ………………………… P.48

数値の集計

365 / 2019 / 2016 / 2013 / 2010

複数の条件を指定して数値を合計する

サム・イフ・エス
SUMIFS(合計対象範囲,条件範囲1,条件1,条件範囲2,条件2,…,条件範囲127,条件127)

複数の条件に一致するセルを検索し、見つかったセルと同じ行(または列)にある、[合計対象範囲]のセルの数値の合計を求めます。

合計対象範囲	合計したい値が入力されているセル範囲を指定します。[条件範囲]と[条件]によって絞り込まれた[合計対象範囲]の中のセルが合計の対象となります。
条件範囲	検索の対象とするセル範囲を指定します。
条件	[条件範囲]からセルを検索するための条件を数値や文字列で指定します。[条件範囲]と[条件]は127組まで指定できます。

使用例 平日の午前の部の来場者数だけの合計を求める

=SUMIFS(D3:D12,B3:B12,"<>土",C3:C12,"午前")

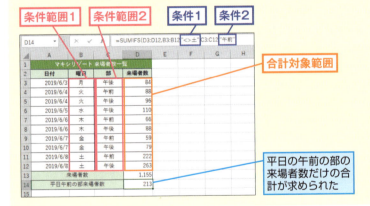

ポイント

- 複数の[条件]は、AND条件とみなされます。つまり、すべての[条件]に一致したセルに対応する[合計対象範囲]の数値だけが合計されます。
- 検索の[条件]として文字列を指定する場合は「"」で囲む必要があります。
- [合計対象範囲]の行数(または列数)と[条件範囲]の行数(または列数)は同じである必要があります。

数値の集計

365 2019 2016 2013 2010

さまざまな集計値を求める

サブトータル

SUBTOTAL （集計方法,参照1,参照2,…,参照254）

［集計方法］に従って、さまざまな集計値を求めます。［参照］の範囲内に、SUBTOTAL関数やAGGREGATE関数を使って集計した小計が含まれている場合は、自動的にそれらの小計を除外して集計値を求めます。

集計方法 計算の種類を下の表に示す値で指定します。101 〜 111の値を指定した場合は、非表示の行が集計対象から除外されます。ただし、横方向に集計している場合は、非表示の列は集計対象から除外されないので注意が必要です。

参照 集計したい数値が入力されているセルのセル参照を指定します。「A1:A3」のようなセル範囲も指定できます。なお、この引数に数値を直接指定することはできません。

●集計方法の一覧

集計方法	機能	同等の関数 ……………… 掲載ページ	
1 または 101	平均値を求める	**AVERAGE** ……………………	P.106
2 または 102	数値の個数を求める	**COUNT** ……………………	P.102
3 または 103	データの個数を求める	**COUNTA**…………………	P.102
4 または 104	最大値を求める	**MAX** ………………………	P.112
5 または 105	最小値を求める	**MIN** ………………………	P.112
6 または 106	積を求める	**PRODUCT** ………………	P.52
7 または 107	不偏標準偏差を求める	**STDEV.S**…………………	P.135
8 または 108	標本標準偏差を求める	**STDEV.P** ………………	P.133
9 または 109	合計値を求める	**SUM** ………………………	P.46
10 または 110	不偏分散を求める	**VAR.S** ……………………	P.131
11 または 111	標本分散を求める	**VAR.P** ……………………	P.129

ポイント

●Excel 2010以降では、SUBTOTAL関数の機能を強化したAGGREGATE関数の利用をおすすめします。

関連 **AGGREGATE** さまざまな集計値、順位や分位数を求める……… P.50

数学／三角
日付／時刻
統計
文字列 操作
論理
Web 検索／行列
データ ベース
財務
エンジニアリング
情報
キューブ

できる 49

☑ 数値の集計　　　　　　　　　　　　　**365** **2019** **2016** **2013** **2010**

さまざまな集計値、順位や分位数を求める

必修

アグリゲート
AGGREGATE（**集計方法**,**オプション**,**参照1**,**参照2**,…,**参照253**）

アグリゲート
AGGREGATE（**集計方法**,**オプション**,**配列**,**値**）

1番目の書式では、[集計方法]に従ってさまざまな集計値を求めます。2番目の書式では、[集計方法]に従って順位や分位数を求めます。[オプション]の指定により、エラー値が表示されたセルや非表示のセルを除外できます。

集計方法　　目的の集計値を得るための計算の種類を、次ページの表に示す1〜19の値で指定します。

オプション　集計の詳細な方法を以下のように指定します。
　0または省略 … ネストされたSUBTOTAL関数とAGGREGATE関数を無視
　1 ………………0の指定に加えて非表示の行を無視
　2 ………………0の指定に加えてエラー値を無視
　3 ………………0の指定に加えて非表示の行とエラー値を無視
　4 ………………何も無視しない
　5 ………………非表示の行を無視
　6 ………………エラー値を無視
　7 ………………非表示の行とエラー値を無視
参照　　　　集計したい数値が入力されているセルのセル参照を指定します。
配列　　　　順位や分位数を求めたいセル範囲を指定します。
値　　　　　求めたい値の順位や位置を指定します。

ポイント
- [集計方法]に1〜13を指定した場合は1番目の書式を使います。[参照]にはセルやセル範囲を253個まで指定できます。
- [集計方法]に14〜19を指定した場合は2番目の書式を使います。[配列]には集計対象のセル範囲を指定し、[値]にはその集計に必要となる順位や百分位の値を指定します。
- 1番目の書式で[オプション]を省略または0〜3のいずれかを指定した場合、[参照]の範囲内にSUBTOTAL関数やAGGREGATE関数を使って集計した小計が含まれている（ネストされている）と、自動的に小計を除外して集計値を求めます。

50　**できる**

使用例　エラー値が表示されたセルを除外して数値の合計を求める

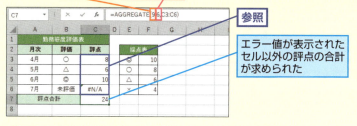

エラー値が表示された
セル以外の評点の合計
が求められた

●集計方法の一覧

集計方法	集計機能	同等の関数	掲載ページ
1	平均値を求める	AVERAGE	P.106
2	数値の個数を求める	COUNT	P.102
3	データの個数を求める	COUNTA	P.102
4	最大値を求める	MAX	P.112
5	最小値を求める	MIN	P.112
6	積を求める	PRODUCT	P.52
7	不偏標準偏差を求める	STDEV.S	P.135
8	標本標準偏差を求める	STDEV.P	P.133
9	合計値を求める	SUM	P.46
10	不偏分散を求める	VAR.S	P.131
11	標本分散を求める	VAR.P	P.129
12	中央値を求める	MEDIAN	P.116
13	最頻値を求める	MODE.SNGL	P.117
14	降順の順位を求める	LARGE	P.119
15	昇順の順位を求める	SMALL	P.120
16	百分位数を求める	PERCENTILE.INC	P.123
17	四分位数を求める	QUARTILE.INC	P.127
18	百分位数を求める (0%と100%を除く)	PERCENTILE.EXC	P.124
19	四分位数を求める (0%と100%を除く)	QUARTILE.EXC	P.128

関連　**SUBTOTAL** さまざまな集計値を求める …… P.49

左端縦書き見出し:
数学／三角
日付／時刻
統計
操作　文字列
論理
Web　検索／行列
データベース
財務
エンジニアリング
情報
キューブ

☑ 数値の積と和　　　365　2019　2016　2013　2010

積を求める

プロダクト
PRODUCT (数値1,数値2,…,数値255)

[数値] をすべて掛け合わせた値 (積) を求めます。引数にセル範囲を指定できるので、掛け合わせるセルの数が多いときには「*」演算子を使うよりも便利です。

数値　積を求めたい数値を指定します。「A1:A3」のようなセル範囲も指定できます。

☑ 数値の積と和　　　365　2019　2016　2013　2010

配列要素の積を合計する

サム・プロダクト
SUMPRODUCT (配列1,配列2,…,配列255)

複数の [配列] について、各配列内での位置が同じ要素どうしを掛け合わせ、それらの合計を求めます。

配列　数値を含むセル範囲、または配列定数を指定します。計算の対象とする配列は、行×列の大きさがすべて同じでなければなりません。

関連　関数の引数に配列定数を指定する……………………………………………P.360

☑ 数値の積と和　　　365　2019　2016　2013　2010

平方和を求める

サム・スクエア
SUMSQ (数値1,数値2,…,数値255)

[数値] を2乗し、それらの合計を求めます ($\sum x_i^2$)。

数値　平方和を求めたい数値を指定します。「A1:A3」のようなセル範囲も指定できます。

52　できる

☑ 配列の平方計算 　　　　365　2019　2016　2013　2010

2つの配列要素の平方和を合計する

サム・オブ・エックス・スクエアエド・プラス・ワイ・スクエアド

SUMX2PY2 (配列1, 配列2)

2つの[配列]について、各配列内での位置が同じ要素を2乗して足した値（平方和）を求め、それらの合計を求めます（$\sum (x_i^2 + y_i^2)$）。

> **配列** 数値を含むセル範囲、または配列定数を指定します。[配列]は、行×列の大きさが同じでなければなりません。

☑ 配列の平方計算 　　　　365　2019　2016　2013　2010

2つの配列要素の平方差を合計する

サム・オブ・エックス・スクエアエド・マイナス・ワイ・スクエアド

SUMX2MY2 (配列1, 配列2)

2つの[配列]について、各配列内での位置が同じ要素を2乗して引いた値（平方差）を求め、それらの合計を求めます（$\sum (x_i^2 - y_i^2)$）。

> **配列** 数値を含むセル範囲、または配列定数を指定します。[配列]は、行×列の大きさが同じでなければなりません。

☑ 配列の平方計算 　　　　365　2019　2016　2013　2010

2つの配列要素の差の平方和を求める

サム・オブ・エックス・マイナス・ワイ・スクエアド

SUMXMY2 (配列1, 配列2)

2つの[配列]について、各配列内での位置が同じ要素どうしを引いて2乗した値の合計（平方和）を求めます（$\sum (x_i - y_i)^2$）。

> **配列** 数値を含むセル範囲、または配列定数を指定します。[配列]は、行×列の大きさが同じでなければなりません。

関連 関数の引数に配列定数を指定する⋯⋯⋯⋯⋯⋯⋯⋯⋯⋯⋯⋯⋯⋯⋯⋯⋯P.360

数学／三角
日付／時刻
統計
文字列操作
論理
Web/検索/行列
データベース
財務
エンジニアリング
情報
キューブ

できる 53

☑ 数値の丸め　　365　2019　2016　2013　2010

四捨五入して指定の桁数まで求める

ラウンド
ROUND(数値,桁数)

[数値]を四捨五入して[桁数]まで求めます。

数値　もとの数値を指定します。
桁数　四捨五入してどの桁まで求めるかを、以下のように整数で指定します。
　　　○○○.○○○　…[数値]の各桁
　　　↑↑↑　↑↑↑
　　　-2 -1 0　1 2 3　…[桁数]の値

📄 使用例　四捨五入して指定の桁数まで求める

=ROUND(A3,B3)

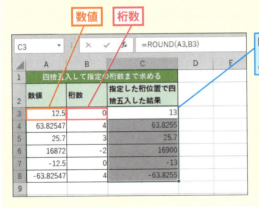

四捨五入した結果、[桁数]までの値が求められた

ポイント

● たとえば[桁数]に3を指定すると、小数点以下第3位までが求められるように、その下の桁が四捨五入されます。
● 負の数を四捨五入すると、[数値]の絶対値を四捨五入した値に「-」を付けた値が返されます。たとえば、ROUND(-1.4,0)は-1となり、ROUND(-1.5,0)は-2となります。

関連　**ROUNDDOWN/TRUNC** 指定した桁数で切り捨てる……………P.55
　　　　ROUNDUP 切り上げて指定の桁数まで求める…………………………P.55

☑ 数値の丸め 　　　　　　　365 2019 2016 2013 2010

切り捨てて指定の桁数まで求める

ラウンドダウン

ROUNDDOWN (数値,桁数)

トランク

TRUNC (数値,桁数)

[数値]を切り捨てて[桁数]まで求めます。

数値 もとの数値を指定します。

桁数 切り捨ててどの桁まで求めるかを、以下のように整数で指定します。TRUNC
関数では、省略すると0が指定されたものとみなされます。

○ ○ ○ ． ○ ○ ○ … [数値]の各桁
↑ ↑ ↑ 　 ↑ ↑ ↑
-2 -1 0 　 1 2 3 … [桁数]の値

ポイント

- ROUNDDOWN関数とTRUNC関数は、[数値] を単純に切り捨てます。たとえば、
「=ROUNDDOWN(1.8,0)」や「=TRUNC(1.8)」は1となり、「=ROUNDDOWN(-1.8,0)」や
「=TRUNC(-1.8)」は-1となります。
- ROUNDDOWN関数はTRUNC関数と同じ働きを持っていますが、[桁数]は省略できません。

☑ 数値の丸め 　　　　　　　365 2019 2016 2013 2010

切り上げて指定の桁数まで求める

ラウンドアップ

ROUNDUP (数値,桁数)

[数値]を切り上げて[桁数]まで求めます。

数値 もとの数値を指定します。

桁数 切り上げてどの桁まで求めるかを、以下のように整数で指定します。

○ ○ ○ ． ○ ○ ○ … [数値]の各桁
↑ ↑ ↑ 　 ↑ ↑ ↑
-2 -1 0 　 1 2 3 … [桁数]の値

数学／三角

日付／時刻

統計

文字列操作

論理

Web検索／行列

データベース

財務

エンジニアリング

情報

キューブ

☑ 数値の丸め　　　　　　　　　　　365　2019　2016　2013　2010

小数点以下を切り捨てる

インテジャー
INT(数値)

必修

[数値]の小数点以下を切り捨て、[数値]以下で最も近い整数を求めます。

数値　もとの数値を指定します。

📄 使用例　小数点以下を切り捨てる

=INT(**A3**)

数値

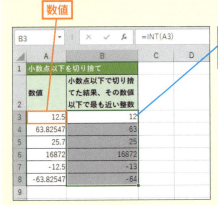

小数点以下を切り捨て、[数値]以下で最も近い整数が求められた

ポイント

- [数値]以下で最も近い整数を返します。たとえば、INT(1.8)は1となり、INT(-1.8)は-2となります。
- ROUNDDOWN関数やTRUNC関数も切り捨てができますが、消費税込みの価格の計算など、小数点以下の端数を切り捨てたい場合には、関数名が短く、引数を1つ指定するだけで済むINT関数が便利です。ただし、[数値]が負の場合、ROUNDDOWN関数やTRUNC関数とは異なる結果が返されるので注意が必要です。

関連 **ROUND** 四捨五入して指定の桁数まで求める …………………………… P.54
ROUNDDOWN/TRUNC 切り捨てて指定の桁数まで求める …… P.55

数値の丸め

数値を基準値の倍数に切り捨てる

フロア・マス
FLOOR.MATH(数値,基準値,モード)

[数値]を[基準値]の倍数になるように切り捨てます。[モード]の指定により、[数値]が負のときに0から離れた整数に切り捨てるか、逆に0に近い整数に切り捨てるかの切り替えができます。

- **数値**　もとの数値を指定します。
- **基準値**　切り捨ての基準となる数値を指定します。
- **モード**　切り捨ての動作を数値で指定します。
  - 0または省略 …… [数値]が正の場合は0に近い整数に、[数値]が負の場合は0から離れた整数に切り捨てます。
  - 0以外の数値 …… [数値]が正の場合も負の場合も0に近い整数に切り捨てます。

使用例 数値を基準値の倍数になるように切り捨てる

=FLOOR.MATH(A3,B3,C3)

ポイント

- 使用例では、FLOOR.MATH関数のほかに、FLOOR関数とFLOOR.PRECISE関数も入力し、それぞれの結果を比較できるようにしてあります。[数値]と[基準値]の正負に応じて、各関数の結果がどのように異なるかを確認してください。
- FLOOR.MATH関数は、[モード]の指定によって切り捨ての方向が切り替えられるので、ほかの2つの関数よりも柔軟な対応ができます。

関連 CEILING.MATH 数値を基準値の倍数に切り上げる ……………… P.59

数値の丸め

〔365〕〔2019〕〔2016〕〔2013〕〔2010〕

数値を基準値の倍数に切り捨てる

フロア・プリサイス

FLOOR.PRECISE (数値,基準値)

［数値］を［基準値］の倍数になるように切り捨てます。［数値］が正の場合は0に近い整数に、［数値］が負の場合は0から離れた整数に切り捨てます。使用例はFLOOR.MATH関数のものを参照してください。

数値 もとの数値を指定します。
基準値 切り捨ての基準となる数値を指定します。

互換 フロア
FLOOR (数値,基準値)

FLOOR.PRECISE関数と同等の機能を持っていますが、［数値］が正で［基準値］が負の場合はエラー値[#NUM!]が返されます。

関連 **FLOOR.MATH** 数値を基準値の倍数に切り捨てる ······················ P.57

数値の丸め

〔365〕〔2019〕〔2016〕〔2013〕〔2010〕

指定した数値の倍数になるように丸める

ラウンド・トゥ・マルチプル

MROUND (数値,基準値)

［数値］を［基準値］の倍数になるように丸めた結果を求めます。

数値 もとの数値を指定します。
基準値 丸めの基準となる数値を指定します。

ポイント

●戻り値は［数値］を［基準値］で割ったときに出た余りが［基準値］の半分未満ならFLOOR.PRECISE関数と同じ結果となり、半分以上ならCEILING.PRECISE関数と同じ結果となります。ただし、［数値］と［基準値］の正負が異なる場合は、エラー値[#N/A]が返されます。

数値を基準値の倍数に切り上げる

CEILING.MATH (数値, 基準値, モード)
シーリング・マス

[数値]を[基準値]の倍数になるように切り上げます。[モード]の指定により、[数値]が負のときに0に近い整数に切り上げるか、逆に0から離れた整数に切り上げるかの切り替えができます。

- **数値** もとの数値を指定します。
- **基準値** 切り上げの基準となる数値を指定します。
- **モード** 切り上げの動作を数値で指定します。
  - 0または省略 …… [数値]が正の場合は0から離れた整数に、[数値]が負の場合は0に近い整数に切り上げます。
  - 0以外の数値 …… [数値]が正の場合も負の場合も0から離れた整数に切り上げます。

使用例 数値を基準値の倍数になるように切り上げる

=CEILING.MATH(A3,B3,C3)

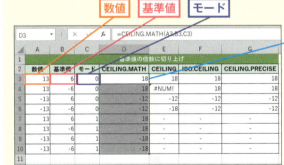

ポイント
- 使用例では、CEILING.MATH関数のほかに、CEILING関数、ISO.CEILING関数、CEILING.PRECISE関数も入力し、それぞれの結果を比較できるようにしてあります。[数値]と[基準値]の正負に応じて、各関数の結果がどのように異なるか確認してください。
- CEILING.MATH関数は、[モード]の指定によって切り上げの方向が切り替えられるので、ほかの3つの関数よりも柔軟な対応ができます。

関連 FLOOR.MATH 数値を基準値の倍数に切り捨てる …… P.57

☑ 数値の丸め　　　365　2019　2016　2013　2010

数値を基準値の倍数に切り上げる

アイ・エス・オー・シーリング

ISO.CEILING（数値,基準値）

シーリング・プリサイス

CEILING.PRECISE（数値,基準値）

［数値］を［基準値］の倍数になるように切り上げます。［数値］が正の場合は0から離れた整数に、［数値］が負の場合は0に近い整数に切り上げます。使用例はCEILING.MATH関数のものを参照してください。

数値　もとの数値を指定します。
基準値　切り上げの基準となる数値を指定します。

ポイント

● ISO.CEILING関数とCEILING.PRECISE関数は機能が同等なので、どちらを使っても同じ結果が得られます。

● ISO.CEILING関数とCEILING.PRECISE関数は、［数式］タブの［関数ライブラリ］グループのボタンや［関数の挿入］ボタンからは選択できません。セルや数式バーに直接入力します。

互換　シーリング
CEILING（数値,基準値）

　　CEILING.PRECISE関数と同等の機能を持っていますが、［数値］が正で［基準値］が負の場合はエラー値[#NUM!]が返されます。

関連　**CEILING.MATH** 数値を基準値の倍数に切り上げる ……………… P.59

数値の丸め　　365　2019　2016　2013　2010

偶数または奇数に切り上げる

イーブン
EVEN（数値）

オッド
ODD（数値）

EVEN関数は[数値]を偶数になるように切り上げ、ODD関数は[数値]を奇数になるように切り上げます。

| 数値　もとの数値を指定します。

使用例　数値を偶数になるように切り上げる

=EVEN(A3)

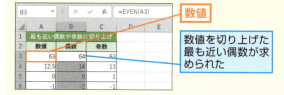

ポイント

- [数値]が正の数の場合、戻り値は[数値]以上で最小の整数となり、[数値]が負の数の場合、戻り値は[数値]以下で最大の整数となります。

商と余り　　365　2019　2016　2013　2010

整数商を求める

クオーシャント
QUOTIENT（数値,除数）

[数値]を[除数]で割ったときの整数商を求めます。

| 数値　もとの数値(被除数)を指定します。
| 除数　割る数(除数)を指定します。

☑ 商と余り   〈365〉 〈2019〉 〈2016〉 〈2013〉 〈2010〉

余りを求める

モデュラス

MOD (数値,除数)

[数値]を[除数]で割ったときの余り(剰余)を求めます。

> **数値** もとの数値(被除数)を指定します。
> **除数** 割る数(除数)を指定します。

☑ 絶対値   〈365〉 〈2019〉 〈2016〉 〈2013〉 〈2010〉

絶対値を求める

アブソリュート

ABS (数値)

[数値]から符号を取り去った値(絶対値)を求めます。

> **数値** もとの数値を指定します。

ポイント

●絶対値は、その数値が持っている「大きさ」を意味します。

☑ 数値の符号   〈365〉 〈2019〉 〈2016〉 〈2013〉 〈2010〉

正負を調べる

サイン

SIGN (数値)

[数値]の符号が正(+)か負(-)かを調べます。

> **数値** 正負を調べたい数値を指定します。

ポイント

●戻り値は、[数値]が正の数(符号が+)であれば1、負の数(符号が-)であれば-1、0であれば0となります。

最大公約数と最小公倍数

365 2019 2016 2013 2010

最大公約数を求める

グレーテスト・コモン・ディバイザー

GCD(数値1, 数値2, …, 数値255)

すべての[数値]の最大公約数(共通する約数の中で最も大きい数)を求めます。

数値 最大公約数を求めたい数値を指定します。「A1:A3」のようなセル範囲も指定できます。

使用例 最大公約数を求める

=GCD(A3:E3)

ポイント

- 計算の対象になるのは、数値、文字列として入力された数字、またはこれらを含むセルです。空のセルや文字列の入力されたセルは無視されます。
- 引数に小数を指定すると、小数点以下が切り捨てられた整数として扱われます。
- 最大公約数は、それぞれの数値を素因数分解し、共通する素因数をすべて掛けることによって求められます。たとえば、12=2×2×3で、30=2×3×5なので、最大公約数は2×3=6となります。

関連 LCM 最小公倍数を求める ……………………………………… P.64

左側縦書きインデックス：
数学／三角
日付／時刻
統計
操作／文字列
論理
Web／検索／行列
データベース
財務
エンジニアリング
情報
キューブ

☑ 最大公約数と最小公倍数　　　　　365 2019 2016 2013 2010

最小公倍数を求める

リースト・コモン・マルチプル

LCM （数値1,数値2,…,数値255）

すべての[数値]の最小公倍数（共通する倍数の中で最も小さい数）を求めます。

| **数値** | 最小公倍数を求めたい数値を指定します。「A1:A3」のようなセル範囲も指定できます。 |

☑ 順列と組み合わせ　　　　　365 2019 2016 2013 2010

階乗を求める

ファクト

FACT （数値）

[数値]の階乗を求めます。

| **数値** | 階乗を求めたい数値を指定します。 |

ポイント

- [数値]をnとすると、階乗は$n!$と表されます。$n!$の値は以下の数式で求められます。
  $n! = n \times (n-1) \times (n-2) \times \cdots\cdots \times 2 \times 1$　ただし、$0! = 1$

☑ 順列と組み合わせ　　　　　365 2019 2016 2013 2010

二重階乗を求める

ファクト・ダブル

FACTDOUBLE （数値）

[数値]の二重階乗を求めます。

| **数値** | 二重階乗を求めたい数値を指定します。 |

ポイント

- [数値]をnとすると、二重階乗は$n!!$と表されます。$n!!$の値は以下の数式で求められます。
  $n!! = n \times (n-2) \times (n-4) \times \cdots\cdots \times 4 \times 2$　（nが偶数の場合）
  $n!! = n \times (n-2) \times (n-4) \times \cdots\cdots \times 3 \times 1$　（nが奇数の場合）　ただし、$0!! = 1$

順列と組み合わせ

順列の数を求める

パーミュテーション

PERMUT(総数, 抜き取り数)

[総数]の項目の中から[抜き取り数]を取り出して並べたとき、何種類の異なる並べ方が可能であるかを求めます。ただし、同じ項目を重複して取り出せないものとします。

総数 対象となる項目の総数を指定します。
抜き取り数 [総数]の項目の中から取り出して並べる項目の個数を指定します。

使用例 社長と専務を選ぶ方法が何通りあるかを求める

=PERMUT(A3,B3)

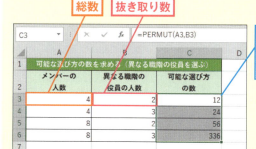

4人の中から異なる職階の役員を2人選ぶとき、12通りの方法があることがわかった

ポイント

- 引数に小数部分のある数値を指定した場合、小数点以下が切り捨てられた整数とみなされます。
- 使用例では、何人かのメンバーから、何人かの異なる職階の役員(たとえば、社長と専務)を選ぶとき、何通りの選び方があるかを求めています。PERMUT関数では、Aさんが社長でBさんが専務の場合と、Bさんが社長でAさんが専務の場合は異なる選び方として、順列の数を求めます。

関連 **PERMUTATIONA** 重複順列の数を求める ……………………………… P.66
　　　　COMBIN 組み合わせの数を求める ……………………………………… P.67

順列と組み合わせ　　　　　　　　　365　2019　2016　2013　2010

重複順列の数を求める

パーミュテーション・エー

PERMUTATIONA(総数,抜き取り数)

[総数]の項目の中から、重複を許して（同じものを何回でも抜き取れるものとして）[抜き取り数]を取り出して並べるとき、何種類の異なる並べ方が可能であるかを求めます。

総数　　　　対象となる項目の総数を指定します。
抜き取り数　[総数]の項目から取り出して並べる項目の個数を指定します。

使用例　スロットマシンの絵柄の並び方が何通りあるかを求める

=PERMUTATIONA(A3,3)

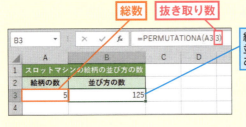

ポイント

- PERMUTATIONA関数では、[数値]で指定されたn個のものを、重複を許してr個並べる重複順列の数を求めます。
- 重複順列はn^rで求められるので、POWER関数やべき乗の演算子「^」を使っても求められます。結果は同じですが、PERMUTATIONA関数を使うと計算の目的がよくわかります。
- 使用例のほかにも、0～9の10個の数字の中から4つを選んで暗証番号を作るとき、何通りの番号が作れるかといった場合に利用できます。

関連 **PERMUT** 順列の数を求める ………………………………………… P.65
　　　 COMBINA 重複組み合わせの数を求める ……………………… P.68
　　　 POWER べき乗を求める …………………………………………… P.70

順列と組み合わせ

365 2019 2016 2013 2010

組み合わせの数を求める

コンビネーション
COMBIN(総数,抜き取り数)

[総数]の項目の中から[抜き取り数]を取り出したとき、何種類の組み合わせが可能であるかを求めます。二項係数を求めることもできます。

総数 対象となる項目の総数を指定します。
抜き取り数 [総数]の項目から取り出して組み合わせる項目の個数を指定します。

使用例 取締役を選ぶ方法が何通りあるかを求める

=COMBIN(A3,B3)

4人の中から同じ職階の役員を2人選ぶとき、6通りの方法があることがわかった

ポイント

- 引数に小数部分のある数値を指定した場合、小数点以下が切り捨てられた整数とみなされます。
- 使用例では、何人かのメンバーの中から、何人かの同じ職階の役員(たとえば取締役を何人か)を選ぶとき、何通りの選び方があるかを求めます。COMBIN関数では、AさんとBさんを取締役に選ぶのと、BさんとAさんを取締役に選ぶのは同じ選び方として、組み合わせの数を求めます。

関連 **PERMUT** 順列の数を求める ……………………………………… P.66
COMBINA 重複組み合わせの数を求める ……………………… P.68

☑ 順列と組み合わせ　　　　　　　365　2019　2016　2013　2010

重複組み合わせの数を求める

コンビネーション・エー

COMBINA (総数, 抜き取り数)

[総数]の項目の中から、重複を許して（同じものを何回でも抜き取れるものとして）[抜き取り数]を取り出したとき、何種類の組み合わせが可能であるかを求めます。

総数　　　　対象となる項目の総数を指定します。
抜き取り数　[総数]の項目の中から取り出して組み合わせる項目の個数を指定します。

使用例　スロットマシンの絵柄の組み合わせが何通りあるかを求める

=COMBINA(A3,3)

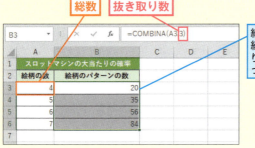

絵柄が4つのとき、組み合わせが20通りあることがわかった

ポイント

- COMBINA関数では、[数値]で指定されたn種類のものを、重複を許してr個選ぶ重複組み合わせの数を求めます。
- 重複組み合わせは$_{n+r-1}C_r$で求められるので「=COMBIN(n+r-1,r)」でも求められますが、COMBINA関数を使ったほうが重複組み合わせであることがよくわかります。

関連　**PERMUTATIONA** 重複順列の数を求める ……………………… P.66
　　　　COMBIN 組み合わせの数を求める ………………………………… P.67

☑ 順列と組み合わせ　　365　2019　2016　2013　2010

多項係数を求める

マルチノミアル

MULTINOMIAL（数値1,数値2,…,数値255）

$(a_1+a_2+a_3+\cdots\cdots+a_k)^n$ の形で表される多項式を展開したとき、各項に付く多項係数を次数に応じて求めます。

数値　多項式の各項の次数を指定します。「A1:A3」のようなセル範囲も指定できます。

☑ べき級数　　365　2019　2016　2013　2010

べき級数を求める

シリーズ・サム

SERIESSUM（変数値,初期値,増分,係数）

引数をもとに、べき級数を求めます。

変数値　べき級数の近似式に代入する変数の値を指定します。
初期値　べき級数の最初の項に現れる[変数値]の次数を指定します。
増分　[変数値]の次数の増分を指定します。
係数　べき級数の各項の係数を、セル範囲、または配列定数で指定します。この引数で指定した数値の個数が、べき級数の近似式の項数になります。

☑ 平方根　　365　2019　2016　2013　2010

平方根を求める

スクエア・ルート

SQRT（数値）

[数値]の正の平方根を求めます。

数値　数値を指定します。

ポイント

●通常の数式を使って「=x^0.5」と入力するか、POWER関数を使って「=POWER(x,0.5)」と入力しても、xの平方根が求められます。

できる | 69

数学/三角

☑ 平方根　　　　　　　　　　　365　2019　2016　2013　2010

円周率 π の倍数の平方根を求める

スクエアルート・パイ

SQRTPI (数値)

[数値]を円周率 π に掛けた値の正の平方根を求めます。

数値　数値を指定します。

ポイント

●SQRT関数とPI関数を組み合わせて「=SQRT(x*PI())」と入力しても、「=SQRTPI(x)」と同じ結果が得られます。

☑ 指数関数　　　　　　　　　　365　2019　2016　2013　2010

べき乗を求める

パワー

POWER (数値,指数)

[数値]を[指数]乗した値を求めます。

数値　底を数値で指定します。省略すると0が指定されたものとみなされます。
指数　[数値]を何乗するかを数値で指定します。省略すると0が指定されたものとみなされます。

ポイント

●[指数]には、小数（分数）や負の数も指定できます。特に、「1/x」を指定すれば x 乗根が得られ、「-x」を指定すれば「x」を指定したときの逆数が得られます。

☑ 指数関数　　　　　　　　　　365　2019　2016　2013　2010

自然対数の底 e のべき乗を求める

エクスポーネンシャル

EXP (指数)

自然対数の底 e を[指数]乗した値を求めます。

指数　自然対数の底 e を何乗するかを数値で指定します。

☑ 対数関数　　　　　　365　2019　2016　2013　2010

任意の数値を底とする対数を求める

ログ
LOG (数値, 底)

[底]を底とする[数値]の対数を求めます。

数値　数値(真数)を指定します。0以下の数値は指定できません。
底　対数の底を数値で指定します。1と0以下の数値は指定できません。省略すると10が指定されたものとみなされます。

☑ 対数関数　　　　　　365　2019　2016　2013　2010

常用対数を求める

ログ・トゥー・ベース・テン
LOG10 (数値)

10を底とする[数値]の対数(常用対数)を求めます。

数値　数値(真数)を指定します。0以下の数値は指定できません。

ポイント

●LOG関数で [底] に10を指定するか、[底] を省略しても同じ結果が得られますが、LOG10関数では[底]を指定する必要がないので便利です。

☑ 対数関数　　　　　　365　2019　2016　2013　2010

自然対数を求める

ログ・ナチュラル
LN (数値)

自然対数の底 e を底とする[数値]の対数(自然対数)を求めます。

数値　数値(真数)を指定します。0以下の数値は指定できません。

☑ 円周率 ⟨365⟩ ⟨2019⟩ ⟨2016⟩ ⟨2013⟩ ⟨2010⟩

円周率 π の近似値を求める

パイ
PI ()

円周率 π の近似値を15桁の精度で求めます。

| 引数は必要ありません。関数名に続けて()のみ入力します。

☑ 度とラジアン ⟨365⟩ ⟨2019⟩ ⟨2016⟩ ⟨2013⟩ ⟨2010⟩

度をラジアンに変換する

ラジアンズ
RADIANS (角度)

度単位の[角度]をラジアン単位に変換します。

| **角度** 度単位の角度を数値で指定します。

ポイント

●度単位の角度に「PI()/180」を掛けても同じ結果が得られますが、RADIANS関数を使ったほうが簡単で、数式もわかりやすくなります。

☑ 度とラジアン ⟨365⟩ ⟨2019⟩ ⟨2016⟩ ⟨2013⟩ ⟨2010⟩

ラジアンを度に変換する

ディグリーズ
DEGREES (角度)

ラジアン単位の[角度]を度単位に変換します。

| **角度** ラジアン単位の角度を数値で指定します。

ポイント

●ラジアン単位の角度に「180/PI()」を掛けても同じ結果が得られますが、DEGREES関数を使ったほうが簡単で、数式もわかりやすくなります。

☑ 三角関数　　　　　　　　365 2019 2016 2013 2010

正弦を求める

サイン
SIN（数値）

［数値］に対する正弦（サイン）の値を求めます。

数値　ラジアン単位の角度を、絶対値が2^{27}未満の範囲内で指定します。

ポイント

●度単位で角度を指定したい場合は、あらかじめ「PI()/180」を掛けるか、RADIANS関数を使ってラジアン単位に変換しておく必要があります。

関連 **RADIANS** 度をラジアンに変換する ……………………………………… P.72

☑ 三角関数　　　　　　　　365 2019 2016 2013 2010

余弦を求める

コサイン
COS（数値）

［数値］に対する余弦（コサイン）の値を求めます。

数値　ラジアン単位の角度を、絶対値が2^{27}未満の範囲内で指定します。

☑ 三角関数　　　　　　　　365 2019 2016 2013 2010

正接を求める

タンジェント
TAN（数値）

［数値］に対する正弦（タンジェント）の値を求めます。

数値　ラジアン単位の角度を、絶対値が2^{27}未満の範囲内で指定します。

ポイント

●正接の値は、理論上は$-\infty$～$+\infty$（∞は無限大を表す）の範囲内となりますが、Excelでは扱うことのできる最小値～最大値の範囲内となります。

数学／三角

☑ 三角関数　　　　　365　2019　2016　2013　2010

余割を求める

コセカント

CSC (数値)

[数値]に対する余割(コセカント)の値を求めます。余割は、正弦(サイン)の値の逆数となります。

| **数値** ラジアン単位の角度を、絶対値が2^{27}未満の範囲内で指定します。

☑ 三角関数　　　　　365　2019　2016　2013　2010

正割を求める

セカント

SEC (数値)

[数値]に対する正割(セカント)の値を求めます。正割は、余弦(コサイン)の値の逆数となります。

| **数値** ラジアン単位の角度を、絶対値が2^{27}未満の範囲内で指定します。

☑ 三角関数　　　　　365　2019　2016　2013　2010

余接を求める

コタンジェント

COT (数値)

[数値]に対する余接(コタンジェント)の値を求めます。余接は、正接(タンジェント)の値の逆数となります。

| **数値** ラジアン単位の角度を、絶対値が2^{27}未満の範囲内で指定します。

☑ 逆三角関数　　　　　　　365 2019 2016 2013 2010

逆正弦を求める

アーク・サイン

ASIN (数値)

正弦の[数値]に対する逆正弦(アーク・サイン)の値をラジアン単位で求めます。

| **数値**　正弦の値を絶対値が1以下の数値で指定します。

ポイント
●得られた値を度単位の角度として扱いたい場合は、結果に「180/PI()」を掛けるか、DEGREES関数を使って度単位に変換します。

関連 ▶ **DEGREES** ラジアンを度に変換する ……………………………………… P.72

☑ 逆三角関数　　　　　　　365 2019 2016 2013 2010

逆余弦を求める

アーク・コサイン

ACOS (数値)

余弦の[数値]に対する逆余弦(アーク・コサイン)の値をラジアン単位で求めます。

| **数値**　余弦の値を絶対値が1以下の数値で指定します。

☑ 逆三角関数　　　　　　　365 2019 2016 2013 2010

逆正接を求める

アーク・タンジェント

ATAN (数値)

正接の[数値]に対する逆正接(アーク・タンジェント)の値をラジアン単位で求めます。

| **数値**　正接の値を数値で指定します。

☑ 逆三角関数　　〈365〉〈2019〉〈2016〉〈2013〉〈2010〉

x-*y*座標から逆正接を求める

アーク・タンジェント・ツー

ATAN2 (*x*座標, *y*座標)

［*x*座標］と［*y*座標］の組で指定した*x*-*y*座標に対する逆正接（アーク・タンジェント）の値を
ラジアン単位で求めます。

| *x*座標　*x*座標値を指定します。
| *y*座標　*y*座標値を指定します。

☑ 逆三角関数　　〈365〉〈2019〉〈2016〉〈2013〉〈2010〉

逆余接を求める

アーク・コタンジェント

ACOT (数値)

余接の［数値］に対する逆余接（アーク・コタンジェント）の値をラジアン単位で求めます。

| 数値　余接の値を数値で指定します。

☑ 双曲線関数　　〈365〉〈2019〉〈2016〉〈2013〉〈2010〉

双曲線正弦を求める

ハイパーボリック・サイン

SINH (数値)

［数値］に対する双曲線正弦（ハイパーボリック・サイン）の値を求めます。

| 数値　数値を指定します。

ポイント

● 双曲線正弦関数は、確率分布の近似計算などに利用されます。

☑ 双曲線関数　**365 2019 2016 2013 2010**

双曲線余弦を求める

ハイパーボリック・コサイン

COSH （数値）

［数値］に対する双曲線余弦（ハイパーボリック・コサイン）の値を求めます。

数値　数値を指定します。

☑ 双曲線関数　**365 2019 2016 2013 2010**

双曲線正接を求める

ハイパーボリック・タンジェント

TANH （数値）

［数値］に対する双曲線正接（ハイパーボリック・タンジェント）の値を求めます。

数値　数値を指定します。

☑ 双曲線関数　**365 2019 2016 2013 2010**

双曲線余割を求める

ハイパーボリック・コセカント

CSCH （数値）

［数値］に対する双曲線余割（ハイパーボリック・コセカント）の値を求めます。双曲線余割
は、双曲線正弦（ハイパーボリック・サイン）の値の逆数となります。

数値　数値を指定します。

数学／三角

☑ 双曲線関数 〈365〉 2019 2016 2013 2010

双曲線正割を求める

ハイパーボリック・セカント

SECH (数値)

[数値]に対する双曲線正割(ハイパーボリック・セカント)の値を求めます。双曲線正割は、双曲線余弦(ハイパーボリック・コサイン)の値の逆数となります。

| **数値** 数値を指定します。

☑ 双曲線関数 〈365〉 2019 2016 2013 2010

双曲線余接を求める

ハイパーボリック・コタンジェント

COTH (数値)

[数値]に対する双曲線余接(ハイパーボリック・コタンジェント)の値を求めます。双曲線余接は、双曲線正接(ハイパーボリック・タンジェント)の値の逆数となります。

| **数値** 数値を指定します。

☑ 逆双曲線関数 〈365〉 2019 2016 2013 2010

双曲線逆正弦を求める

ハイパーボリック・アーク・サイン

ASINH (数値)

[数値]に対する双曲線逆正弦(ハイパーボリック・アークサイン)の値を求めます。

| **数値** 数値を指定します。

☑ 逆双曲線関数	365 2019 2016 2013 2010

双曲線逆余弦を求める

ハイパーボリック・アーク・コサイン

ACOSH (数値)

[数値]に対する双曲線逆余弦(ハイパーボリック・アーク・コサイン)の値を求めます。

数値 1以上の数値を指定します。

☑ 逆双曲線関数	365 2019 2016 2013 2010

双曲線逆正接を求める

ハイパーボリック・アーク・タンジェント

ATANH (数値)

[数値]に対する双曲線逆正接(ハイパーボリック・アーク・タンジェント)の値を求めます。

数値 絶対値が1未満の数値を指定します。

☑ 逆双曲線関数	365 2019 2016 2013 2010

双曲線逆余接を求める

ハイパーボリック・アーク・コタンジェント

ACOTH (数値)

[数値]に対する双曲線逆余接(ハイパーボリック・アーク・コタンジェント)の値を求めます。

数値 絶対値が1を超える数値を指定します。

☑ 行列と行列式	365 2019 2016 2013 2010

行列の行列式を求める

マトリックス・ディターミナント

MDETERM (配列)

[配列]で指定した正方行列の行列式を求めます。

配列 行列をセル範囲または配列定数で指定します。

数学/三角

日付/時刻

統計

文字列操作

論理

Web 検索/行列

データベース

財務

エンジニアリング

情報

キューブ

できる | 79

☑ 行列と行列式　　　　　　　　365　2019　2016　2013　2010

行列の逆行列を求める

マトリックス・インバース

MINVERSE（配列）

［配列］で指定した正方行列の逆行列を求めます。結果は配列として返されるので、配列数式として入力する必要があります。

配列　逆行列を求めたい行列を、セル範囲または配列定数で指定します。行列は、行数と列数が等しい正方行列でなければなりません。

関連▶ 複数の値を返す関数を配列数式で入力する ………………………………P.374
　　　　スピル機能を利用して配列を返す関数を簡単に入力する …………P.376

☑ 行列と行列式　　　　　　　　365　2019　2016　2013　2010

2つの行列の積を求める

マトリックス・マルチプリケーション

MMULT（配列1,配列2）

［配列1］と［配列2］で指定した行列の積を、［配列1］×［配列2］の順序で求めます。結果は配列として返されるので、配列数式として入力する必要があります。

配列1・配列2　積を求めたい行列を、セル範囲または配列定数で指定します。［配列1］の列数と［配列2］の行数は同じでなければなりません。

関連▶ 複数の値を返す関数を配列数式で入力する ………………………………P.374
　　　　スピル機能を利用して配列を返す関数を簡単に入力する …………P.376

☑ 行列と行列式　　　　　　　　365　2019　2016　2013　2010

単位行列を求める

マトリックス・ユニット

MUNIT（数値）

［数値］で指定した次元の単位行列を求めます。結果は配列として返されるので、配列数式として入力する必要があります。

数値　求めたい単位行列の次元を1以上の整数で指定します。

配列の作成

等差数列が入った配列を作成する

シーケンス
SEQUENCE (行数, 列数, 開始値, 増分)

[開始値]から[増分]ずつ増える等差数列が順に入った[行数]×[列数]の配列を作成します。

- **行数** 作成したい配列の行数を指定します。
- **列数** 作成したい配列の列数を指定します。
- **開始値** 数列の初項の値を指定します。省略すると1が指定されたものとみなされます。
- **増分** 数列の増分の値を指定します。省略すると1が指定されたものとみなされます。

使用例 等差数列が入った5行×3列の配列を作成する

=SEQUENCE(5,3,10,2)

10から2ずつ増える等差数列が入った5行×3列の配列が作成された

ポイント

- SEQUENCE関数は、Office 365でのみ利用できます。
- 関数は配列数式(スピル配列)として入力されるので、複数のセルに結果が表示されます。使用例では、セルA2に関数を入力しただけで、セル範囲A2～C6のセルに等差数列の各項の値が返されています。スピル機能について詳しくはP.376を参照してください。
- 結果が返されるセル範囲にすでに値が入力されていたり、関数の入力後にそれらのセルに値を入力したりすると[#SPILL!](または[#スピル!])エラーになります。

関連 スピル機能を利用して配列を返す数式を簡単に入力する …………P.376

RANDBETWEEN（最小値, 最大値）

乱数 365 2019 2016 2013 2010

乱数を発生させる（整数）

ランダム・ビトウィーン

[最小値]以上、[最大値]以下の、整数の乱数を発生させます。

- **最小値** 発生させたい乱数の最小値を指定します。
- **最大値** 発生させたい乱数の最大値を指定します。

使用例　整数の乱数を発生させる

=RANDBETWEEN(A3,B3)

ポイント

- RANDBETWEEN関数は、ワークシートが再計算されるたびに新しい乱数を返します。再計算されるのは次の場合です。
  - ブック（ファイル）を開いたとき
  - セルにデータを入力したか、またはセルのデータを修正したとき
  - F9 キー、Shift + F9 キー、Ctrl + Alt + F9 キー、Shift + Ctrl + Alt + F9 キーのいずれかを押したとき
- 乱数は、統計学、物理学、工学などの計算で、擬似的なサンプルデータや無作為な数値が必要になる場合に利用されます。

関連
- **RAND** 乱数を発生させる（0以上1未満の実数）……………… P.83
- **RANDARRAY** 乱数が入った配列を作成する…………………… P.84

乱数

乱数を発生させる（0以上1未満の実数）

ランダム
RAND ()

0以上1未満の実数（小数）の乱数を発生させます。

引数は必要ありません。関数名に続けて( )のみ入力します。

使用例　指定の範囲内で乱数を発生させる

=RAND()*(B3-A3)+A3

指定した最小値と最大値の範囲内で、実数（小数）の乱数が得られた

ポイント

- 実数（小数）の乱数ではなく、整数の乱数を得たいときには、RANDBETWEEN関数を使います。
- RAND関数は、ブックを開いたり、F9キーやShift+F9キーを押したりしてワークシートが再計算されるたびに新しい乱数を返します。ワークシートの再計算についてはP.82のポイントも参照してください。
- 乱数が再計算によって変更されないようにするには、RAND関数が入力されたセルを選択してコピーしたあと、同じ位置に値のみを貼り付けます。
- 乱数は、統計学、物理学、工学などの計算で、疑似的なサンプルデータや無作為な数値が必要になる場合に利用されます。
- 使用例では、最小値以上最大値未満の実数の乱数を得るために、「乱数×(最大値-最小値)+最小値」という計算をしています。

関連 **RANDBETWEEN** 乱数を発生させる（整数）……………………P.82
RANDARRAY 乱数が入った配列を作成する……………………P.84

乱数が入った配列を作成する

ランダム・アレイ

RANDARRAY(行数, 列数, 最小値, 最大値, 乱数の種類)

[最小値]以上[最大値]以下の、整数または実数(小数)の乱数が入った[行数]×[列数]の配列を作成します。

行数	作成したい配列の行数を指定します。
列数	作成したい配列の列数を指定します。
最小値	乱数の最小値を指定します。省略すると0を指定したものとみなされます。
最大値	乱数の最大値を指定します。省略すると1を指定したものとみなされます。
乱数の種類	乱数を整数にするかどうかを指定します。

　TRUE ………………… 整数の乱数を発生
　FALSEまたは省略… 実数(小数)の乱数を発生

使用例　乱数が入った3行×3列の配列を作成する

=RANDARRY(3,3,0,5,FALSE)

0～5の範囲内の、実数の乱数が入った3行×3列の配列が作成された

ポイント

- RANDARRAY関数は、Office 365でのみ利用できます。
- 関数は配列数式（スピル配列）として入力されるので、複数のセルに結果が表示されます。使用例では、セルA2に関数を入力しただけで、セル範囲A2～C4のセルにそれぞれ乱数が返されています。スピル機能について詳しくはP.376を参照してください。
- 結果が返されるセル範囲にすでに値が入力されていたり、関数の入力後にそれらのセルに値を入力したりすると[#SPILL!]（または[#スピル!]）エラーになります。
- RANDARRAY関数は、ブックを開いたり、F9キーやShift+F9キーを押したりしてワークシートが再計算されるたびに新しい乱数を返します。ワークシートの再計算についてはP.82のポイントも参照してください。

関連 RANDBETWEEN 乱数を発生させる（整数）……………………… P.82

第2章

日付／時刻関数

現在の日付や時刻を得る関数、年月日・時分秒とその内部的な数値（シリアル値）を変換する関数など、日時に関連するデータを計算するための関数群です。

☑ 日付と時刻 ｜ 365 ｜ 2019 ｜ 2016 ｜ 2013 ｜ 2010

現在の日付、または現在の日付と時刻を求める

必修

トゥデイ
TODAY ()

ナウ
NOW ()

TODAY関数は、現在の日付を求めます。NOW関数は、現在の日付と時刻を求めます。

引数は必要ありません。関数名に続けて( )のみ入力します。

使用例 書類の発行日として現在の日付を表示する

=TODAY()

現在の日付が表示された

G1	▼	× ✓ ƒx	=TODAY()					
	A	B	C	D	E	F	G	H
1						発行日	2019/1/9	
2			ご 請 求 書					
3	RYUKYUリゾート株式会社 御中					Bell@Sports株式会社		
4						〒110-0008		
5	いつもお引き立てを賜り、まことにありがとうございます。					東京都台東区池之端1-X-4不忍ビル		
6	下記の通りご請求申し上げますのでよろしくお願い致します。					上野本店長 田北麗奈		

ポイント

● TODAY関数を入力すると、セルの表示形式が［日付］（yyyy/m/d）に変更され、「2019/7/18」のように表示されます。また、NOW関数ではセルの表示形式が［日付］（yyyy/m/d h:mm）に変更され、「2019/7/18 10:20」のように表示されます。

● TODAY関数とNOW関数の戻り値は、ブックを開いたり、 F9 キーや Shift + F9 キーを押したりしてワークシートが再計算されると、自動的に更新されます。

● 戻り値が日付や時刻として表示されない場合は、セルの表示形式が変更されている可能性があります。セルの表示形式を[日付]または[時刻]に設定してください。

● 現在の日付の入力には Ctrl + ; キー、現在の時刻の入力には Ctrl + : キーも使えます。ただし、これらのショートカットキーを使った場合、日付や時刻は関数でなく値として入力されるため、自動的に更新されることはありません。

関連 DATESTRING 日付を和暦に変換する ………………………………… P.92

日付から「年」を取り出す

YEAR (シリアル値)

日付（シリアル値）から「年」に当たる数値を取り出します。

| **シリアル値** 日付をシリアル値または文字列で指定します。

使用例 生年月日から「年」だけを取り出す

=YEAR(B3)

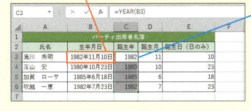

日付の「年」に当たる数値が求められた

ポイント

- 戻り値は西暦年を表す4桁の整数（1900 ～ 9999）になります。たとえばIF関数の条件として使えば、年の違いに応じて異なる計算ができます。
- 使用例のセルB3 ～ B6には日付が表示されていますが、これらのセルには日付が文字列として入っているのではなく、シリアル値が入っています。
- セルに日付や時刻を入力すると、自動的にシリアル値に変換されます。
- 日付のシリアル値は、「1900年1月1日」以後の経過日数で表されます。たとえば「1900年1月2日」は「2」と表され、「2019年7月18日」は「43664」と表されます。

日付	1900 1/1	1/2	……	2000 1/1	2019 7/18
シリアル値	1	2		36526	43664

- シリアル値は単なる数値です。日付の表示形式が適用されているので「2019/7/18」のように表示されるだけです。そのため、数値を足せば何日後かの日付が求められ、日付どうしの引き算をすれば経過期間が求められます。

関連 HOUR 時刻から「時」を取り出す ……………………………………… P.89
　　　 IF 条件によって異なる値を返す ……………………………………… P.212

年月日の取得 〈365〉〈2019〉〈2016〉〈2013〉〈2010〉

日付から「月」を取り出す

マンス

MONTH (シリアル値)

日付（シリアル値）から「月」に当たる数値を取り出します。

| **シリアル値** 日付をシリアル値または文字列で指定します。

年月日の取得 〈365〉〈2019〉〈2016〉〈2013〉〈2010〉

日付から「日」を取り出す

デイ

DAY (シリアル値)

日付（シリアル値）から「日」に当たる数値を取り出します。

| **シリアル値** 日付をシリアル値または文字列で指定します。

時分秒の取得 〈365〉〈2019〉〈2016〉〈2013〉〈2010〉

時刻から「分」を取り出す

ミニット

MINUTE (シリアル値)

時刻（シリアル値）から「分」に当たる数値を取り出します。

| **シリアル値** 時刻をシリアル値または文字列で指定します。

時分秒の取得 〈365〉〈2019〉〈2016〉〈2013〉〈2010〉

時刻から「秒」を取り出す

セカンド

SECOND (シリアル値)

時刻（シリアル値）から「秒」に当たる数値を取り出します。

| **シリアル値** 時刻をシリアル値または文字列で指定します。

時分秒の取得 365 2019 2016 2013 2010

時刻から「時」を取り出す

HOUR（シリアル値）
（アワー）

時刻（シリアル値）から「時」に当たる数値を取り出します。

シリアル値 時刻をシリアル値または文字列で指定します。

使用例 ゴールの時刻から「時」だけを取り出す

=HOUR(C3)

シリアル値

時刻の「時」に当たる数値が求められた

	A	B	C	D	E	F
1	RYUKYUリゾート杯ハーフマラソン結果					
2	選手名	スタート	ゴール	ゴール「時」	ゴール「分」	ゴール「秒」
3	西宮 和也	10:00:00	11:15:34	11	15	34
4	玉木 鉄三	10:00:00	11:28:41	11	28	41
5	綾瀬 はる美	10:30:00	12:02:16	12	2	16
6	上戸 樹里	10:30:00	12:11:25	12	11	25

ポイント

- 戻り値は「時」を表す整数（0～23）になります。たとえばIF関数の条件として使えば、「時」の違いに応じて異なる計算ができます。
- 使用例のセルB3～C6には時刻が表示されていますが、これらのセルには時刻が文字列として入っているのではなく、シリアル値が入っています。
- セルに日付や時刻を入力すると、自動的にシリアル値に変換されます。
- 時刻のシリアル値は、24時間を1とした小数で表されます。たとえば「正午」（午後0時）は1日の半分なので「0.5」と表され、「午後7時12分」は「0.8」と表されます。

- シリアル値は単なる数値です。時刻の表示形式が適用されているので「10:20」のように表示されるだけです。そのため、数値を足せば何時間後かの時刻が求められ、時刻どうしの引き算をすれば経過時間が求められます。

関連 YEAR 日付から「年」を取り出す P.87
IF 条件によって異なる値を返す P.212

日付から曜日を取り出す

☑ 曜日の取得　　　　　　　　　365　2019　2016　2013　2010

必修

ウィーク・デイ
WEEKDAY (シリアル値, 週の基準)

日付（シリアル値）から「曜日」に当たる数値を取り出します。

シリアル値　日付をシリアル値または文字列で指定します。
週の基準　戻り値の種類を次のように指定します。
- 1または省略 … 戻り値は1～7（日～土）
- 2 ………………… 戻り値は1～7（月～日）
- 3 ………………… 戻り値は0～6（月～日）
- 11 ……………… 戻り値は1～7（月～日）
- 12 ……………… 戻り値は1～7（火～月）
- 13 … 戻り値は1～7（水～火）
- 14 … 戻り値は1～7（木～水）
- 15 … 戻り値は1～7（金～木）
- 16 … 戻り値は1～7（土～金）
- 17 … 戻り値は1～7（日～土）

📄 使用例　日付から曜日を表す数値を取り出す

=WEEKDAY(B3,1)

ポイント
- 戻り値は曜日を表す整数（1～7、または0～6）になります。たとえばIF関数の条件として使えば、曜日の違いに応じて異なる計算ができます。
- 日付のシリアル値は、「1900年1月1日」以後の経過日数で表されます。たとえば「1900年1月2日」は「2」と表され、「2019年7月18日」は「43664」と表されます。日付のシリアル値の詳細についてはP.87を参照してください。

関連　IF 条件によって利用する式を変える …………………………………… P.212
　　　　TEXT 数値に表示形式を適用した文字列を返す ……………………… P.202

☑ 週番号の取得　　　　　　　　　365　2019　2016　2013　2010

日付が何週目かを求める

ウィーク・ナンバー

WEEKNUM (シリアル値, 週の基準)

[シリアル値] で指定した日付が、その年の1月1日を含む週から数えて何週目になるかを求めます。

シリアル値　日付をシリアル値または文字列で指定します。
週の基準　　週の開始日を何曜日として計算するかを指定します。

1または省略	… 日曜日	14	… 木曜日
2	… 月曜日	15	… 金曜日
11	… 月曜日	16	… 土曜日
12	… 火曜日	17	… 日曜日
13	… 水曜日	21	… 月曜日

使用例　ある日付の週が1月1日の週から数えて何週目かを求める

=WEEKNUM(A3,2)

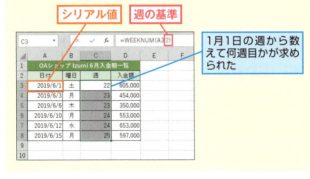

ポイント

● 日付のシリアル値は、「1900年1月1日」以後の経過日数で表されます。たとえば「1900年1月2日」は「2」と表され、「2019年7月18日」は「43664」と表されます。

関連 **ISOWEEKNUM** ISO8601方式で日付が何週目かを求める …… P.92

週番号の取得　365 2019 2016 2013 2010

ISO8601方式で日付が何週目かを求める

アイエスオー・ウイークナム

ISOWEEKNUM (シリアル値)

[シリアル値]で指定した日付が、その年の1月1日を含む週から数えて何週目になるかをISO8601方式で求めます。

シリアル値　日付をシリアル値または文字列で指定します。

日付の変換　365 2019 2016 2013 2010

日付を和暦に変換する

デート・ストリング

DATESTRING (シリアル値)

[シリアル値]で指定した日付を、和暦を表す文字列に変換します。

シリアル値　日付をシリアル値または文字列で指定します。

使用例　書類に和暦の発行日を表示する

=DATESTRING(TODAY())

ポイント

- DATESTRING関数は、[数式]タブの[関数ライブラリ]グループのボタンや[関数の挿入]ボタンからは選択できません。セルや数式バーに直接入力する必要があります。
- 戻り値は、明治33年1月1日（1900年1月1日）から、大正および昭和の全年、そして令和7981年12月31日（9999年12月31日）までの和暦を表す文字列です。

☑ 日付のシリアル値 　　　　　　　　365 2019 2016 2013 2010

日付を表す文字列からシリアル値を求める

デート・バリュー

DATEVALUE (日付文字列)

[日付文字列]から日付のシリアル値を求めます。

日付文字列 日付を表す文字列を指定します。西暦(「2018/8/5」、「8-5」など)や和暦(「平成30年8月5日」、「H30.8.5」など)の形式で指定できます。文字列を直接指定する場合は「"」で囲みます。

☑ 日付のシリアル値 　　　　　　　　365 2019 2016 2013 2010

年、月、日から日付を求める

デート

DATE (年,月,日)

[年]、[月]、[日]から日付のシリアル値を求めます。

年 日付の「年」に当たる数値を1900 ～ 9999の範囲の整数で指定します。

月 日付の「月」に当たる数値を指定します。13以上の数値を指定すると、翌年以降の[年]と[月]が指定されたものとみなされます。負の数を指定すると、前年以前の[年]と[月]が指定されたものとみなされます。

日 日付の「日」に当たる数値を指定します。月の最終日を超える数値を指定すると、翌月以降の[月]と[日]が指定されたものとみなされます。負の数を指定すると、前月以前の[月]と[日]が指定されたものとみなされます。

☑ 時刻のシリアル値 　　　　　　　　365 2019 2016 2013 2010

時刻を表す文字列からシリアル値を求める

タイム・バリュー

TIMEVALUE (時刻文字列)

[時刻文字列]から時刻のシリアル値を求めます。

時刻文字列 時刻を表す文字列を指定します。「hh:mm:ss」、「hh:mm:ss AM」、「hh時mm分ss秒」などの形式で指定できます。時刻を表す文字列を直接指定する場合は「"」で囲みます。

数学／三角

日付／時刻

統計

文字列操作

論理

Web検索／行列

データベース

財務

エンジニアリング

情報

キューブ

できる | 93

☑ 時刻のシリアル値　　　　　　365　2019　2016　2013　2010

時、分、秒から時刻を求める

タイム
TIME (時,分,秒)

［時］、［分］、［秒］から時刻のシリアル値を求めます。

時　時刻の「時」に当たる数値を24時間制で指定します。24以上の数値を指定すると、その数値を24で割った余りが指定されたものとみなされます。省略すると、0が指定されたものとみなされます。

分　時刻の「分」に当たる数値を指定します。60以上の数値を指定すると、次の「時」以降の［時］と［分］が指定されたものとみなされます。負の数値を指定すると、前の「時」以前の［時］と［分］が指定されたものとみなされます。省略すると、0が指定されたものとみなされます。

秒　時刻の「秒」に当たる数値を指定します。60以上の数値を指定すると、次の「分」以降の［分］と［秒］が指定されたものとみなされます。負の数を指定すると、前の「分」以前の［分］と［秒］が指定されたものとみなされます。省略すると、0が指定されたものとみなされます。

☑ 期日　　　　　　　　　　　　365　2019　2016　2013　2010

数カ月前や数カ月後の月末を求める

エンド・オブ・マンス
EOMONTH (開始日,月)

［開始日］から数えて［月］の数だけ経過した月末の日付を求めます。

開始日　計算の起点となる日付をシリアル値または文字列で指定します。

月　月数を指定します。正の数を指定すると［開始日］よりあと（〜カ月後）の月末の日付、負の数を指定すると［開始日］より前（〜カ月前）の月末の日付が求められます。

ポイント

● 戻り値はシリアル値となります。日付の形式で表示したい場合は、セルの表示形式を［日付］に変更する必要があります。

● ［月］に小数部分のある数値を指定した場合、小数点以下が切り捨てられた整数とみなされます。

期日

数カ月前や数カ月後の日付を求める

エクスパイレーション・デート
EDATE（開始日, 月）

[開始日]から数えて[月]の数だけ経過した日付を求めます。

開始日	計算の起点となる日付をシリアル値または文字列で指定します。
月	月数を指定します。正の数を指定すると[開始日]よりあと（〜カ月後）の日付、負の数を指定すると[開始日]より前（〜カ月前）の日付が求められます。

使用例　購入年月日と保証期間をもとに保証期限を求める

=EDATE(A3,E3)-1

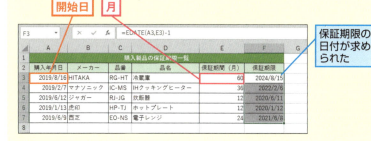

保証期限の日付が求められた

ポイント

- 戻り値はシリアル値となります。日付の形式で表示したい場合は、セルの表示形式を[日付]に変更する必要があります。
- 日付のシリアル値は、「1900年1月1日」以後の経過日数で表されます。たとえば「1900年1月2日」は「2」と表され、「2019年7月18日」は「43664」と表されます。日付のシリアル値の詳細についてはP.87を参照してください。
- [月]に小数部分のある数値を指定した場合、小数点以下が切り捨てられた整数とみなされます。
- 一般に、製品の保証期限は購入日から満何年（あるいは満何カ月）が経過する前の日なので、使用例ではEDATE関数で求めた結果から「1」を引いた日付を求めています。

関連　**EOMONTH** 数カ月前や数カ月後の月末を求める ……………………… P.94

土日と祝日を除外して期日を求める

ワークデイ

WORKDAY(開始日,日数,祝日)

[開始日]から数えて[日数]だけ経過した日付を、土日と祝日を除外して求めます。

開始日 計算の起点となる日付をシリアル値または文字列で指定します。
日数 土日と祝日を除外した期日までの日数を指定します。正の数を指定すると[開始日]よりあと(〜日後)の日付、負の数を指定すると[開始日]より前(〜日前)の日付が求められます。
祝日 祝日や休暇などの日付を、シリアル値または文字列で指定します。複数の祝日を指定する場合は、祝日の日付が入力されたセル範囲または配列定数を指定します。省略すると、土日だけを除外して期日が計算されます。

使用例 受注日と発送準備日数をもとに発送予定日を求める

=WORKDAY(C3,D3,$C$7:$C$8)

ポイント

- 戻り値はシリアル値となります。日付の形式で表示したい場合は、セルの表示形式を[日付]に変更する必要があります。
- 日付のシリアル値は、「1900年1月1日」以後の経過日数で表されます。たとえば「1900年1月2日」は「2」と表され、「2019年7月18日」は「43664」と表されます。日付のシリアル値の詳細についてはP.87を参照してください。
- [日数]に小数部分のある数値を指定した場合、小数点以下が切り捨てられた整数とみなされます。

☑ 期日　　　　　　　　　　　　　　　365　2019　2016　2013　2010

指定した休日を除外して期日を求める

ワークデイ・インターナショナル
WORKDAY.INTL（開始日,日数,週末,祝日）

[開始日]から数えて[日数]だけ経過した日付を、[週末]と[祝日]を除外して求めます。結果はシリアル値で返されます。

開始日　計算の起点となる日付をシリアル値または文字列で指定します。
日数　期日までの日数を指定します。
週末　休日を以下のように指定します。

1または省略 …	土と日	5 ……	水と木	12 ……	月のみ	16 ……	金のみ
2 …………	日と月	6 ……	木と金	13 ……	火のみ	17 ……	土のみ
3 …………	月と火	7 ……	金と土	14 ……	水のみ		
4 …………	火と水	11 …	日のみ	15 ……	木のみ		

祝日　祝日や休暇などの日付を、シリアル値または文字列で指定します。複数の祝日を指定する場合は、祝日の日付を入力したセル範囲または配列定数で指定します。省略すると、[週末]だけを除外して期日が計算されます。

使用例　日曜と月曜が休日の会社で商品の発送予定日を求める

=WORKDAY.INTL(C3,D3,2,$C$7:$C$8)

ポイント

● 休日は、理容店なら月曜、美容室なら火曜というように、業界団体により決められている場合が多いようです。また、商店街では木曜一斉休業といった場合もありますが、これもたいていは地域の商店街組織により決められます。WORKDAY.INTL関数は、そうした土日休みではない多くの場合に対応できます。

期間

365 | 2019 | 2016 | 2013 | 2010

2つの日付から期間内の日数を求める

デイズ

DAYS (終了日, 開始日)

[開始日]から[終了日]までの日数を求めます。

終了日 期間の終了日をシリアル値または文字列で指定します。
開始日 期間の開始日をシリアル値または文字列で指定します。

期間

365 | 2019 | 2016 | 2013 | 2010

1年を360日として期間内の日数を求める

デイズ・スリー・シックスティー

DAYS360 (開始日, 終了日, 方式)

1年を360日として、[開始日]から[終了日]までの日数を求めます。

開始日 期間の開始日をシリアル値または文字列で指定します。
終了日 期間の終了日をシリアル値または文字列で指定します。
方式 日数の計算に適用する会計方式を、以下の論理値で指定します。
　　FALSEまたは省略… 米国(NASD)方式で日数を求める
　　TRUE ……………… ヨーロッパ方式で日数を求める

期間

365 | 2019 | 2016 | 2013 | 2010

土日と祝日を除外して期間内の日数を求める

ネット・ワークデイズ

NETWORKDAYS (開始日, 終了日, 祝日)

[開始日]から[終了日]までの日数を、土日と祝日を除外して求めます。

開始日 期間の開始日をシリアル値または文字列で指定します。
終了日 期間の終了日をシリアル値または文字列で指定します。
祝日 祝日や休暇などの日付を、シリアル値または文字列で指定します。複数の祝日を指定する場合は、祝日の日付を入力したセル範囲または配列定数で指定します。この引数を省略すると、土日だけを除外して期日が計算されます。

指定した休日を除外して期間内の日数を求める

NETWORKDAYS.INTL(開始日,終了日,週末,祝日)

ネット・ワークデイズ・インターナショナル

[開始日]から[終了日]までの日数を、[週末]と[祝日]を除外して求めます。

開始日 期間の開始日をシリアル値または文字列で指定します。
終了日 期間の終了日をシリアル値または文字列で指定します。
週末 休日を以下のように指定します。

1または省略 … 土と日	5 …… 水と木	12 …… 月のみ	16 …… 金のみ
2 ………… 日と月	6 …… 木と金	13 …… 火のみ	17 …… 土のみ
3 ………… 月と火	7 …… 金と土	14 …… 水のみ	
4 ………… 火と水	11 … 日のみ	15 …… 木のみ	

祝日 祝日や休暇などの日付を、シリアル値、文字列または配列で指定します。

使用例 指定した日付が理容店の営業日かどうかを調べる

=NETWORKDAYS.INTL(A3,A3,12,$F$3:$F$6)

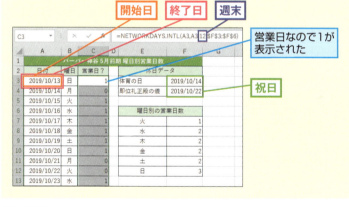

ポイント

● 使用例では[開始日]と[終了日]に同じ日付を指定しているので、その日が[週末]で指定した休日または[祝日]で指定した祝日であると日数の計算から除外され、日数として0が返されます。一方、その日が休日または祝日でなければ日数として1が返されるので、営業日かどうかがわかります。

☑ 期間　　　　　　　　　　　　**365** **2019** **2016** **2013** **2010**

期間内の年数、月数、日数を求める

デート・ディフ

DATEDIF（開始日,終了日,単位）

［開始日］から［終了日］までの年数、月数、日数を、［単位］で指定した計算方法によって求めます。

開始日　期間の開始日をシリアル値または文字列で指定します。
終了日　期間の終了日をシリアル値または文字列で指定します。
単位　　日数の計算方法を、以下の文字列で指定します。
　"Y" …… 満年数を求める
　"M" …… 満月数を求める
　"D" …… 満日数を求める
　"YM" … 1年に満たない月数を求める
　"YD" … 1年に満たない日数を求める
　"MD" … 1カ月に満たない日数を求める

ポイント

●DATEDIF関数は、［数式］タブの［関数ライブラリ］グループのボタンや［関数の挿入］ボタンからは選択できません。セルや数式バーに直接入力する必要があります。

☑ 期間　　　　　　　　　　　　**365** **2019** **2016** **2013** **2010**

期間が1年間に占める割合を求める

イヤー・フラクション

YEARFRAC（開始日,終了日,基準）

［開始日］から［終了日］までの期間が1年間に占める割合を、［基準］で指定した基準日数に基づいて求めます。

開始日　期間の開始日をシリアル値または文字列で指定します。
終了日　期間の終了日をシリアル値または文字列で指定します。
基準　　日数の計算に使われる基準日数（月／年）を、以下の数値で指定します。
　0または省略 … 30日／360日（米国（NASD）方式）
　1 ……………… 実際の日数／実際の日数
　2 ……………… 実際の日数／360日
　3 ……………… 実際の日数／365日
　4 ……………… 30日／360日（ヨーロッパ方式）

第3章

統計関数

データの平均値、最大値／最小値、中央値などを求める関数や、
数値の順位を求める関数、分散や標準偏差を求める関数など、
統計計算をするための関数群です。

データの個数

365 2019 2016 2013 2010

数値や日付、時刻、またはデータの個数を求める

カウント
COUNT (数値1,数値2,…,数値255)

カウント・エー
COUNTA (値1,値2,…,値255)

COUNT関数は、[数値]の中に数値や日付、時刻がいくつあるかを求めます。COUNTA関数は、[値]の中にデータがいくつあるかを求めます。

数値・値 個数を求めたい数値または値を指定します。セル範囲も指定できます。

使用例　試験結果の一覧から受験者数を求める

=COUNT(B3:B10)

得点が入力されている受験者の数が求められた

ポイント

- COUNT関数では、文字列、論理値、空のセル（データが入力されていないセル）は個数として数えられません。
- COUNTA関数では、[値]に数式を指定した場合、結果が「""」（空文字列）やエラー値であっても個数として数えられます。数えられないのは空のセルだけです。

関連 **COUNTBLANK** 空のセルの個数を調べる ……………………………P.103
　　　　COUNTIF 条件に一致するデータの個数を求める ………………P.104
　　　　COUNTIFS 複数の条件に一致するデータの個数を求める………P.105

☑ データの個数　365　2019　2016　2013　2010

空のセルの個数を求める

カウント・ブランク

COUNTBLANK(範囲)

[範囲]に空のセルがいくつあるかを求めます。

| 範囲 | 空のセルの個数を求めたい範囲を指定します。

📄 使用例　試験結果の一覧から未登録者を求める

=COUNTBLANK(B3:B10)

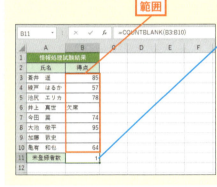

得点が入力されていないセルの数(未登録者数)が求められた

ポイント

- 引数は1つだけしか指定できません。
- [範囲]に値や数式を直接指定することはできません。
- [範囲]で指定したセルに数式が入力されている場合、結果が「""」(空文字列)であれば個数として数えられます。
- 半角スペースや全角スペースが入力されているセルは個数として数えられません。
- 使用例では、得点が入力されていない人を未登録者とみなしています。

関連　COUNT/COUNTA

数値や日付、時刻、またはデータの個数を求める………………P.102
COUNTIF 条件に一致するデータの個数を求める ……………P.104
COUNTIFS 複数の条件に一致するデータの個数を求める………P.105

データの個数

365 2019 2016 2013 2010

条件に一致するデータの個数を求める

必修

カウント・イフ
COUNTIF(範囲, 検索条件)

[範囲]に[検索条件]を満たすセルがいくつあるかを求めます。

範囲　　　検索の対象とするセルやセル範囲を指定します。
検索条件　セルを検索するための条件を数値または文字列で指定します。

使用例 試験の成績が60点以上の人数を求める

=COUNTIF(B3:B10,">=60")

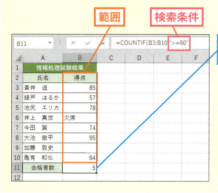

得点が60点以上の人数が求められた

ポイント

- [範囲]に値や数式を直接指定することはできません。
- 指定できる[検索条件]は1つだけです。
- [検索条件]として文字列を指定する場合は「"」で囲む必要があります。
- [検索文字列]には以下のワイルドカード文字が利用できます。
  * 任意の文字列　? 任意の1文字　~ ワイルドカードの意味を打ち消す
- [検索条件]に文字列を「"」で囲まずに指定した場合（定義されていない名前を指定した場合）には0が返されます。

関連　COUNT/COUNTA

　　数値や日付、時刻、またはデータの個数を求める ……………………P.102
　COUNTBLANK 空のセルの個数を調べる ………………………………P.103

データの個数　365 2019 2016 2013 2010

複数の条件に一致するデータの個数を求める

カウント・イフ・エス

COUNTIFS(範囲1,検索条件1,範囲2,検索条件2,…,範囲127,検索条件127)

複数の検索条件を満たすセルがいくつあるかを求めます。

範囲　検索の対象とするセルやセル範囲を指定します。
検索条件　直前に指定された[範囲]からセルを検索するための条件を指定します。[範囲]と[検索条件]は127組まで指定できます。

使用例　試験の成績が60点以上70点未満の人数を求める

=COUNTIFS(B3:B10,">=60",B3:B10,"<70")

ポイント

- [範囲]に値や数式を直接指定することはできません。
- すべての[範囲]は同じ行数、列数にする必要があります。
- [検索条件]として文字列を指定する場合は「"」で囲む必要があります。
- 複数の条件はAND条件とみなされます。つまり、[範囲]にあるセルがすべての[検索条件]を満たしているときに、その個数が求められます。
- OR条件を指定したいときにはDCOUNT関数を使うか、複数のCOUNTIF関数の結果を合計したものからCOUNTIFS関数の結果を引きます。
- Office 365ではFILTER関数で抽出したデータの個数を数えても同じことができます。

関連 FILTER 条件に一致する行を抽出する ……………………………………P.237
　　　 DCOUNT 条件を満たす数値の個数を求める ………………………………P.248

平均値

365 2019 2016 2013 2010

数値またはデータの平均値を求める

アベレージ
AVERAGE (数値1,数値2,…,数値255)

アベレージ・エー
AVERAGEA (値1,値2,…,値255)

AVERAGE関数は、[数値]の平均値を求めます。AVERAGEA関数は、[値]の平均値を求めます。

数値・値 平均値を求めたい数値または値を指定します。セル範囲も指定できます。

使用例 試験結果の一覧から平均点を求める

=AVERAGE(B3:B10)

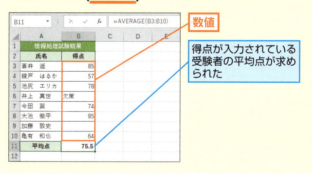

得点が入力されている受験者の平均点が求められた

ポイント

- 引数に指定された式の値や文字列が数値とみなせる場合は計算の対象となります。
- AVERAGE関数では、文字列、論理値、空のセルは無視されます。
- AVERAGEA関数では文字列の入力されたセルは0とみなされます。論理値については、TRUEが1、FALSEが0とみなされます。空のセルは無視されます。
- AVERAGE関数およびAVERAGEA関数で求めた平均値は「算術平均」や「相加平均」とも呼ばれます。
- 使用例をAVERAGE関数にした場合は「欠席」を0点とみなしますが、文字列を0とみなすと正しい結果が得られなくなる危険があります。AVERAGEA関数の利用には注意が必要です。

関連 **AVERAGEIF** 条件を指定して数値の平均を求める …………………P.107

平均値

条件を指定して数値の平均を求める

アベレージ・イフ

AVERAGEIF(範囲,検索条件,平均対象範囲)

[範囲]から[検索条件]を満たすセルを検索し、見つかったセルと同じ行（または列）にある[平均対象範囲]のセルの数値の平均値を求めます。

- **範囲** 　　　検索の対象とするセル範囲を指定します。
- **検索条件** 　セルを検索するための条件を指定します。
- **平均対象範囲** 　平均値を求めたい数値が入力されているセル範囲を指定します。[検索条件]によって絞り込まれたセルが平均の対象となります。この引数を省略すると、[範囲]で指定したセルがそのまま[平均対象範囲]とみなされます。

使用例　平日のみの平均来場者数を求める

=AVERAGEIF(B3:B8,"<>土",C3:C8)

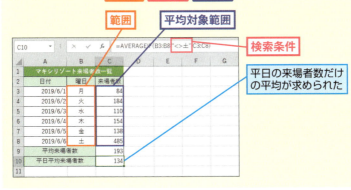

ポイント

- [検索条件]として文字列を指定する場合は「"」で囲む必要があります。
- [範囲]と[平均対象範囲]の行数（または列数）が異なっていると、正しい結果が得られない場合があります。
- [平均対象範囲]の中にある空のセルや文字列の入力されたセルは無視されます。
- 複数の条件を指定して平均値を求めたい場合には、AVERAGEIFS関数を使います。

関連　AVERAGEIFS 複数の条件を指定して数値の平均を求める……P.108

平均値

複数の条件を指定して数値の平均を求める

AVERAGEIFS（アベレージ・イフ・エス）（平均対象範囲,条件範囲1,条件1,条件範囲2,条件2,…,条件範囲127,条件127）

複数の条件を満たすセルを検索し、見つかったセルと同じ行（または列）にある[平均対象範囲]のセルの数値の平均値を求めます。

平均対象範囲	平均値を求めたい値が入力されたセル範囲を指定します。[条件範囲]と[条件]によって絞り込まれたセルが平均の対象となります。
条件範囲	検索の対象とするセル範囲を指定します。
条件	直前の[条件範囲]からセルを検索するための条件を指定します。[条件範囲]と[条件]は127組まで指定できます。

使用例　平日の午前中だけの平均来場者数を求める

=AVERAGEIFS(D3:D12,B3:B12,"<>土",C3:C12,"午前")

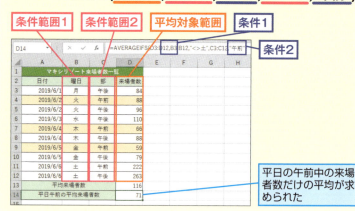

ポイント

- [条件]として文字列を指定する場合は[" "]で囲む必要があります。
- [平均対象範囲]と[条件範囲]の行数（または列数）は同じである必要があります。
- 複数の[条件]はAND条件とみなされ、すべての条件を満たすセルに対応する[平均対象範囲]の中の数値だけが平均されます。
- OR条件を指定したいときにはDAVERAGE関数を使うか、複数のAVERAGEIF関数の結果を合計したものからAVERAGEIFS関数の結果を引きます。

☑ 平均値

極端なデータを除外して平均値を求める

トリム・ミーン
TRIMMEAN(配列,割合)

[配列]の上下から[割合]で指定したデータを除いて平均値を求めます。極端な値を除外して平均値を求めるのに便利です。

配列 平均値を求めたい数値が入力されているセル範囲を指定します。配列も指定できます。数値以外のデータは無視されます。

割合 除外するデータの個数を全体の個数に対する割合で指定します。たとえば、0.2を指定すると、上下合わせて20%のデータを除外します。つまり、上位10%、下位10%が除外されます。

使用例　上下10%ずつの数値を除外して平均値を求める

=TRIMMEAN(B3:B12,0.2)

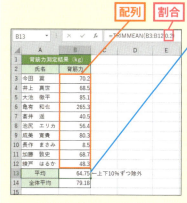

上位10%と下位10%を除外した平均値が求められた

ポイント

- 除外される個数が小数になる場合、小数点以下を切り捨てた個数が除外されます。たとえば、全体の個数が10個で、[割合]に0.3を指定すると、上下1.5個ずつのデータが除外されることになりますが、小数点以下を切り捨てるので、上下1個ずつ（合わせて2個）のデータが除外されます。

関連 GEOMEAN 相乗平均（幾何平均）を求める ……………………………P.110
　　　　HARMEAN 調和平均を求める…………………………………………P.111

相乗平均（幾何平均）を求める

GEOMEAN(数値1, 数値2, …, 数値255)
ジオ・ミーン

［数値］の相乗平均を求めます。伸び率の平均を求めるときなどに便利です。相乗平均は幾何平均とも呼ばれます。

数値 相乗平均を求めたい数値やセル範囲を指定します。

使用例 利率が変動する定期預金の平均利率を求める

=GEOMEAN(B4:B6)

利率が変動する複利計算の平均利率が求められた

ポイント
- 伸び率の平均を求めるには、GEOMEAN関数を使って相乗平均を求めます。たとえば、利率が変動する複利計算の平均利率を求める場合がそれに当たります。
- 使用例では、セルB4～B6に毎年の利率が入力されています。これらの利率をもとに平均利率を求め、さらにその平均利率を使って元利合計を求めています。
- GEOMEAN関数で得られる相乗平均は、すべての引数を掛け合わせ、その個数のべき乗根を計算することによって求められます。
- 引数に指定された式の値や文字列が数値とみなせる場合は計算の対象となります。空のセルや文字列、論理値の入力されたセルは無視されます。

関連 **TRIMMEAN** 極端なデータを除外して平均値を求める ……………P.109
　　　　 HARMEAN 調和平均を求める …………………………………………P.111

☑ 平均値　　　　　　　　　　　　　　365　2019　2016　2013　2010

調和平均を求める

ハー・ミーン
HARMEAN(数値1,数値2,…,数値255)

[数値]の調和平均を求めます。速度の平均を求めるときなどに便利です。

数値　調和平均を求めたい数値やセル範囲を指定します。

使用例　複数の窓口のチケット平均販売速度を求める

=HARMEAN(C3:C4)

数値

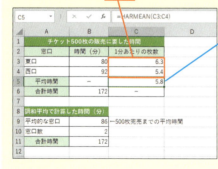

複数の窓口で1分当たりに販売されるチケットの平均販売速度が求められた

ポイント

- 速度の平均を求めるには、HARMEAN関数を使って調和平均を求めます。たとえば、いくつかの窓口の、1分当たりのチケット販売速度の平均を求める場合がそれに当たります。
- 使用例では、セルC3～C4にそれぞれの窓口の平均速度が入力されています。これらの速度をもとに平均速度を求め、500枚のチケットを完売するまでの平均時間を求めています。
- HARMEAN関数で得られる調和平均は、すべての引数の逆数を加え、その値を個数で割り、さらにその値の逆数を計算することによって求められます。
- 引数に指定された式の値や文字列が数値とみなせる場合は計算の対象となります。空のセルや文字列、論理値の入力されたセルは無視されます。

関連　**TRIMMEAN** 極端なデータを除外して平均値を求める……………P.109
　　　　GEOMEAN 相乗平均（幾何平均）を求める ……………………P.110

できる 111

最大値と最小値

365 2019 2016 2013 2010

数値の最大値または最小値を求める

マックス
MAX(数値1,数値2,…,数値255)

ミニマム
MIN(数値1,数値2,…,数値255)

MAX関数は、[数値]の中から最大値を求めます。MIN関数は、[数値]の中から最小値を求めます。

数値 最大値または最小値を求めたい数値を指定します。

使用例 試験結果の一覧から欠席者を除いた最高点を求める

=MAX(B3:B10)

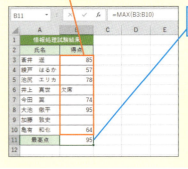

得点の一覧から最高点が求められた

ポイント

- 引数に指定された式の値や文字列が数値とみなせる場合は計算の対象となります。
- 文字列、論理値、空のセルは無視されます。ただし、指定したセル範囲の内容がすべて文字列、論理値あるいは空文字列(空のセル)であった場合は0が返されます。

関連 MAXA/MINA データの最大値または最小値を求める …………P.113
MAXIFS/MINIFS 複数の条件で最大値または最小値を求める …P.114

☑ 最大値と最小値　　365　2019　2016　2013　2010

データの最大値または最小値を求める

マックス・エー
MAXA（値1,値2,…,値255）

ミニマム・エー
MINA（値1,値2,…,値255）

MAXA関数は、［値］の中から最大値を求めます。MINA関数は、［値］の中から最小値を求めます。

値 最大値または最小値を求めたい値を指定します。

📄 **使用例** 試験結果の一覧から欠席者も含めた最低点を求める

=MINA(B3:B10)

値

| B11 | ▼ | : | × | ✓ | fx | =MINA(B3:B10) |

▲	A	B	C	D	E
1	情報処理試験結果				
2	氏名	得点			
3	蒼井　遥	85			
4	綾戸　はるか	57			
5	池尻　エリカ	78			
6	井上　真世	欠席			
7	今田　翼	74			
8	大池　徹平	95			
9	加藤　敦史				
10	亀有　和也	64			
11	最低点	0			
12					

文字列も含む得点の一覧から最低点が求められた

ポイント

● 引数に指定された式の値や文字列が数値とみなせる場合は計算の対象となります。

● 文字列の入力されたセルは0とみなされます。論理値については、TRUEが1、FALSEが0とみなされます。空のセルは無視されます。

● 使用例では「欠席」を0点とみなしていますが、文字列を0とみなすと正しい結果が得られなくなる危険があります、MAXA関数やMINA関数の利用には注意が必要です。

関連 **MAX/MIN** 数値の最大値または最小値を求める …………………………P.112

　　　　MAXIFS/MINIFS 複数の条件で最大値または最小値を求める …P.114

数学／三角

日付／時刻

統計

文字列操作

論理

Web検索／行列

データベース

財務

エンジニアリング

情報

キューブ

できる 113

最大値と最小値

複数の条件で最大値または最小値を求める

MAXIFS(マックス・イフ・エス)(最大範囲,条件範囲1,条件1,条件範囲2,条件2,…,条件範囲126,条件126)

MINIFS(ミニマム・イフ・エス)(最小範囲,条件範囲1,条件1,条件範囲2,条件2,…,条件範囲126,条件126)

[条件範囲]の中で[条件]に一致したセルを検索し、見つかったセルと同じ行や列にある[最大範囲]の中の最大値、または[最小範囲]の中の最小値を返します。

最大範囲・最小範囲	最大値または最小値を求める範囲を指定します。
条件範囲	検索の対象とするセル範囲を指定します。
条件	直前の条件範囲の中でセルを検索するための条件を数値や文字列で指定します。[条件範囲]と[条件]は126組まで指定できます。

使用例　2017年に入会した女性会員の最大利用回数を求める

=MAXIFS(G3:G9,C3:C9,"女",D3:D9,2017)

条件範囲1 = G3:G9　条件範囲2 = C3:C9　条件1 = "女"　条件2 = D3:D9　最大範囲 = 2017

	A	B	C	D	E	F	G	H	I
1	できるフィットネス会員一覧表								
2	会員番号	氏名	性別	入会年	入会月	入会日	利用回数	女性で2017年入会の方の最大利用回数	
3	1011	小池　哲也	男	2016	2	4	20		10
4	1012	上野　綾	女	2016	8	7	14		
5	1013	長作　まさみ	女	2017	6	6	5		
6	1014	田梨　麗奈	女	2017	10	1	10		
7	1015	塚井　高史	男	2017	11	7	12		
8	1016	玉山　宏	男	2017	3	14	18		
9	1017	塚本　真希	女	2018	10	15	4		
10									

「性別」が「女」、かつ「入会年」が「2017」である会員の中で最大の利用回数が求められた

ポイント

- 複数の[条件]はAND条件とみなされます。すべての[条件]に一致したセルに対応する[最大範囲]の中の数値の最大値、または[最小範囲]の中の数値の最小値が求められます。
- [条件]に文字列を指定する場合は「"」で囲む必要があります。大小比較のための演算子を利用する場合は文字列として指定します。たとえば、入会年の条件を「2017年以降」としたい場合は「">=2017"」とします。
- [最大範囲]または[最小範囲]の行数(列数)と、[条件範囲]の行数(列数)は同じである必要があります。
- 条件に一致するセルがないときには0が返されます。

度数分布

区間に含まれる値の個数を求める

フリーケンシー
FREQUENCY (データ配列, 区間配列)

[データ配列]の値が、[区間配列]の各区間に含まれる個数(頻度)を求めます。たとえば、成績が49点より大きく、59点以下である人数を求める場合などに使います。

データ配列 数値が入力されているセル範囲や配列を指定します。文字列や論理値の入力されているセル、空のセルは無視されます。

区間配列 区間の値が入力されているセル範囲や配列を指定します。値の意味は「1つ前の値より大きく、この値以下」となります。たとえば、セルD3に49、セルD4に59という値が入力されている場合、セルD4は「49より大きく、59以下」という区間を表します。

使用例　区間に含まれる値の個数を求め、度数分布表を作成する

{=FREQUENCY(B3:B14,D3:D7)}

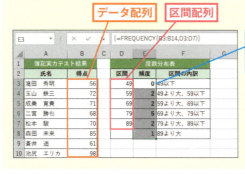

各区間の人数が求められ、度数分布表が作成できた

ポイント

- FREQUENCY関数は、縦方向の配列数式として入力する必要があります。
- [区間配列]の値を並べ替えておく必要はありませんが、通常、昇順に並べておきます。
- 結果として返される配列の数は、[区間配列]の数より1つ多くなります。最後の要素には[区間配列]のうち、最も大きな値を超える区間の個数が返されます。
- 結果は度数分布表になっているので、ヒストグラムを作成するために使えます。

関連 複数の値を返す関数を配列数式で入力する ……………………………… P.374
スピル機能を利用して配列を返す関数を簡単に入力する ………… P.376

☑ 中央値と最頻値　　　　　　　　　　**365** **2019** **2016** **2013** **2010**

数値の中央値を求める

メジアン
MEDIAN （数値1,数値2,…,数値255）

［数値］の中央値を求めます。極端に大きい（小さい）値がサンプルに含まれていても、その影響を受けにくいので、算術平均の代わりに使われることがあります。

数値　中央値を求めたい数値やセル範囲を指定します。

📄 **使用例**　施設の月間利用者から利用回数の中央値を求める

=MEDIAN(B3:B10)

数値

B11	▼	:	× ✓ fx	=MEDIAN(B3:B10)		
⊿	A		B	C	D	E
1	フィットネスゾーン利用状況					
2	氏名		利用回数			
3	蒼井　遥		20			
4	綾戸　はるか		9			
5	池尻　エリカ		5			
6	井上　真世		3			
7	今田　翼		2			
8	大池　徹平		2			
9	加勝　敦史		1			
10	亀有　和也		0			
11	中央値		2.5			
12	平均値		5.25			
13						

利用回数の中央値が求められた

ポイント

● 引数に指定された式の値や文字列が数値とみなせる場合は計算の対象となります。空のセルや文字列、論理値の入力されたセルは無視されます。

● データの個数が偶数の場合、中央にある2つの値の算術平均が中央値とされます。

関連 ▶ **AVERAGE/AVERAGEA**

　　　数値またはデータの平均値を求める………………………………………P.106

　　　MODE.SNGL 数値の最頻値を求める………………………………………P.117

　　　MODE.MULT 複数の最頻値を求める………………………………………P.118

中央値と最頻値

365 2019 2016 2013 2010

数値の最頻値を求める

モード・シングル
MODE.SNGL (数値1,数値2,…,数値255)

[数値]から最もよく現れる値(最頻値)を求めます。

数値 最頻値を求めたい数値やセル範囲を指定します。

使用例 施設の月間利用者から利用回数の最頻値を求める

=MODE.SNGL(B3:B10)

ポイント

- 使用例のように現れる値の種類が少ない場合、MODE.SNGL関数を使って最頻値を求めます。身長や体重、売上金額のような連続データの場合、ほとんどの値が1回しか現れません。そのような場合はFREQUENCY関数を使って作成した度数分布表の最大値を最頻値とします。
- 計算の対象になるのは、数値と数値を含むセルです。文字列、論理値、空のセルは無視されます。
- 最頻値が複数個ある場合には、前にある値が最頻値として返されます。
- すべての値が異なる場合、最頻値が存在しないので[#N/A]エラーとなります。

互換 モード
MODE (数値1,数値2,…,数値255)

関連 **MODE.MULT** 複数の最頻値を求める……………………………………P.118

中央値と最頻値

365 / 2019 / 2016 / 2013 / 2010

複数の最頻値を求める

モード・マルチ

MODE.MULT (数値1,数値2,…,数値255)

[数値]の中から、最もよく現れる値（最頻値）を求めます。最頻値が複数ある場合は配列として返されます。

数値 最頻値を求めたい数値を指定します。

使用例 施設の月間利用者の利用回数から複数の最頻値を求める

`{=MODE.MULT(B3:B10)}`

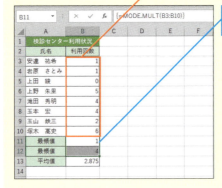

利用回数の複数の最頻値が求められた

ポイント

- 複数の最頻値を求めるためには、配列数式として入力する必要があります。
- 計算の対象になるのは、数値と数値を含むセルです。文字列、論理値、空のセルは無視されます。
- すべての値が異なる場合、最頻値が存在しないので[#N/A]エラーとなります。
- データの性質と最頻値の取り扱い方については、MODE.SNGL関数を参照してください。

関連 MODE.SNGL 数値の最頻値を求める …………………………………… P.117
複数の値を返す関数を配列数式で入力する ……………………… P.374
スピル機能を利用して配列を返す関数を簡単に入力する ………… P.376

順位

365 2019 2016 2013 2010

大きいほうから何番目かの値を求める

ラージ

LARGE(配列, 順位)

必修

[配列]の範囲で、大きいほうから数えた[順位]の値を求めます。

配列 検索範囲をセル範囲または配列で指定します。文字列や論理値の入力されているセル、空のセルは無視されます。
順位 大きいほうから数えて何番目かという値を指定します。

使用例 得点の一覧から第2位の得点を求める

=LARGE(B3:B10,2)

第2位の得点が求められた

ポイント

- [配列]の値を降順に並べ替えておく必要はありません。
- ゴルフのスコアなど、小さい順(昇順)で何番目かの値を求めるときにはSMALL関数を使います。

関連 **MAX/MIN** 数値の最大値または最小値を求める ……………………P.112
MAXA/MINA データの最大値または最小値を求める ……………P.113
SMALL 小さいほうから何番目かの値を求める……………………P.120

☑ 順位 365 2019 2016 2013 2010

小さいほうから何番目かの値を求める

スモール
SMALL(配列,順位)

[配列]の範囲で、小さいほうから数えた[順位]の値を求めます。

配列 検索範囲をセル範囲または配列で指定します。文字列や論理値の入力されているセル、空のセルは無視されます。
順位 小さいほうから数えて何番目かという値を指定します。

📄 使用例 得点の一覧からブービー賞の得点を求める

=SMALL(B3:B10,2)

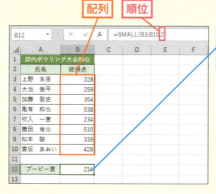

ブービー賞（最下位から2番目）の得点が求められた

ポイント

- [配列]の値を昇順に並べ替えておく必要はありません。
- 試験の成績など、大きい順（降順）で何番目かの値を求めるときにはLARGE関数を使います。
- ブービー賞は最下位に対して与えられる場合と最下位から2番目に対して与えられる場合がありますが、使用例では後者としています。

関連 **MAX/MIN** 数値の最大値または最小値を求める ……………………P.112
MAXA/MINA データの最大値または最小値を求める …………P.113
LARGE 大きいほうから何番目かの値を求める ……………………P.119

☑ 順位　　　　　　　　　　　　　　　365　2019　2016　2013　2010

順位を求める（同じ値のときは最上位を返す）

必修

ランク・イコール
RANK.EQ（数値,参照,順序）

[参照]の範囲で、[数値]が第何位かを求めます。大きいほうから数えるか、小さいほうから数えるかを[順序]で指定します。

- **数値** 順位を求めたい数値を指定します。
- **参照** 数値全体が入力されているセル範囲を指定します。範囲内に含まれる文字列、論理値、空のセルは無視されます。
- **順序** 大きいほうから数える（降順）か、小さいほうから数える（昇順）かを数値で指定します。
  - 0または省略 …… 降順
  - 1または0以外…… 昇順

使用例　アイデアの提案回数から得点に順位を付ける

=RANK.EQ(B3,$B$3:$B$10,0)

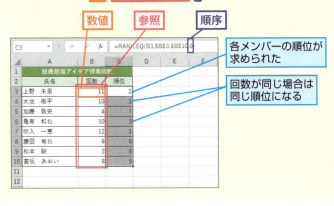

ポイント
- [参照]の範囲を並べ替えておく必要はありません。
- 同じ数値が複数あるときは、同じ順位とみなされます。たとえば、同じ値が2つあり、その順位が3位であるとき、次の順位は5位となります。

互換　ランク
RANK（数値,参照,順序）

☑ 順位　　　　　　　　　　　　　　365　2019　2016　2013　2010

順位を求める（同じ値のときは順位の平均値を返す）

ランク・アベレージ

RANK.AVG(数値, 参照, 順序)

［参照］の範囲で、［数値］が第何位かを求めます。大きいほうから数えるか、小さいほうから数えるかを［順序］で指定します。

数値　順位を求めたい数値を指定します。
参照　数値全体が入力されているセル範囲を指定します。範囲内に含まれる文字列、論理値、空のセルは無視されます。
順序　大きいほうから数える（降順）か、小さいほうから数える（昇順）かを数値で指定します。
　0または省略 …… 降順
　1または0以外…… 昇順

📄 使用例　アイデアの提案回数から得点に順位を付ける

=RANK.AVG(B3,$B$3:$B$10,0)

各メンバーの順位が求められた

回数が同じ場合は順位の平均値になる

ポイント

- ［参照］の範囲を並べ替えておく必要はありません。
- 同じ数値が複数あるときは、順位の平均値が返されます。たとえば、同じ値が3つあり、その順位が3位であるとき、いずれの順位も（3＋4＋5）÷3＝4位となり、次の順位は6位となります。

関連 RANK.EQ 順位を求める（同じ値のときは最上位を返す）………P.121

百分位数

百分位数を求める（0%と100%を含めた範囲）

パーセンタイル・インクルーシブ

PERCENTILE.INC(配列, 率)

[配列]の値を小さいものから並べたときの、順位が[率]の位置にある値を求めます。

配列 百分位数を求めるための数値やセル範囲を指定します。文字列や論理値が入力されているセル、空のセルは無視されます。

率 値の位置を0以上1以下の範囲で指定します。たとえば、先頭から10%の位置にある値を求めたいときには0.1を指定します。

使用例　上位10%に入るための成績を求める

=PERCENTILE.INC(B3:B10, 0.9)

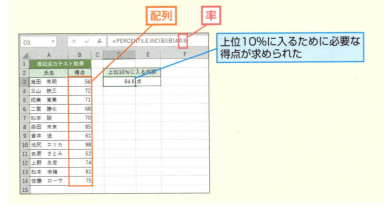

上位10%に入るために必要な得点が求められた

ポイント

- [率]が0の場合は最小値が求められ、1の場合は最大値が求められます。また、0.5の場合は中央値が求められます。
- [率]に0と1を含まない場合にはPERCENTILE.EXC関数を使います。
- [率]が1÷(データの個数−1)の倍数でない場合、補間が行われます。

互換 パーセンタイル
PERCENTILE(配列, 率)

関連 **PERCENTILE.EXC**
百分位数を求める（0%と100%を除いた範囲） ········· P.124

百分位数を求める（0%と100%を除いた範囲）

パーセンタイル・エクスクルーシブ

PERCENTILE.EXC (配列, 率)

[配列] の値を小さいものから並べたとき、順位が [率] の位置にある値を求めます。PERCENTILE.INC関数とは異なり、範囲に0%と100%を含めません。

- **配列** 百分位数を求めるための数値やセル範囲を指定します。文字列や論理値が入力されているセル、空のセルは無視されます。
- **率** 値の位置を0より大きく1より小さい範囲で指定します。たとえば、先頭から10%の位置にある値を求めたいときには0.1を指定します。

使用例 上位10%に入るための成績を求める

=PERCENTILE.EXC(B3:B14,0.9)

上位10%に入るために必要な得点が、0%と100%を除いた範囲で求められた

ポイント

- [率] には0より大きく1より小さい値を指定します。0以下の値や1以上の値を指定すると [#NUM!] エラーになります。
- [率] を0以上1以下として値を求めるにはPERCENTILE.INC関数を使います。

関連 PERCENTILE.INC
百分位数を求める（0%と100%を含めた範囲）..................P.123

百分位数

365　2019　2016　2013　2010

百分率での順位を求める（0％と100％を含めた範囲）

パーセントランク・インクルーシブ

PERCENTRANK.INC(配列,値,有効桁数)

［配列］の値を小さいものから並べたとき、［値］が何パーセントの位置にあるかを求めます。PERCENTRANK.INC関数は、PERCENTILE.INC関数と逆の計算を行います。

配列　順位を求めるための数値やセル範囲を指定します。文字列や論理値が入力されているセル、空のセルは無視されます。
値　順位を求めたい値を指定します。
有効桁数　結果を小数点以下第何位まで求めるかを数値で指定します。省略すると、小数点以下第3位までの結果を求めます。

使用例　テストの結果をもとに100％中での順位を求める

=PERCENTRANK.INC(B$3:B$14,B3)

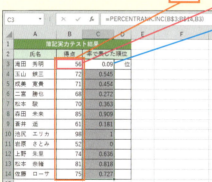

得点が全体の何％の位置にいるかが求められた

ポイント

- 最小値の順位は0（0％）、最大値の順位は1（100％）となります。
- ［値］が［配列］の中にない場合、補間が行われます。

互換　パーセントランク
PERCENTRANK(配列,値,有効桁数)

☑ 百分位数　　　　　　　　　　　　365　2019　2016　2013　2010

百分率での順位を求める（0%と100%を除いた範囲）

パーセントランク・エクスクルーシブ

PERCENTRANK.EXC（配列,値,有効桁数）

［配列］の値を小さいものから並べたとき、［値］が何パーセントの位置にあるかを求めます。PERCENTRANK.INC関数とは異なり、範囲に0%と100%を含めません。

配列　　順位を求めるための数値やセル範囲を指定します。文字列や論理値が入力されているセル、空のセルは無視されます。

値　　　順位を求めたい値を指定します。

有効桁数　結果を小数点以下第何位まで求めるかを数値で指定します。省略すると、小数点以下第3位までの結果を求めます。

📄 使用例　テストの結果をもとに100%中での順位を求める

=PERCENTRANK.EXC(B$3:B$14,B3)

```
配列      値
```

	A	B	C	D
1	簿記実力テスト結果			
2	氏名	得点	率で表した順位	
3	滝田　秀明	56	0.153 位	
4	玉山　鉄三	72	0.538	
5	成美　寛貴	71	0.461	
6	二宮　勝也	68	0.307	
7	松本　駿	70	0.384	
8	森田　未来	85	0.846	
9	蒼井　遥	61	0.23	
10	池尻　エリカ	98	0.923	
11	岩原　さとみ	52	0.076	
12	上野　朱里	74	0.615	
13	松本　奈緒	81	0.769	
14	佐藤　ローサ	75	0.692	
15				

得点が全体の何%の位置にいるかが、0%と100%を除いた範囲で求められた

ポイント

●0%と100%を含まずに計算されるので、返される値は0より大きく1より小さい値となります。

関連　PERCENTRANK.INC
　　百分率での順位を求める（0%と100%を含めた範囲）…………P.125

四分位数

四分位数を求める(0%と100%を含めた範囲)

クアタイル・インクルーシブ
QUARTILE.INC (配列,位置)

[配列]の値を小さいものから並べたとき、順位が0%、25%、50%、75%、100%の位置にある値を求めます。

配列 四分位数を求めるための数値やセル範囲を指定します。文字列や論理値が入力されているセル、空のセルは無視されます。

位置 求めたい値の位置を以下の数値で指定します。
- 0 … 0%の位置(最小値)
- 1 … 25%の位置(第1四分位数)
- 2 … 50%の位置(第2四分位数=中央値)
- 3 … 75%の位置(第3四分位数)
- 4 … 100%の位置(最大値)

使用例 下から4分の1に当たる成績を求める

=QUARTILE.INC(B3:B14,1)

ポイント
- [位置]にちょうど当てはまる数値がないときには、補間が行われます。

互換 QUARTILE(配列,位置)

関連 QUARTILE.EXC
　　　四分位数を求める(0%と100%を除いた範囲) ……………………P.128

☑ 四分位数

四分位数を求める（0%と100%を除いた範囲）

クアタイル・エクスクルーシブ

QUARTILE.EXC（配列,位置）

[配列]の値を小さいものから並べたときの順位が、25%、50%、75%の位置にある値を求めます。QUARTILE.INC関数とは異なり、範囲に0%と100%を含めません。

配列 四分位数を求めるための数値やセル範囲を指定します。文字列や論理値が入力されているセル、空のセルは無視されます。

位置 求めたい値の位置を以下の数値で指定します。
- 1 … 25%の位置（第1四分位数）
- 2 … 50%の位置（第2四分位数＝中央値）
- 3 … 75%の位置（第3四分位数）

使用例　下から4分の1に当たる成績を求める

=QUARTILE.EXC(B3:B14,1)

下位25%に当たる得点が、0%と100%を除いた範囲で求められた

ポイント
- [位置]にちょうど当てはまる数値がないときには、補間が行われます。
- [位置]に1未満の値や4以上の値を指定すると[#NUM!]エラーになります。

関連　QUARTILE.INC
四分位数を求める（0%と100%を含めた範囲）………………P.127

分散

365 2019 2016 2013 2010

数値をもとに分散を求める

バリアンス・ピー

VAR.P（数値1,数値2,…,数値255）

[数値] を正規母集団そのものとみなして分散を求めます。

数値 標本の値やセル範囲を指定します。

使用例　テストの結果をもとに分散の値を求める

=VAR.P(B3:B14)

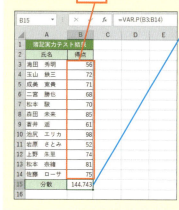

実力テストの結果から分散の値が求められた

ポイント

- 引数に指定された式の値や文字列が数値とみなせる場合は計算の対象となります。空のセルや文字列、論理値の入力されたセルは無視されます。
- この関数で求められる分散は標本分散と呼ばれることもあります。ただし、P.131のVAR.S関数で求められる不偏分散のことを、標本分散と呼んでいる文献もあります（Excelの集計機能でもそうなっています）。通常、使い分けは文脈からわかりますが、注意が必要です。

互換 バリアンス・ピー
VARP（数値1,数値2,…,数値255）

関連 **VAR.S** 数値をもとに不偏分散を求める ………………………………… P.131
　　　STDEV.P 数値をもとに標準偏差を求める ……………………………… P.133

☑ 分散　　　365　2019　2016　2013　2010

データをもとに分散を求める

バリアンス・ピー・エー
VARPA(値1,値2,…,値255)

[値]を母集団そのものとみなして分散を求めます。

値　標本の値やセル範囲を指定します。

使用例　研修の利用回数をもとに分散の値を求める

=VARPA(B3:B14)

研修の利用回数から分散の値が求められた

ポイント
- 引数に指定された式の値や文字列が数値とみなせる場合は計算の対象となります。
- 文字列の入力されたセルは0とみなされ、論理値については、TRUEが1、FALSEが0とみなされます。
- 空のセルは無視されます。
- 使用例では「未使用」を0とみなしていますが、文字列を0とみなすと正しい結果が得られなくなる危険があります。VARPA関数の利用には注意が必要です。

関連　**VARA** データをもとに不偏分散を求める……………………………P.132
　　　　STDEVPA データをもとに標準偏差を求める……………………P.134

分散

365 2019 2016 2013 2010

数値をもとに不偏分散を求める

バリアンス・エス

VAR.S（数値1,数値2,…,数値255）

［数値］を正規母集団の標本とみなして、母集団の分散の推定値（不偏分散）を求めます。

数値 標本の値やセル範囲を指定します。

使用例 テストの結果をもとに不偏分散の値を求める

=VAR.S(B3:B14)

数値

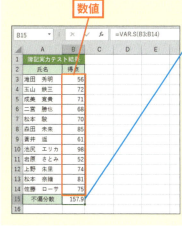

実力テストの結果から母集団の分散の推定値が求められた

ポイント

- 引数に指定された式の値や文字列が数値とみなせる場合は計算の対象となります。空のセルや文字列、論理値の入力されたセルは無視されます。
- 文献によっては不偏分散のことを標本分散と呼び、P.129のVAR.P関数で求められる標本分散を分散と呼んでいることもあります（Excelの集計機能でもそうなっています）。通常、使い分けは文脈からわかりますが、注意が必要です。

互換 バリアンス
VAR（数値1,数値2,…,数値255）

関連 **VAR.P** 数値をもとに分散を求める ………………………………………P.129
STDEV.S 数値をもとに不偏標準偏差を求める ………………………P.135

分散

365 2019 2016 2013 2010

データをもとに不偏分散を求める

バリアンス・エー
VARA(値1,値2,…,値255)

[値]を正規母集団の標本とみなして、母集団の分散の推定値(不偏分散)を求めます。

値 標本の値やセル範囲を指定します。

使用例 研修の利用回数をもとに不偏分散の値を求める

=VARA(B3:B14)

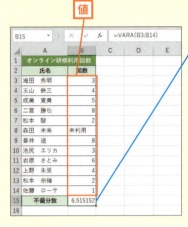

研修の利用回数から母集団の分散の推定値が求められた

ポイント

- 引数に指定された式の値や文字列が数値とみなせる場合は計算の対象となります。
- 文字列の入力されたセルは0とみなされ、論理値については、TRUEが1、FALSEが0とみなされます。
- 空のセルは無視されます。
- 使用例では「未使用」を0とみなしていますが、文字列を0とみなすと正しい結果が得られなくなる危険があります。VARA関数の利用には注意が必要です。

関連 **VARPA** データをもとに分散を求める ……………………………… P.130
STDEVA データをもとに不偏標準偏差を求める ……………… P.136

標準偏差

数値をもとに標準偏差を求める

スタンダード・ディビエーション・ピー
STDEV.P(数値1,数値2,…,数値255)

[数値]を母集団そのものとみなして標準偏差を求めます。

数値 標本の値やセル範囲を指定します。

使用例 テストの結果をもとに標準偏差の値を求める

=STDEV.P(B3:B14)

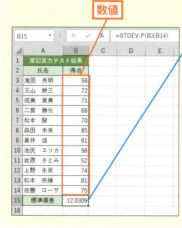

実力テストの結果から標準偏差の値が求められた

ポイント

- 引数に指定された式の値や文字列が数値とみなせる場合は計算の対象となります。空のセルや文字列、論理値の入力されたセルは無視されます。
- この関数で求められる標準偏差は標本標準偏差と呼ばれることもあります。ただし、P.135のSTDEV.S関数で求められる不偏標準偏差のことを標本標準偏差と呼んでいる文献もあります(Excelの集計機能でもそうなっています)。通常、使い分けは文脈からわかりますが、注意が必要です。

互換 スタンダード・ディビエーション・ピー
STDEVP(数値1,数値2,…,数値255)

関連 VAR.P 数値をもとに分散を求める …………………………………… P.129
STDEV.S 数値をもとに不偏標準偏差を求める ………………… P.135

☑ 標準偏差　　　　　　　365　2019　2016　2013　2010

データをもとに標準偏差を求める

スタンダード・ディビエーション・ピー・エー

STDEVPA(値1,値2,…,値255)

[値]を母集団そのものとみなして標準偏差を求めます。

値　標本の値やセル範囲を指定します。

使用例　研修の利用回数をもとに標準偏差の値を求める

=STDEVPA(B3:B14)

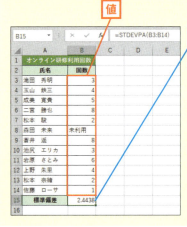

研修の利用回数から標準偏差の値が求められた

ポイント

- 引数に指定された式の値や文字列が数値とみなせる場合は計算の対象となります。
- すべてのデータが計算の対象となります。文字列の入力されたセルは0とみなされ、論理値については、TRUEが1、FALSEが0とみなされます。
- 空のセルは無視されます。
- 使用例では「未使用」を0とみなしていますが、文字列を0とみなすと正しい結果が得られなくなる危険があります。STDEVPA関数の利用には注意が必要です。

関連　**VARPA** データをもとに分散を求める ……………………………… P.130
　　　　STDEVA データをもとに不偏標準偏差を求める ……………… P.136

標準偏差 〈365〉〈2019〉〈2016〉〈2013〉〈2010〉

数値をもとに不偏標準偏差を求める

スタンダード・ディビエーション・エス
STDEV.S(数値1,数値2,…,数値255)

[数値]を正規母集団の標本とみなして、母集団の標準偏差の推定値（不偏標準偏差）を求めます。

数値 標本の値やセル範囲を指定します。

使用例 テストの結果をもとに不偏標準偏差の値を求める

=STDEV.S(B3:B14)

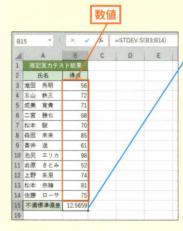

実力テストの結果から母集団の標準偏差の推定値が求められた

ポイント

- 計算の対象になるのは、数値と数値を含むセルです。文字列、論理値、空のセルは無視されます。
- 文献によっては不偏標準偏差のことを標本標準偏差と呼び、P.133のSTDEV.P関数で求められる標本標準偏差を標準偏差と呼んでいることもあります（Excelの集計機能でもそうなっています）。通常、使い分けは文脈からわかりますが、注意が必要です。

互換 スタンダード・ディビエーション
STDEV(数値1,数値2,…,数値255)

関連 VAR.S 数値をもとに不偏分散を求める……………………………P.131
STDEV.P 数値をもとに標準偏差を求める…………………………P.133

標準偏差

365 2019 2016 2013 2010

データをもとに不偏標準偏差を求める

スタンダード・ディビエーション・エー

STDEVA (値1,値2,…,値255)

［値］を正規母集団の標本とみなして、母集団の標準偏差の推定値（不偏標準偏差）を求めます。

値　標本の値やセル範囲を指定します。

ポイント

● 文字列の入力されたセルは0とみなされ、論理値については、TRUEが1、FALSEが0とみなされます。空のセルは無視されます。

平均偏差

365 2019 2016 2013 2010

数値をもとに平均偏差を求める

アベレージ・ディビエーション

AVEDEV (数値1,数値2,…,数値255)

［数値］をもとに平均偏差を求めます。

数値　標本の値やセル範囲を指定します。

ポイント

● 平均偏差はデータの散らばり具合を表す値です。平均偏差が大きいほど散らばり具合が大きいものとみなされます。

変動

365 2019 2016 2013 2010

数値をもとに変動を求める

ディビエーション・スクエア

DEVSQ (数値1,数値2,…,数値255)

［数値］をもとに変動を求めます。

数値　標本の値やセル範囲を指定します。

ポイント

● 変動はデータの散らばり具合を表す値で、分散や標準偏差などを求めるのに使われる基本的な値です。

標準化変量

365 2019 2016 2013 2010

数値をもとに標準化変量を求める

スタンダーダイズ

STANDARDIZE(値,平均値,標準偏差)

[値]を標準化した標準化変量を求めます。標準化とは、平均が0、分散が1の正規分布になるように値を補正することです。値を標準化すると、身長と体重など、単位の異なるデータの分布を比較しやすくなります。標準化変量は、([値]-[平均値])÷[標準偏差]でも求められます。

値 標準化したい数値を指定します。
平均値 全体の算術平均(相加平均)を指定します。
標準偏差 標準偏差を指定します。

使用例 テストの結果をもとに標準化変量を求める

=STANDARDIZE(B3,$B$15,$B$16)

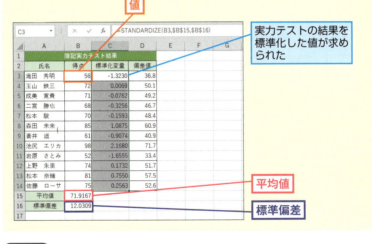

実力テストの結果を標準化した値が求められた

ポイント

- 数値とみなせるセルは計算の対象となります。空のセルは0とみなされます。

関連 AVERAGE/AVERAGEA

数値またはデータの平均値を求める……………………………………P.106
STDEV.P 数値をもとに標準偏差を求める……………………………P.133

☑ 歪度と尖度　　　　　　　　　　　　　365　2019　2016　2013　2010

歪度を求める（SPSS方式）

スキュー
SKEW (数値1,数値2,…,数値255)

［数値］をもとに歪度を求めます。結果が正であれば右側のすそが長く左側に山が寄っている分布、負であれば左側のすそが長く右側に山が寄っている分布、0であれば左右対称な分布です。

数値　標本の値やセル範囲を指定します。

使用例　得点の分布に偏りがあるかどうかを調べる

=SKEW(**B3:B14**)

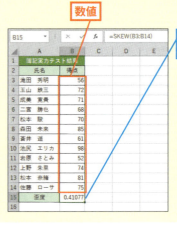

実力テストの結果から歪度の値が求められた

ポイント

- SKEW関数で求められる歪度は、SPSSなどの統計パッケージと同じ方法で計算されます。定義は以下の通りです。

$$\frac{n}{(n-1)(n-2)} \Sigma \left(\frac{x_i - \bar{x}}{s} \right)^3$$

（n：データの個数、x_i：各データの値、$\bar{x}$：算術平均、s：標準偏差）

- 一般的な歪度の定義に従って計算する場合は、SKEW.P関数を使います。
- 計算の対象になるのは、数値と数値を含むセルです。文字列、論理値、空のセルは無視されます。

☑ 歪度と尖度　　　　　　　　　365　2019　2016　2013　2010

歪度を求める

スキュー・ピー

SKEW.P (数値1,数値2,…,数値255)

[数値]をもとに歪度を求めます。SKEW関数とは異なり、一般的な定義に従った計算方法です。

数値 標本の値やセル範囲を指定します。

使用例　得点の分布に偏りがあるかどうかを調べる

=SKEW.P(B3:B14)

実力テストの結果から歪度の値が求められた

ポイント

● SKEW.P関数で求められる歪度は、以下の数式で定義されています。

$$\frac{\sum (x_i - \bar{x})^3}{ns^3}$$
　（n:データの件数、x_i:各データの値、$\bar{x}$:算術平均、s:標準偏差）

● 計算の対象になるのは、数値と数値を含むセルです。文字列、論理値、空のセルは無視されます。

関連 **SKEW** 歪度を求める（SPSS方式）……………………………………P.138
　　　　KURT 尖度を求める（SPSS方式）……………………………………P.140

できる | 139

☑ 歪度と尖度　　365　2019　2016　2013　2010

尖度を求める（SPSS方式）

カート
KURT(数値1,数値2,…,数値255)

[数値] をもとに尖度を求めます。結果が正であれば分布はとがった形になり、負であれば分布は平坦な形になります。0に近ければ正規分布に近くなります。

数値　標本の値やセル範囲を指定します。

📄 使用例　得点が平均値の近くに集中しているかどうかを調べる

=KURT(B3:B14)

実力テストの結果から尖度の値が求められた

ポイント

● KURT関数で求められる尖度は、SPSSなどの統計パッケージと同じ方法で計算されます。定義は以下の通りです。

$$\frac{n(n+1)}{(n-1)(n-2)(n-3)}\Sigma\left(\frac{x_i-\bar{x}}{s}\right)^4 - \frac{3(n-1)^2}{(n-2)(n-3)}$$

（n:標本の数、x_i:各データの値、$\bar{x}$:算術平均、s:標準偏差）

● 計算の対象になるのは、数値と数値を含むセルです。文字列、論理値、空のセルは無視されます。

関連 **SKEW** 歪度を求める（SPSS方式）……………………………P.138

回帰分析による予測

365 / 2019 / 2016 / 2013 / 2010

単回帰分析を使って予測する

フォーキャスト・リニア
FORECAST.LINEAR (予測に使うx, yの範囲, xの範囲)

既知の[yの範囲]と[xの範囲]をもとに回帰直線を求め、[予測に使うx]に対するyの値を求めます。回帰直線は$y=a+bx$で表されます。なお、[yの範囲]は従属変数または目的変量と呼ばれ、[xの範囲]は独立変数または説明変量と呼ばれます。

- **予測に使うx** yの値を予測するために使うxの値を指定します。
- **yの範囲** 既知のyの値をセル範囲または配列で指定します。
- **xの範囲** 既知のxの値をセル範囲または配列で指定します。

使用例 過去のデータをもとに来年の売上金額を予測する

=FORECAST.LINEAR(A8,B3:B7,A3:A7)

2014年から2018年までのデータから2019年の売上金額が予測できた

ポイント

- この方法はxとyの関係が直線的であると考えられる場合に有効です。直線的であることが想定されない場合には、この方法で予測しても意味がありません。
- 計算の対象になるのは、数値と数値を含むセルです。
- [予測に使うx]に空のセルを指定すると、0が指定されたものとみなされます。
- [yの範囲]や[xの範囲]に含まれる文字列や論理値、空のセルは計算の対象になりません。いずれか一方だけが計算の対象にならない場合でも、そのyの値とxの値の両方が計算から除外されます。

互換 フォーキャスト
FORECAST(予測に使うx, yの範囲, xの範囲)

回帰分析による予測

重回帰分析を使って予測する

TREND (yの範囲, xの範囲, 予測に使うxの範囲, 切片)

既知の[yの範囲]と[xの範囲]をもとに回帰式を求め、[予測に使うxの範囲]に対するyの値を求めます。回帰直線は$y=a+bx_1+cx_2+\cdots\cdots$で表されます。

yの範囲	既知のyの値をセル範囲または配列で指定します。
xの範囲	既知のxの値をセル範囲または配列で指定します。
予測に使うxの範囲	yの値を予測するために使うxの値を指定します。セルやセル範囲、配列も指定できます。
切片	回帰式の切片aの取り扱いを指定します。

　　TRUEまたは省略 … 切片aを計算する
　　FALSE ………… 切片を0とする

使用例　複数のデータをもとに来年の売上金額を予測する

=TREND(D3:D7,B3:C7,B8:C8)

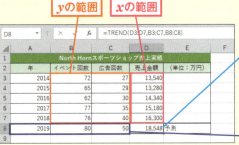

ポイント

- この方法はxとyの関係が線形（x_1, x_2…が1次式）であると考えられる場合に有効です。線形であることが想定されない場合には、この方法で予測しても意味がありません。
- [yの範囲]の個数と[xの範囲]の個数が同じ場合、単回帰とみなされます。この場合、回帰直線は$y=a+bx$となります。
- [xの範囲]の個数が[yの範囲]の個数の2倍以上の整数倍の場合、重回帰となります。
- [予測に使うxの範囲]は独立変数の個数の整数倍の個数を指定します。独立変数は、単回帰の場合は1つ、重回帰の場合は複数となります。

回帰分析による予測

365 / 2019 / 2016 / 2013 / 2010

回帰直線の傾きを求める（単回帰分析）

スロープ

SLOPE(*y*の範囲, *x*の範囲)

既知の[*y*の範囲]と[*x*の範囲]をもとに回帰直線を求め、その傾きを求めます。回帰直線は$y=a+bx$で表され、bの値が傾きになります。なお、[*y*の範囲]は従属変数または目的変量と呼ばれ、[*x*の範囲]は独立変数または説明変量と呼ばれます。

*y*の範囲　既知のyの値をセル範囲または配列で指定します。
*x*の範囲　既知のxの値をセル範囲または配列で指定します。

使用例　過去のデータをもとに平均的な売上金額の伸び率を求める

=SLOPE(B3:B7,A3:A7)

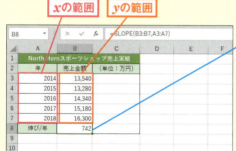

ポイント

- この方法はxとyの関係が直線的であると考えられる場合に有効です。直線的であることが想定されない場合には、この方法で傾きを求めても意味はありません。
- 計算の対象になるのは、数値と数値を含むセルです。
- [*y*の範囲]や[*x*の範囲]に含まれる文字列や論理値、空のセルは計算の対象になりません。いずれか一方だけが計算の対象にならない場合でも、そのyの値とxの値の両方が計算から除外されます。

関連　FORECAST.LINEAR 回帰分析を使って予測する……………P.141
　　　　TREND 重回帰分析を使って予測する………………………………P.142
　　　　INTERCEPT 回帰直線の切片を求める………………………………P.144

できる　143

☑ 回帰分析による予測 ‹365› ‹2019› ‹2016› ‹2013› ‹2010›

回帰直線の切片を求める（単回帰分析）

インターセプト

INTERCEPT（*y*の範囲, *x*の範囲）

既知の[*y*の範囲]と[*x*の範囲]をもとに回帰直線を求め、その切片を求めます。回帰直線は$y=a+bx$で表され、aの値が切片になります。つまり、切片はxの値が0のときのyの値です。なお、[*y*の範囲]は従属変数または目的変量と呼ばれ、[*x*の範囲]は独立変数または説明変量と呼ばれます。

yの範囲 既知のyの値をセル範囲または配列で指定します。
xの範囲 既知のxの値をセル範囲または配列で指定します。

📄 使用例　高度と気温をもとに海抜3,000メートルの気温を求める

=INTERCEPT(C6:C10,B6:B10)

xの範囲　　yの範囲

海抜3,000メートルの
気温が求められた

	A	B	C	D	E
1	North Hornスポーツひとくちメモ				
2	目標地点	目標との高度差	推定気温		
3	3000	0	-1.35		
4					
5	海抜	目標との高度差	気温		
6	1050	1,950	13		
7	850	2,150	15		
8	550	2,450	17		
9	150	2,850	20		
10	0	3,000	21		
11					

C3のセルに =INTERCEPT(C6:C10,B6:B10)

ポイント

- この方法はxとyの関係が直線的であると考えられる場合に有効です。直線的であることが想定されない場合には、この方法で切片を求めても意味はありません。
- 計算の対象になるのは、数値と数値を含むセルです。
- [*y*の範囲]や[*x*の範囲]に含まれる文字列や論理値、空のセルは計算の対象になりません。いずれか一方だけが計算の対象にならない場合でも、そのyの値とxの値の両方が計算から除外されます。

関連 FORECAST.LINEAR 単回帰分析を使って予測する ……………P.141

☑ 回帰分析による予測　　　　　　　　365　2019　2016　2013　2010

回帰式の係数や定数項を求める（重回帰分析）

ライン・エスティメーション

LINEST (yの範囲, xの範囲, 定数項の扱い, 補正項の扱い)

既知の[yの範囲]と[xの範囲]をもとに回帰式$y=a+bx_1+cx_2+\cdots\cdots$を求め、係数や定数項（切片）を求めます。補正項の値を求めることもできます。複数の値が求められるので配列数式として入力します。

yの範囲　　　既知のyの値をセル範囲または配列で指定します。
xの範囲　　　既知のxの値をセル範囲または配列で指定します。
定数項の扱い　定数項aの取り扱いを指定します。
　　TRUEまたは省略 … 切片aを計算する
　　FALSE　…………… 切片を0とする
補正項の扱い　補正項（標準誤差など）の取り扱いを指定します。
　　TRUE ……………… 補正項を計算する
　　FALSEまたは省略… 係数と定数項だけを計算する

📄 **使用例**　過去のイベントと広告の回数、売上金額から係数、定数項などを求める

{=LINEST(D3:D7,B3:C7,,TRUE)}

xの範囲　　yの範囲　　補正項の扱い　　係数、定数項、補正項が求められた

	A	B	C	D	E	F	G	H	I
1		North Hornスポーツショップ売上実績					重回帰分析の結果		
2	年	イベント回数	広告回数	売上金額	(単位：万円)		X₂の係数	X₁の係数	定数項
3	2014	72	27	13,540		係数	222.7931	5.6531	6956.0805
4	2015	65	29	13,280		標準誤差	55.4646	43.8585	2389.7907
5	2016	62	30	14,340		r2との標準誤差	0.9343	448.8670	#N/A
6	2017	77	35	15,180		F値と自由度	14.2224	2.0000	#N/A
7	2018	76	40	16,300		回帰の二乗和と	5731116.9201	402963.0799	#N/A
8						残差の二乗和			

G3 セル： [=LINEST(D3:D7,B3:C7,,TRUE)]

ポイント

- この方法はxとyの関係が線形（x_1, x_2…が1次式）であると考えられる場合に有効です。線形であることが想定できない場合には、この方法で予測しても意味がありません。
- [yの範囲]の個数と[xの範囲]の個数が同じ場合、単回帰とみなされます。この場合、回帰直線は$y=a+bx$となります。
- [xの範囲]の個数が[yの範囲]の個数の2倍以上の整数倍の場合、重回帰となります。
- 使用例では、$y=6956.0805+5.6531x_1+222.7931x_2$という回帰式が得られます。セルG3～H3の係数の順序が回帰式とは逆（x_2, x_1の順）になることに注意が必要です。

数学/三角

日付/時刻

統計

操作/文字列

論理

Web/検索/行列

データベース

財務

エンジニアリング

情報

キューブ

できる | 145

回帰分析による予測　365 2019 2016 2013 2010

回帰直線の標準誤差を求める（単回帰分析）

スタンダード・エラー・ワイ・エックス

STEYX（*y*の範囲, *x*の範囲）

既知の［*y*の範囲］と［*x*の範囲］をもとに*y*の標準誤差を求めます。なお、［*y*の範囲］は従属変数または目的変量と呼ばれ、［*x*の範囲］は独立変数または説明変量と呼ばれます。

- ***y*の範囲**　既知の*y*の値をセル範囲または配列で指定します。
- ***x*の範囲**　既知の*x*の値をセル範囲または配列で指定します。

使用例　過去のデータをもとに売上金額の標準誤差を求める

=STEYX(B3:B7,A3:A7)

2014年から2018年までのデータから売上金額の標準誤差が求められた

ポイント

- 計算の対象になるのは、数値と数値を含むセルです。［*y*の範囲］や［*x*の範囲］に含まれる文字列や論理値、空のセルは計算の対象になりません。いずれか一方だけが計算の対象にならない場合でも、その*y*の値と*x*の値の両方が計算から除外されます。

回帰分析による予測　365 2019 2016 2013 2010

回帰直線の当てはまりのよさを求める（単回帰分析）

スクエア・オブ・コリレーション

RSQ（*y*の範囲, *x*の範囲）

既知の［*y*の範囲］と［*x*の範囲］をもとに回帰直線の当てはまりのよさを求めます。

- ***y*の範囲**　既知の*y*の値をセル範囲または配列で指定します。
- ***x*の範囲**　既知の*x*の値をセル範囲または配列で指定します。

☑ 指数回帰曲線による予測　365 2019 2016 2013 2010

指数回帰曲線を使って予測する

グロウス

GROWTH（*y*の範囲, *x*の範囲, 予測に使う*x*の範囲, 定数の扱い）

既知の[*y*の範囲]と[*x*の範囲]をもとに指数回帰曲線を求め、[予測に使う*x*の範囲]に対する*y*の値を求めます。

*y*の範囲	既知の*y*の値をセル範囲または配列で指定します。
*x*の範囲	既知の*x*の値をセル範囲または配列で指定します。
予測に使う*x*の範囲	*y*の値を予測するのに使う*x*の値を指定します。セルやセル範囲、配列も指定できます。
定数の扱い	指数回帰曲線の定数*b*の取り扱いを指定します。

TRUEまたは省略 … 定数*b*を計算する

FALSE …………… 定数*b*を1とする

ポイント

● この方法は*x*と*y*の関係が指数関数（成長曲線）であると考えられる場合に有効です。指数関数が当てはめられない場合には、この方法で予測しても意味がありません。
● [予測に使う*x*の範囲]の値を複数個指定すると、複数の*y*の値を予測できます。その場合は、配列数式として入力します。

☑ 指数回帰曲線による予測　365 2019 2016 2013 2010

指数回帰曲線の定数や底などを求める

ログ・エスティメーション

LOGEST（*y*の範囲, *x*の範囲, 定数の扱い, 補正項の扱い）

既知の[*y*の範囲]と[*x*の範囲]をもとに指数回帰曲線を求め、定数と底を求めます。

*y*の範囲	既知の*y*の値をセル範囲または配列で指定します。
*x*の範囲	既知の*x*の値をセル範囲または配列で指定します。
定数の扱い	指数回帰曲線の定数*b*の取り扱いを指定します。

TRUEまたは省略 … 定数*b*を計算する

FALSE …………… 定数*b*を1とする

補正項の扱い　補正項の取り扱いを指定します。

TRUE ……………… 補正項を計算する

FALSEまたは省略… 定数と底だけを計算する

数学／三角

日付／時刻

統計

操作／文字列

論理

Web検索／行列

データベース

財務

エンジニアリング

情報

キューブ

できる | 147

時系列分析を利用して将来の値を予測する

時系列分析による予測 365 2019 2016 2013 2010

フォーキャスト・イーティーエス
FORECAST.ETS(目標期日,値,タイムライン,季節性,補間,集計)

[値]と[タイムライン]をもとに[目標期日]の値を予測します。季節によって変動がある場合は[季節性]の指定が、欠測値がある場合は[補間]の指定ができます。データに同じ期の値が複数ある場合には[集計]の指定もできます。予測にはETS(三重指数平滑法)アルゴリズムのAAAバージョンと呼ばれる方法が使われます。

目標期日 　予測値を求める期を指定します。
値 　タイムラインに対応する値(予測に使うもとのデータ)を指定します。
タイムライン 　年度や日付など、[値]が得られた期を指定します。
季節性 　季節性の変動がある場合に、周期を指定します。8784(1年の時間数)までの値が指定できるほか、以下の値も指定できます。
　0 ………… 季節性がないものとみなす
　1または省略 … 季節性を自動的に計算
補間 　欠測値の扱いを指定します。全体の30%までは補間が行われます。
　0 ………… 欠測値を0とする
　1 ………… 自動的に補間する
集計 　タイムラインに同じ期がある場合、[値]を集計します。指定できる集計方法は、次ページの表を参照してください。省略した場合は集計を行いません。

使用例 四半期ごとの売上高をもとに次の第1四半期の売上高を予測する

=FORECAST.ETS(F3,D3:D14,A3:A14)

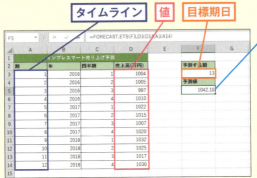

過去12期分の売上高から、第13期の売上高が予測できた

ポイント

- 三重指数平滑法とは、過去のいくつかの値の平均から次の値を予測する方法です。このとき、最近の値のほうに指数関数的に大きなウェイトを与え、古い値の影響を少なくします。FORECAST.ETS関数では、さらに季節による変動も含めて値を予測します。
- [目標期日] が [タイムライン] に指定された期よりも前の場合、[#NUM!] エラーとなります。
- [タイムライン]には日付や「期」を表す値を指定します。[値]と[タイムライン]のサイズが異なる場合、[#N/A]エラーとなります。
- [タイムライン]は並べ替えられている必要はありません。
- 季節性の変動を自動的に計算するには、[季節性]に1を指定するか省略します。
- [季節性]に8784を超える値を指定すると[#NUM!]エラーとなります（本書の執筆時点では、ヘルプに8760までと記載されていますが、実際には8784まで指定できます）。
- 欠測値がある場合には [補間] に1を指定するか省略します。[補間] に0を指定すると、欠測値が0と見なされます。
- 同じ期のデータが複数ある場合は、[集計]に集計方法を指定できます。

●集計方法の一覧

[集計] の値	集計方法※
1	平均 (**AVERAGE**)
2	数値の個数 (**COUNT**)
3	データの個数 (**COUNTA**)
4	最大値 (**MAX**)
5	中央値 (**MEDIAN**)
6	最小値 (**MIN**)
7	合計 (**SUM**)

※各集計方法は ( ) 内にある関数と同じ方法です。

関連 **FORECAST.ETS.SEASONALITY**

時系列分析の季節変動の長さを求める ………………………………………P.150

FORECAST.ETS.CONFINT

時系列分析の信頼区間を求める ………………………………………………P.151

FORECAST.ETS.STAT

時系列分析の各種統計量を求める ……………………………………………P.152

時系列分析による予測 365 2019 2016 2013 2010

時系列分析の季節変動の長さを求める

NEW

フォーキャスト・イーティーエス・シーズナリティ

FORECAST.ETS.SEASONALITY (値,タイムライン,補間,集計)

［値］と［タイムライン］をもとに時系列分析を行うときの、季節変動の長さを求めます。

値 タイムラインに対応する値（予測に使うもとのデータ）を指定します。

タイムライン 年度や日付など、［値］が得られた期を指定します。

補間 欠測値の扱いを指定します。全体の30％までは補間が行われます。

　0 ……欠測値を0とする

　1 ……自動的に補間する

集計 タイムラインに同じ期がある場合、［値］を集計します。指定できる集計方法は、FORECAST.ETS関数の表（P.149）を参照してください。省略した場合は集計を行いません。

📄 使用例　四半期ごとの売上高をもとに予測を行う場合の、季節変動の長さを求める

=FORECAST.ETS.SEASONALITY(D3:D14,A3:A14)

過去12期分の売上高から、季節変動の長さが求められた

ポイント

- 季節変動とは、同じパターンが現れる周期のことです。使用例では四半期ごとに同じパターンが繰り返されるので、長さは4となります（第1四半期と第2四半期の売上高に比べて第3四半期は落ち込み、第4四半期で増えるというパターンを繰り返しています）。
- 予測の方法や引数の詳細については、FORECAST.ETS関数（P.148）を参照してください。

時系列分析による値の信頼区間を求める

FORECAST.ETS.CONFINT(目標期日, 値, タイムライン, 信頼レベル, 季節性, 補間, 集計)

フォーキャスト・イーティーエス・コンフィデンスインターバル

[値]と[タイムライン]をもとに[目標期日]の値を予測したとき、[信頼レベル]で指定された信頼区間を求めます。

目標期日	予測値を求める期を指定します。
値	タイムラインに対応する値（予測に使うもとのデータ）を指定します。
タイムライン	年度や日付など、[値]が得られた期を指定します。
信頼レベル	信頼区間の信頼レベルを指定します。0より大きく、1より小さい値を指定します。省略した場合は95%が指定されたものとみなされます。
季節性	季節性の変動がある場合に、周期を指定します。8784（1年の時間数）までの値が指定できるほか、以下の値も指定できます。
0	季節性がないものとみなす
1または省略	季節性を自動的に計算
補間	欠測値の扱いを指定します。全体の30%までは補間が行われます。
0	欠測値を0とする
1	自動的に補間する
集計	タイムラインに同じ期がある場合、[値]を集計します。指定できる集計方法は、FORECAST.ETS関数の表（P.149）を参照してください。省略した場合は集計を行いません。

使用例　四半期ごとの売上高をもとに売上高を予測し、信頼区間を求める

=FORECAST.ETS.CONFINT(F3,D3:D14,A3:A14,95%)

過去12期分の売上高から、13期の95%信頼区間が1042±4.32であることがわかった

時系列分析の各種統計量を求める

時系列分析による予測　365　2019　2016　2013　2010

フォーキャスト・イーティーエス・スタット
FORECAST.ETS.STAT（値,タイムライン,求めたい値,季節性,補間,集計）

[値]と[タイムライン]をもとに時系列分析を行うときの、数式の係数や予測の精度を表す値などを求めます。

値	タイムラインに対応する値（予測に使うもとのデータ）を指定します。
タイムライン	年度や日付など、[値]が得られた期を指定します。
求めたい値	どの統計値を求めたいかを以下の表のように指定します。
季節性	季節性の変動がある場合に、周期を指定します。8784（1年の時間数）までの値が指定できるほか、以下の値も指定できます。
0 …………	季節性がないものとみなす
1または省略 …	季節性を自動的に計算
補間	欠測値の扱いを指定します。全体の30%までは補間が行われます。
0 …………	欠測値を0とする
1 …………	自動的に補間する
集計	タイムラインに同じ期がある場合、[値]を集計します。指定できる集計方法は、FORECAST.ETS関数の表（P.149）を参照してください。

ポイント

- [求めたい値]によって、係数や各種の統計値が得られます。1～3と8はいわば予測の方法に関する値で、4～7は予測の精度に関する値です。

●統計値の一覧

求めたい値	統計値	意味
1	αパラメーター	この値が大きいほど最近のデータの重みが大きくなります。
2	βパラメーター	この値が大きいほど最近の傾向の重みが大きくなります。
3	γパラメーター	この値が大きいほど最近の季節性の重みが大きくなります。
4	MASEの値	Mean Absolute Scaled Error（平均絶対スケーリング誤差）の略です。予測の精度を表す値です。
5	SMAPEの値	Symmetric Mean Absolute Percentage Error（対称平均絶対比率誤差）の略です。誤差の割合に基づいて求めた精度です。
6	MAEの値	Mean Absolute Error（平均絶対誤差）の略で、予測値と実測値の差の絶対値の平均です。
7	RMSEの値	Root Mean Square Error（平均平方誤差）の略で、予測値と実測値の差の二乗の平均の正の平方根です。
8	検出されたステップサイズ	予測に使われるステップ（刻み値）のサイズです。

相関係数

☑ 相関係数　　　　　　365　2019　2016　2013　2010

相関係数を求める

コリレーション
CORREL(配列1,配列2)

ピアソン
PEARSON(配列1,配列2)

2組のデータをもとに相関係数を求めます。CORREL関数とPEARSON関数は同じ働きをします。引数の指定方法や求められる結果も同じです。

配列1　1つ目のデータが入力されている範囲を指定します。
配列2　2つ目のデータが入力されている範囲を指定します。

使用例　気温とビールの売上本数をもとに相関係数を求める

=CORREL(A3:A8,B3:B8)

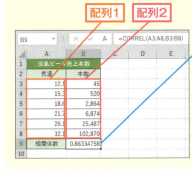

気温とビールの売上本数との相関係数が求められた

ポイント

- [配列1]と[配列2]には対応する値が順に入力されている必要があります。
- [配列1]と[配列2]のデータの個数は同じにしておく必要があります。
- [配列1]と[配列2]のいずれかに数値以外のデータが入力されている場合、そのデータの組は無視されます。
- 求められた結果が1に近い場合は、正の相関（一方が増えれば他方も増える）が強く、-1に近い場合は、負の相関（一方が増えれば他方は減る）が強いと考えられます。
- 0に近い場合は相関がないものとみなされます。

関連 COVARIANCE.P 共分散を求める …………………………………… P.154

左サイドバー（縦書き）:
数学/三角
日付/時刻
統計
文字列/操作
論理
Web/検索/行列
データベース
財務
エンジニアリング
情報
キューブ

☑ 共分散　　　　　　　　**365** **2019** **2016** **2013** **2010**

共分散を求める

コバリアンス・ピー

COVARIANCE.P (配列1,配列2)

2組のデータをもとに、標本を母集団そのものと考えた場合の共分散を求めます。共分散は、相関係数の計算や多変量解析を行うためによく使われる値です。

配列1 1つ目のデータが入力されている範囲を指定します。
配列2 2つ目のデータが入力されている範囲を指定します。

ポイント

● 引数に含まれている数値以外のデータは無視されます。
● [配列1]と[配列2]には対応する値が順に入力されている必要があります。
● [配列1]と[配列2]のデータの個数は同じにしておく必要があります。
● 共分散÷([配列1]の標準偏差×[配列2]の標準偏差)の値が相関係数です。

互換 コバリアンス **COVAR** (配列1,配列2)

関連 **CORREL/PEARSON** 相関係数を求める ······································P.153

☑ 共分散　　　　　　　　**365** **2019** **2016** **2013** **2010**

不偏共分散を求める

コバリアンス・エス

COVARIANCE.S (配列1,配列2)

2組のデータをもとに、標本から推定された母集団の共分散(不偏共分散)を求めます。

配列1 1つ目のデータが入力されている範囲を指定します。
配列2 2つ目のデータが入力されている範囲を指定します。

ポイント

● 引数に含まれている数値以外のデータは無視されます。
● [配列1]と[配列2]には対応する値が順に入力されている必要があります。
● [配列1]と[配列2]のデータの個数は同じにしておく必要があります。

---

154 できる

☑ 信頼区間 〔365〕〔2019〕〔2016〕〔2013〕〔2010〕

母集団に対する信頼区間を求める（正規分布を利用）

コンフィデンス・ノーマル

CONFIDENCE.NORM（有意水準,標準偏差,データの個数）

[標準偏差]と[データの個数]をもとに、母集団に対する信頼区間を求めます。

有意水準 信頼区間を求めるための有意水準を数値で指定します。
標準偏差 母集団の標準偏差を数値で指定します。
データの個数 標本の個数を数値で指定します。

ポイント

●母集団の標準偏差は既知の値であるものとみなされます。

互換 コンフィデンス **CONFIDENCE**（有意水準,標準偏差,データの個数）

関連 **NORM.DIST** 正規分布の確率や累積確率を求める ·····················P.160

☑ 信頼区間 〔365〕〔2019〕〔2016〕〔2013〕〔2010〕

母集団に対する信頼区間を求める（t分布を利用）

コンフィデンス・ティー

CONFIDENCE.T（有意水準,標準偏差,データの個数）

[標準偏差]と[データの個数]をもとに、母集団に対する信頼区間を求めます。

有意水準 信頼区間を求めるための有意水準を数値で指定します。
標準偏差 母集団の標準偏差を数値で指定します。
データの個数 標本の個数を数値で指定します。

ポイント

●母集団の標準偏差は既知の値であるものとみなされます。
●CONFIDENCE.NORM関数と引数の指定方法は同じですが、CONFICENCE.T関数ではステューデントのt分布が利用されます。

関連 **T.DIST** t分布の確率や累積確率を求める ·····································P.168

数学/三角

日付/時刻

統計

文字列 操作

論理

Web 検索/行列

データベース

財務

エンジニアリング

情報

キューブ

できる | 155

☑ 下限値〜上限値の確率　　　　　　　　365　2019　2016　2013　2010

下限値から上限値までの確率を求める

プロバビリティ

PROB（値の範囲,確率範囲,下限,上限）

［値の範囲］とそれに対応する確率で表される分布で、［下限］の値から［上限］の値までの確率を求めます。

値の範囲　確率分布のxに当たる値をセル範囲や配列で指定します。
確率範囲　［値の範囲］の値に対する確率をセル範囲や配列で指定します。
下限　　　確率を求めたい値の下限を指定します。
上限　　　確率を求めたい値の上限を指定します。

☑ 二項分布　　　　　　　　　　　　　　365　2019　2016　2013　2010

二項分布の確率や累積確率を求める

バイノミアル・ディストリビューション

BINOM.DIST（成功数,試行回数,成功率,関数形式）

［成功率］で示される確率で事象が起こるときに、［試行回数］のうち［成功数］だけの事象が起こる確率や［成功数］までの回数の事象が起こる累積確率を求めます。

成功数　　確率を求めたい回数を指定します。
試行回数　全体の試行回数を指定します。
成功率　　あらかじめわかっている確率を指定します。試行を1回行ったときに目的の事象が起こる確率です。
関数形式　確率質量関数の値を求める場合はFALSEを指定し、累積分布関数の値を求める場合はTRUEを指定します。

互換　バイノミアル・ディストリビューション
BINOMDIST（成功数,試行回数,成功率,関数形式）

ポイント

● ［成功数］や［成功率］は目的の事象が起こる回数や確率のことです。たとえば、不良品の発生確率を求める場合、［成功数］は不良品が発生する回数であり、良品が発生する回数ではありません。

☑ 二項分布　　　　　　　365　2019　2016　2013　2010

二項分布の一定区間の累積確率を求める

バイノミアル・ディストリビューション・レンジ

BINOM.DIST.RANGE（試行回数,成功率,成功数1,成功数2）

ある確率で起こる事象が、何回かの試行のうち[成功数1]から[成功数2]までの回数だけ起こる確率を求めます。

試行回数　全体の試行回数を指定します。
成功率　　事象が起こる確率を指定します。
成功数1　確率を求めたい事象の下限の回数を指定します。
成功数2　確率を求めたい事象の上限の回数を指定します。省略すると、[成功数1]の回数だけ事象が起こる確率が求められます。

☑ 二項分布　　　　　　　365　2019　2016　2013　2010

二項分布の累積確率が基準値以下になる最大値を求める

バイノミアル・インバース

BINOM.INV（試行回数,成功率,基準値）

[成功率]で示される確率で事象が起こるとき、[試行回数]のうち累積確率が[基準値]以下になる値(事象の生起回数)を求めます。

試行回数　全体の試行回数を指定します。
成功率　　あらかじめわかっている確率を指定します。試行を1回行ったときに目的の事象が起こる確率です。
基準値　　累積確率を指定します。この値に対する、事象の生起回数の最大値が求められます。

互換 クリテリア・バイノミアル **CRITBINOM**（試行回数,成功率,基準値）

ポイント

● たとえば、不良品が2%の割合で発生することがわかっているものとし、10個の製品を取り出して検査するとき、不良品の累積確率を3%までに収めるには、不良品はいくつまで許容できるかを求められます。この場合、[試行回数]は10、[成功率]は2%、[基準値]は3%です。

数学/三角

日付/時刻

統計

操作 文字列

論理

Web 検索/行列

データベース

財務

リング エンジニア

情報

キューブ

できる | 157

左サイドバー（縦書き）: 数学／三角　日付／時刻　**統計**　操作／文字列　論理　Ｗｅｂ／検索／行列　データベース　財務　エンジニアリング　情報　キューブ

☑ 二項分布　〔365〕〔2019〕〔2016〕〔2013〕〔2010〕

負の二項分布の確率を求める

ネガティブ・バイノミアル・ディストリビューション

NEGBINOM.DIST（失敗数,成功数,成功率,関数形式）

[成功率]で示される確率で事象が起こるとき、[成功数]だけ事象が起こるまでに、ほかの事象が[失敗数]だけ起こる確率を求めます。

失敗数	目的の事象と異なる事象が起こる回数を指定します。
成功数	目的の事象が起こる回数を指定します。
成功率	1回試行したときに目的の事象が起こる確率を指定します。
関数形式	確率質量関数の値を求める場合はFALSEを指定し、累積分布関数の値を求める場合はTRUEを指定します。

【互換】 ネガティブ・バイノミアル・ディストリビューション
NEGBINOMDIST（失敗数,成功数,成功率）

確率質量関数の値を求める関数なので[関数形式]がありません。

☑ 超幾何分布　〔365〕〔2019〕〔2016〕〔2013〕〔2010〕

超幾何分布の確率を求める

ハイパー・ジオメトリック・ディストリビューション

HYPGEOM.DIST（標本の成功数,標本数,母集団の成功数,母集団の大きさ,関数形式）

あらかじめ事象の起こる確率がわかっているとき、母集団から[標本数]だけを取り出し、[標本の成功数]の事象が起こる確率を求めます。

標本の成功数	目的の事象が起こる回数を指定します。
標本数	取り出した標本数を指定します。
母集団の成功数	目的の事象が母集団全体の中で起こる回数を指定します。
母集団の大きさ	母集団の数（すべての事象の数）を指定します。
関数形式	確率質量関数の値を求める場合はFALSEを指定し、累積分布関数の値を求める場合はTRUEを指定します。

【互換】 ハイパー・ジオメトリック・ディストリビューション
HYPGEOMDIST（標本の成功数,標本数,母集団の成功数,母集団の大きさ）

確率質量関数の値を求める関数なので[関数形式]がありません。

158　できる

ポアソン分布

ポアソン分布の確率や累積確率を求める

POISSON.DIST(事象の数, 事象の平均, 関数形式)

あらかじめ事象の起こる確率がわかっているとき、母集団からいくつかの標本を取り出し、目的の事象が何回か起こる確率を求めます。また、何回まで起こるかという累積確率を求めることもできます。

事象の数	目的の事象が起こる回数を指定します。
事象の平均	事象が平均して起こる回数を指定します。単位時間当たりの回数や人口1,000人当たりの人数などを指定します。
関数形式	確率質量関数の値を求める場合はFALSEを指定し、累積分布関数の値を求める場合はTRUEを指定します。

使用例 ウイルスに感染している人が5人である確率を求める

=POISSON.DIST(A6,A3,FALSE)

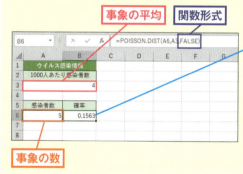

1,000人当たり平均4人感染しているウイルスに、1,000人中5人が感染している確率が求められた

ポイント

- [事象の数]と[事象の平均]には同じ単位の値を指定します。たとえば、[事象の数]が1,000人当たりであれば、[事象の平均]も1,000人当たりの値を指定します。
- 使用例で[関数形式]にTRUEを指定すると、1,000人中5人以下がウイルスに感染している確率が求められます。
- ポアソン分布は、目的の事象があまり起こらない場合に適した分布です。

互換 **POISSON**(事象の数, 事象の平均, 関数形式)

正規分布

正規分布の確率や累積確率を求める

NORM.DIST (値, 平均, 標準偏差, 関数形式)
ノーマル・ディストリビューション

[平均]と[標準偏差]で表される正規分布関数に[値]を代入したときの確率を求めます。また、[値]までの累積確率を求めることもできます。

- **値** 正規分布関数に代入する標本の値を指定します。
- **平均** 分布の算術平均(相加平均)を指定します。
- **標準偏差** 分布の標準偏差を求めます。
- **関数形式** 確率密度関数の値を求める場合はFALSEを指定し、累積分布関数の値を求める場合はTRUEを指定します。

使用例　正規分布を利用して80点以上の人の割合を求める

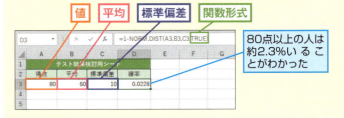

ポイント

- いずれの引数も、省略すると0が指定されたものとみなされます。
- NORM.DIST関数は、テスト結果の分布をもとに、ある得点以下である確率を求めたりするのに使います。
- 平均が0、標準偏差が1の正規分布を標準正規分布と呼びます。標準正規分布の場合、NORM.S.DIST関数やNORM.S.INV関数を利用したほうが簡単です。

互換 NORMDIST (値, 平均, 標準偏差, 関数形式)
ノーマル・ディストリビューション

関連 NORM.INV 累積正規分布の逆関数の値を求める ……………… P.161
　　　 NORM.S.DIST 標準正規分布の累積確率を求める ……………… P.162

☑ 正規分布　　　　　　　　　　　　　　365　2019　2016　2013　2010

累積正規分布の逆関数の値を求める

ノーマル・インバース
NORM.INV(累積確率,平均,標準偏差)

[平均]と[標準偏差]で表される正規分布関数の[累積確率]に対応するもとの値を求めます。

累積確率　もとの値(x)を求めるための累積確率を指定します。
平均　　　分布の算術平均(相加平均)を指定します。
標準偏差　分布の標準偏差を求めます。

使用例　正規分布の逆関数を利用し、上位10%に入る得点を求める

ポイント

- いずれの引数も、省略すると0が指定されたものとみなされます。
- NORM.INV関数は、テスト結果の分布をもとに、下位から60%以上に入るためにはどれだけの点数を取る必要があるかを求めたりするのに使います。
- 使用例で、上位10%ということは下位から90%の位置ということなので、セルA3には0.9が入力されています。この例はテストの結果が平均が60点、標準偏差が10点の正規分布に従っている場合の例です。
- 平均が0、標準偏差が1の正規分布を標準正規分布と呼びます。標準正規分布の場合、NORM.S.DIST関数やNORM.S.INV関数を利用したほうが簡単です。

互換　ノーマル・インバース
NORMINV(累積確率,平均,標準偏差)

関連　**NORM.S.DIST** 標準正規分布の累積確率を求める …………… P.162
　　　　NORM.S.INV 累積標準正規分布の逆関数の値を求める ………… P.163

できる　161

☑ 正規分布　　　　　　　　　　365　2019　2016　2013　2010

標準正規分布の累積確率を求める

ノーマル・スタンダード・ディストリビューション
NORM.S.DIST (z,関数形式)

標準正規分布関数に[z]を代入したときの確率密度関数の値や累積分布関数の値を求めます。標準正規分布とは、平均が0、標準偏差が1の正規分布です。

z　　　　標準正規分布関数に代入する値を指定します。
関数形式　確率密度関数の値を求める場合はFALSEを指定し、累積分布関数の値を求める場合はTRUEを指定します。

使用例　標準正規分布で、0.8に対する累積確率を求める

=NORM.S.DIST(A3,TRUE)

標準正規分布で0.8に対する累積確率は0.788145(約78.8%)であることがわかった

ポイント

●標準正規分布の累積分布の逆関数の値を求めるには、NORM.S.INV関数を使います。

互換 ノーマル・スタンダード・ディストリビューション
NORMSDIST(z)

　累積分布関数の値を求める関数なので[関数形式]がありません。

関連 NORM.DIST　正規分布の確率や累積確率を求める ……………P.160
　　　　NORM.INV　累積正規分布の逆関数の値を求める ……………P.161

正規分布　365　2019　2016　2013　2010

累積標準正規分布の逆関数の値を求める

ノーマル・スタンダード・インバース
NORM.S.INV (累積確率)

標準正規分布関数の［累積確率］に対応するもとの値を求めます。標準正規分布とは、平均が0、標準偏差が1の正規分布です。

| **累積確率**　もとの値（z）を求めるための累積確率を指定します。

互換
NORMSINV (累積確率)

正規分布　365　2019　2016　2013　2010

標準正規分布の確率を求める

ファイ
PHI (値)

標準正規分布の確率密度関数の値を求めます。NORM.S.DIST関数の［関数形式］にFALSE（確率密度関数）を指定したときと同じ結果になります。

| **値**　標準正規分布の確率密度関数に代入する値を指定します。

正規分布　365　2019　2016　2013　2010

標準正規分布で平均からの累積確率を求める

ガウス
GAUSS (数値)

標準正規分布の母集団に含まれる値が、平均から標準偏差の何倍かまでの範囲に入る確率を求めます。［関数形式］にTRUE（累積分布関数）を指定したNORM.S.DIST関数の戻り値から0.5を引いた値と同じ結果になります。

| **数値**　標準偏差の何倍までの範囲とするかを指定します。

☑ 対数正規分布　　　〈365〉〈2019〉〈2016〉〈2013〉〈2010〉

対数正規分布の確率や累積確率を求める

ログ・ノーマル・ディストリビューション

LOGNORM.DIST (値,平均,標準偏差,関数形式)

［平均］と［標準偏差］で表される対数正規分布関数に［値］を代入したときの確率密度関数の値や累積分布関数の値を求めます。

値　　　　対数正規分布関数に代入する値を指定します。
平均　　　$\ln(x)$の算術平均（相加平均）を指定します。
標準偏差　$\ln(x)$の標準偏差を指定します。
関数形式　確率密度関数の値を求める場合はFALSEを指定し、累積分布関数の値を求める場合はTRUEを指定します。

ポイント

●対数正規分布は、値の小さい部分に山ができるような分布です。所得の分布や将来の株価の分布などに当てはめられます。

互換 ログ・ノーマル・ディストリビューション
LOGNORMDIST (値,平均,標準偏差)

　　　累積分布関数の値を求める関数なので［関数形式］はありません。

☑ 対数正規分布　　　〈365〉〈2019〉〈2016〉〈2013〉〈2010〉

累積対数正規分布の逆関数の値を求める

ログ・ノーマル・インバース

LOGNORM.INV (累積確率,平均,標準偏差)

［平均］と［標準偏差］で表される対数正規分布関数で、［累積確率］に対するもとの値を求めます。

累積確率　目的の累積確率を指定します。この確率に対する対数正規分布の累積確率関数の逆関数の値が求められます。
平均　　　$\ln(x)$の算術平均（相加平均）を指定します。
標準偏差　$\ln(x)$の標準偏差を指定します。

互換 ログ・インバース
LOGINV (累積確率,平均,標準偏差)

カイ二乗分布

365 2019 2016 2013 2010

カイ二乗分布の確率や累積確率を求める

カイ・スクエアド・ディストリビューション

CHISQ.DIST (値,自由度,関数形式)

カイ二乗分布の確率密度関数の値や累積分布関数の値を求めます。

値　　　カイ二乗分布の確率密度関数や累積分布関数に代入する値を指定します。
自由度　分布の自由度を指定します。
関数形式　確率密度関数の値を求める場合はFALSEを指定し、累積分布関数の値を
　　　　　求める場合はTRUEを指定します。

使用例　母分散が小さくなったかどうかを検定する

=CHISQ.DIST(B12,7,TRUE)

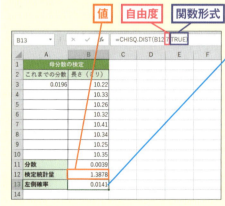

0.05以下なので、5%有意で分散は小さくなったといえる

ポイント

- カイ二乗分布はデータが特定の分布に従っているかどうかを調べたり、2つの属性が独立であるかどうかを調べたりするのに使われます。
- 使用例では、分散がこれまでの分散よりも小さくなったかどうかを調べるために、自由度7のカイ二乗分布で、カイ二乗値1.3878に対する左側確率を求めています。
なお、カイ二乗値を求めるために、セルB11には「=VAR.S(B3:B10)」が、セルB12には「=7*B11/A3」が入力されています。

関連　CHISQ.TEST カイ二乗検定を行う　……………………………P.167

数学／三角

日付／時刻

統計

操作

文字列

論理

Web 検索／行列

データベース

財務

エンジニアリング

情報

キューブ

☑ カイ二乗分布 　　　　　　　　365　2019　2016　2013　2010

カイ二乗分布の右側確率を求める

カイ・ディストリビューション・ライトテイルド

CHISQ.DIST.RT（値,自由度）

カイ二乗分布の右側（上側）確率の値を求めます。「=1-CHISQ.DIST(値,自由度,FALSE)」と同じ値になります。

　値　　　カイ二乗分布の累積分布関数に代入する値を指定します。
　自由度　分布の自由度を指定します。

カイ・ディストリビューション
互換 CHIDIST（値,自由度）

☑ カイ二乗分布 　　　　　　　　365　2019　2016　2013　2010

カイ二乗分布の左側確率から逆関数の値を求める

カイ・スクエアド・インバース

CHISQ.INV（左側確率,自由度）

カイ二乗分布の左側確率からカイ二乗値を求めます。

　左側確率　カイ二乗分布の左側（下側）確率を指定します。
　自由度　　分布の自由度を指定します。

☑ カイ二乗分布 　　　　　　　　365　2019　2016　2013　2010

カイ二乗分布の右側確率から逆関数の値を求める

カイ・インバース・ライトテイルド

CHISQ.INV.RT（確率,自由度）

カイ二乗分布の右側確率からカイ二乗値を求めます。「=CHISQ.INV(1-確率,自由度)」と同じ値になります。

　確率　　　カイ二乗分布の右側（上側）確率を指定します。
　自由度　分布の自由度を指定します。

カイ・インバース
互換 CHIINV（確率,自由度）

☑ カイ二乗検定　　　　　　　　　　　365　2019　2016　2013　2010

カイ二乗検定を行う

カイ・スクエアド・テスト

CHISQ.TEST（実測値範囲,期待値範囲）

［実測値範囲］と［期待値範囲］をもとにカイ二乗検定（適合性や独立性の検定）を行います。

実測値範囲　実測値が入力されているセル範囲や配列を指定します。
期待値範囲　期待値が入力されているセル範囲や配列を指定します。

📄 使用例　ポアソン分布に当てはまるかどうかを検定する

=CHISQ.TEST(B3:B8,D3:D8)

実測値範囲　　期待値範囲

B12	:	×	✓	fx	=CHISQ.TEST(B3:B8,D3:D8)	
	A	B	C	D	E	F
1	IPO（新規公開株）当選回数調査					
2	回数	実測度数	回数×実測度数	期待度数		
3	0	255	0	264.1740		
4	1	184	184	168.5430		
5	2	52	104	53.7652		
6	3	6	18	11.4341		
7	4	2	8	1.8237		
8	5	1	5	0.2327		
9	合計	500	319	499.9728		
10	平均		0.6380			
11						
12	確率	0.2264				
13						

5%（0.05）より大きいので
帰無仮説は棄却されない（ポ
アソン分布に当てはまらな
いとはいえない）

ポイント

● ［実測値範囲］と［期待値範囲］のいずれかに数値以外のデータが入力されている場合、そのデータの組は無視されます。

● 自由度は（行数-1）×（列数-1）となります。

● ポアソン分布の確率はPOISSON.DIST関数を使って求められます。この値に合計（セルB9）を掛けた値が期待度数です。

● 帰無仮説は「当てはまる」、対立仮説は「当てはまらない」です。使用例では帰無仮説が棄却できないので対立仮説を採用できません。したがって「当てはまらないとはいえない」という結果になっています（ただし、必ずしも「当てはまる」ともいいきれません）。

カイ・テスト

互換 CHITEST（実測値範囲,期待値範囲）

関連 CHISQ.DIST カイ二乗分布の確率や累積確率を求める………P.165

数学／三角

日付／時刻

統計

文字列／操作

論理

Web検索／行列

データベース

財務

エンジニアリング

情報

キューブ

できる | 167

t分布

t分布の確率や累積確率を求める

ティー・ディストリビューション
T.DIST(値,自由度,関数形式)

t分布の確率密度関数の値や累積分布関数の値(左側確率)を求めます。t分布は平均値の差の検定などに使われます。

値 t分布の確率密度関数や累積分布関数に代入する値を指定します。
自由度 分布の自由度を指定します。
関数形式 確率密度関数の値を求める場合はFALSEを指定し、累積分布関数の値を求める場合はTRUEを指定します。

使用例 自由度10のt分布で、4というt値に対する左側確率を求める

=T.DIST(A3,B3,TRUE)

左側確率の値が求められた

ポイント

- 使用例では[関数形式]にTRUEを指定しているので、累積分布関数の値(左側確率)が求められています。
- t分布は左右対称の分布で、平均は0です。したがって[値]が0のとき左側確率は0.5となります。
- 右側(上側)確率を求めるにはT.DIST.RT関数を使います。
- 両側確率を求めるにはT.DIST.2T関数を使います。
- 互換性関数のTDIST関数と名前は似ていますが、TDIST関数では右側確率と両側確率しか求められません。左側確率は1から右側確率を引いて求めます。

関連 **T.DIST.RT** t分布の右側確率を求める ……………………………… P.169
T.DIST.2T t分布の両側確率を求める ……………………………… P.170
T.TEST t検定を行う ……………………………… P.172

☑ t分布

t分布の右側確率を求める

ティー・ディストリビューション・ライトテイルド
T.DIST.RT(値, 自由度)

t分布の右側確率を求めます。

値 t分布の累積分布関数に代入する値を指定します。
自由度 分布の自由度を指定します。

使用例 自由度10のt分布で、4というt値に対する右側確率を求める

=T.DIST.RT(A3,B3)

ポイント

- t分布は左右対称の分布で、平均は0です。したがって[値]が0のとき右側確率は0.5となります。
- 確率密度関数の値や左側(下側)確率を求めるにはT.DIST関数を使います。
- 両側確率を求めるにはT.DIST.2T関数を使います。

互換 ティー・ディストリビューション
TDIST(値, 自由度, 尾部)

[尾部]に1を指定すると右側確率が求められ、T.DIST.RT関数と同じ結果が得られます。[関数形式]がないため、確率密度関数の値は求められません。

関連 **T.DIST** t分布の確率や累積確率を求める ……………………………… P.168
T.DIST.2T t分布の両側確率を求める ……………………………………… P.170
T.TEST t検定を行う ……………………………………………………… P.172

t分布

☑ t分布　365　2019　2016　2013　2010

t分布の両側確率を求める

ティー・ディストリビューション・ツー・テイルド
T.DIST.2T（値,自由度）

t分布の両側確率を求めます。平均値の差の検定などで、大きいか小さいかを調べるのではなく、差があるかどうかを調べる場合（両側検定）に使われます。

値　t分布の累積分布関数に代入する値を指定します。
自由度　分布の自由度を指定します。

使用例　自由度10のt分布で、4というt値に対する両側確率を求める

=T.DIST.2T(A3,B3)

両側確率の値が求められた

ポイント

- t分布は左右対称の分布で、平均は0です。したがって［値］が0のとき両側確率は1となります。
- 確率密度関数の値や左側（下側）確率を求めるにはT.DIST関数を使います。
- 右側（上側）確率を求めるにはT.DIST.RT関数を使います。
- t分布は回帰式の係数の有効性を検定する場合にも使われます。たとえば、P.145の使用例であれば「=T.DIST.2T(ABS(G3/G4),H6)」と入力することにより、「x_2の係数は有効でない」という仮説を棄却できる確率が求められます。結果は0.0568となります。

互換　ティー・ディストリビューション
TDIST（値,自由度,尾部）

［尾部］に2を指定すると両側確率が求められ、T.DIST.2T関数と同じ結果が得られます。［関数形式］がないため、確率密度関数の値は求められません。

関連　**T.DIST**　t分布の確率や累積確率を求める ……………………………… P.168
　　　　T.DIST.RT　t分布の右側確率を求める ……………………………… P.169
　　　　T.TEST　t検定を行う ……………………………… P.172

☑ t分布　　365　2019　2016　2013　2010

t分布の左側確率から逆関数の値を求める

ティー・インバース

T.INV(左側確率,自由度)

t分布の左側確率からt値を求めます。

左側確率　t分布の左側(下側)確率を指定します。
自由度　　分布の自由度を指定します。

ポイント

●右側(上側)確率から逆関数の値を求めるには「=T.INV(1-右側確率, 自由度)」という式を使います。

☑ t分布　　365　2019　2016　2013　2010

t分布の両側確率から逆関数の値を求める

ティー・インバース・ツー・テイルド

T.INV.2T(両側確率,自由度)

t分布の両側確率からt値を求めます。

両側確率　t分布の両側確率を指定します。
自由度　　分布の自由度を指定します。

📄 使用例　自由度10のt分布で、5%両側確率に対応するt値を求める

=T.INV.2T(A5,B5)

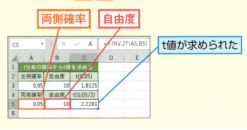

互換　TINV(両側確率,自由度)

t検定を行う

T.TEST(範囲1,範囲2,尾部,検定の種類)

t検定により、母集団の平均に差があるかどうかを検定します。

範囲1 1つ目の変量をセル範囲または配列で指定します。
範囲2 2つ目の変量をセル範囲または配列で指定します。
尾部 片側確率を求めるか、両側確率を求めるかを指定します。
　1 … 片側確率を求める
　2 … 両側確率を求める
検定の種類 どのような検定をするかを指定します。
　1 … 対になっているデータのt検定
　2 … 2つの母集団の分散が等しい場合のt検定
　3 … 2つの母集団の分散が等しくない場合のt検定(ウェルチの検定)

使用例　科目によって平均値に差があるかを検定する

=T.TEST(B3:B10,C3:C10,2,1)

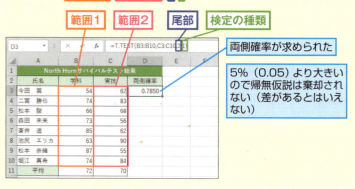

両側確率が求められた

5%(0.05)より大きいので帰無仮説は棄却されない(差があるとはいえない)

ポイント

- 対になっているデータ(対応のあるデータ)とは、同じ人の試験の1回めの結果と2回めの結果などです。この場合は、[検定の種類]に1を指定します。あるクラスの試験の成績と別のクラスの試験の成績といった対になっていないデータ(対応のないデータ)の場合には、[検定の種類]に2または3を指定します。

互換 TTEST(範囲1,範囲2,尾部,検定の種類)

z検定

正規母集団の平均を検定する

Z.TEST (配列, μ_0, 標準偏差)

[配列]で指定された標本をもとに正規母集団の平均が[μ_0]であるかどうかを検定します。

配列　標本が入力されているセル範囲や配列を指定します。
μ_0　検定の対象となる値(仮説での母集団の平均)を指定します。
標準偏差　母集団の標準偏差を数値で指定します。

使用例　内容量が平均100gになっているかを検定する

=Z.TEST(B3:B10,C3,C5)

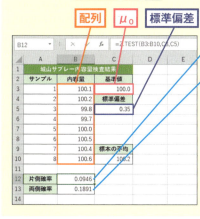

- 片側確率が求められた
- 「=MIN(B12,1-B12)*2」と入力されている
- 5%(0.05)より大きいので帰無仮説は棄却されない(差があるとはいえない)

ポイント

- 使用例では、ある機械で100gのお菓子を袋詰めしたときの標準偏差が0.35であるものとし、8袋分の重さを調べ、平均100gで正しく詰められているかどうかを調べています。
- Z.TEST関数で求められる確率は片側確率(右側確率)です。両側確率を求めたいときには、使用例のように「=MIN(片側確率,1-片側確率)*2」という式を使います。
- [標準偏差]には母集団の標準偏差を指定します。標準偏差が未知の場合には、この引数を省略します。その場合、不偏標準偏差の値が使われます。

互換 ZTEST(配列, μ_0, 標準偏差)

☑ F分布

F分布の確率や累積確率を求める

エフ・ディストリビューション
F.DIST (値,自由度1,自由度2,関数形式)

F分布の確率密度関数の値や累積分布関数の値（左側確率）を求めます。F分布は分散の差の検定や分散分析に使われます。

値 F分布の確率密度関数や累積分布関数に代入する値を指定します。
自由度1 分布の自由度1を指定します。
自由度2 分布の自由度2を指定します。
関数形式 確率密度関数の値を求める場合はFALSEを指定し、累積分布関数の値を求める場合はTRUEを指定します。

使用例　F分布における左側確率の値を求める

ポイント

- 使用例では[関数形式]にTRUEを指定しているので、累積分布関数の値（左側確率）が求められています。
- 右側（上側）確率を求めるにはF.DIST.RT関数を使います。
- 互換性関数のFDIST関数と名前は似ていますが、FDIST関数は右側確率を求めるF.DIST.RT関数の互換性関数であることに注意が必要です。

関連 **F.DIST.RT** F分布の右側確率を求める ……………………………… P.175
　　　 F.TEST F検定を行う ……………………………………………………… P.177

☑ F分布　　　　　　　　365　2019　2016　2013　2010

F分布の右側確率を求める

エフ・ディストリビューション・ライトテイルド
F.DIST.RT (値,自由度1,自由度2)

F分布の右側確率を求めます。

値　　　F分布の累積分布関数に代入する値を指定します。
自由度1　分布の自由度1を指定します。
自由度2　分布の自由度2を指定します。

使用例　F分布における右側確率の値を求める

=F.DIST.RT(A3,B3,C3)

ポイント

- F分布は左右対称の分布ではないので、右側確率を2倍しても両側確率にはなりません。
- 確率密度関数の値や左側(下側)確率を求めるにはF.DIST関数を使います。
- F分布は回帰式の当てはまりのよさを検定する場合にも使われます。たとえば、P.145の使用例であれば「=F.DIST.RT(G6,2,H6)」と入力することにより「回帰式の当てはまりはよくない」という仮説を棄却できる確率が求められます。結果は0.0656となります。

互換　エフ・ディストリビューション
FDIST(値,自由度1,自由度2)

関連　**F.DIST** F分布の確率や累積確率を求める……………………………P.174
　　　　F.TEST F検定を行う………………………………………………P.177

F分布

F分布の左側確率から逆関数の値を求める

エフ・インバース
F.INV(**左側確率**,**自由度1**,**自由度2**)

F分布の左側確率からF値を求めます。

左側確率 F分布の左側(下側)確率を指定します。
自由度1 分布の自由度1を指定します。
自由度2 分布の自由度2を指定します。

関連 **F.TEST** F検定を行う …………………………………… P.177

F分布

F分布の右側確率から逆関数の値を求める

エフ・インバース・ライトテイルド
F.INV.RT(**右側確率**,**自由度1**,**自由度2**)

F分布の右側確率からF値を求めます。

右側確率 F分布の右側(上側)確率を指定します。
自由度1 分布の自由度1を指定します。
自由度2 分布の自由度2を指定します。

使用例 右側確率に対応するF値を求める

=F.INV.RT(A5,B5,C5)

互換 エフ・インバース
FINV(**右側確率**,**自由度1**,**自由度2**)

F検定を行う

F.TEST(配列1,配列2)

F検定により、母分散に差があるかどうかを検定します。この関数では両側検定が行われることに注意してください。

配列1 1つ目の変量をセル範囲または配列で指定します。
配列2 2つ目の変量をセル範囲または配列で指定します。

使用例 母分散に差があるかどうかを検定する

=F.TEST(B3:B10,C3:C10)

F検定の両側確率が求められた

5%（0.05）より大きいので帰無仮説は棄却されない（差があるとはいえない）

ポイント

- 使用例は、被験者を複数のグループに分け、Webページの操作時間を測定した表です。これをもとに、Webページのデザインによって、操作時間の分散に差があるかどうかを検定します。帰無仮説は「母分散は等しい」、対立仮説は「母分散には差がある」です。
- [配列1]の大きさと[配列2]の大きさは異なっていても構いません。
- 数値以外のデータは無視されます。

互換 FTEST(配列1,配列2)

関連 F.DIST F分布の確率や累積確率を求める……………………………P.174
F.DIST.RT F分布の右側確率を求める………………………………P.175

☑ フィッシャー変換　　　　　　　365　2019　2016　2013　2010

フィッシャー変換を行う

フィッシャー
FISHER (r)

相関係数 [r] をフィッシャー変換した値を求めます。フィッシャー変換により、母相関係数の分布を正規分布に変換できます。フィッシャー変換は「フィッシャーのz変換」または「z変換」とも呼ばれます。求められる値はATANH関数と同じです。

r　相関係数を数値で指定します。

☑ フィッシャー変換　　　　　　　365　2019　2016　2013　2010

フィッシャー変換の逆関数を求める

フィッシャー・インバース
FISHERINV (z)

フィッシャー変換の逆関数の値を求めます。求められる値はTANH関数と同じです。

z　フィッシャー変換後の数値を指定します。

☑ 指数分布関数　　　　　　　　365　2019　2016　2013　2010

指数分布の確率や累積確率を求める

エクスポーネンシャル・ディストリビューション
EXPON.DIST (値,λ,関数形式)

指数分布の確率密度関数の値や、累積分布関数の値を求めます。累積分布関数は、[値]で指定された時間以内にある事象が起こる確率を求める場合などに使われます。

値　　　　指数分布関数に代入する値(時間など)を数値で指定します。
λ　　　　パラメータ(単位時間に起こる事象の数など)を数値で指定します。
関数形式　確率密度関数の値を求める場合はFALSEを指定し、累積分布関数の値を求める場合はTRUEを指定します。

互換 エクスポーネンシャル・ディストリビューション
EXPONDIST (値,λ,関数形式)

☑ ガンマ分布 〔365〕〔2019〕〔2016〕〔2013〕〔2010〕

ガンマ関数の値を求める

ガンマ
GAMMA（数値）

数値をもとにガンマ関数の値を求めます。Excel 2010以前では、「=EXP(GAMMALN(数値))」で同じ結果が得られます。ガンマ関数は階乗（n!）の考え方を連続した値に拡張したもので、カイ二乗分布、t分布、F分布などの関数を求めるのに広く使われています。

| **数値** | ガンマ関数の値を求めたい数値を指定します。

☑ ガンマ分布 〔365〕〔2019〕〔2016〕〔2013〕〔2010〕

ガンマ分布の確率や累積確率を求める

ガンマ・ディストリビューション
GAMMA.DIST（値,α,β,関数形式）

ガンマ分布の確率密度関数の値や、累積分布関数の値を求めます。ガンマ分布は待ち行列の分析などに使われます。

| **値** | ガンマ分布関数に代入する数値を指定します。
| **α** | パラメータαの値を数値で指定します。
| **β** | パラメータβの値を数値で指定します。
| **関数形式** | 確率密度関数の値を求める場合はFALSEを指定し、累積分布関数の値を求める場合はTRUEを指定します。

ポイント

- ガンマ分布の平均は $\alpha\beta$、分散は $\alpha\beta^2$ です。
- ［α］が正の整数の場合、アーラン分布と呼ばれます。［α］が1の場合、$\lambda=1/\beta$ の指数分布となります。
- ［β］が1の場合、標準ガンマ分布の値が求められます。
- 待ち行列の分析とは、窓口に到着する顧客の人数などから待ち時間を求めたり、最適な窓口の数を求めたりするための数学的な手法です。

互換 ガンマ・ディストリビューション
GAMMADIST（値,α,β,関数形式）

できる | 179

☑ ガンマ分布　　　　　　　　　　　365　2019　2016　2013　2010

ガンマ分布の逆関数の値を求める

ガンマ・インバース

GAMMA.INV（確率, α, β）

ガンマ分布での、累積分布関数の逆関数の値を求めます。ガンマ分布は待ち行列の分析などに使われます。

確率　累積分布関数の値（確率）を指定します。
α　　パラメータ α の値を数値で指定します。
β　　パラメータ β の値を数値で指定します。

互換 ガンマ・インバース
GAMMAINV（確率, α, β）

関連 GAMMA.DIST ガンマ分布の確率や累積確率を求める ……………P.179

☑ ガンマ分布　　　　　　　　　　　365　2019　2016　2013　2010

ガンマ関数の自然対数を求める

ガンマ・ログ・ナチュラル・プリサイス

GAMMALN.PRECISE（値）

ガンマ関数の自然対数の値を求めます。ガンマ関数は、カイ二乗分布、t分布、F分布などの関数を求めるのに広く使われています。

値　ガンマ関数に代入する数値を指定します。

ポイント

● 「=EXP(GAMMALN.PRECISE(x))」または「=EXP(GAMMALN(x))」で、ガンマ関数の値が求められます。

互換 ガンマ・ログ・ナチュラル
GAMMALN（値）

関連 GAMMA ガンマ関数の値を求める ………………………………………P.179

ベータ分布

ベータ分布の確率や累積確率を求める

ベータ・ディストリビューション
BETA.DIST(値, α, β, 関数形式, 下限, 上限)

ベータ分布の確率密度関数や累積分布関数の値を求めます。ベータ分布は信用リスク管理やプロジェクトのコスト管理などによく使われます。

値	ベータ分布関数に代入する数値を指定します。
α	パラメータαの値を数値で指定します。
β	パラメータβの値を数値で指定します。
関数形式	確率密度関数の値を求める場合はFALSEを指定し、累積分布関数の値を求める場合はTRUEを指定します。
下限	区間の下限値を数値で指定します。省略すると0が指定されたものとみなされます。
上限	区間の上限値を数値で指定します。省略すると1が指定されたものとみなされます。

使用例 ベータ分布を利用してプロジェクトの進捗率を求める

=BETA.DIST(A3,B3,C3,TRUE,D3,E3)

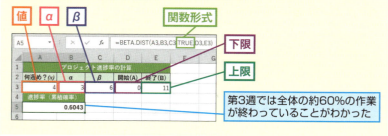

第3週では全体の約60%の作業が終わっていることがわかった

ポイント

- プロジェクトの期間と進捗率が、α=3、β=6のベータ分布に従うことがわかっているものとします。このとき、全体の作業が10週(第11週の開始時点)で終わると見積もったとすると、第3週(第4週の開始時点)でどれくらいの作業が終わっているかを、使用例で求めています。

互換 ベータ・ディストリビューション
BETADIST(値, α, β, 下限, 上限)

[関数形式]がないため、累積分布関数の値のみが求められます。

☑ ベータ分布 　　　　　　　　　　　365 2019 2016 2013 2010

ベータ分布の累積分布関数の逆関数の値を求める

ベータ・インバース

BETA.INV (確率, α, β, 下限, 上限)

ベータ分布の累積分布関数の逆関数の値を求めます。ベータ分布は信用リスク管理やプロジェクトのコスト管理などによく使われます。

確率	累積分布関数の値(確率)を数値で指定します。
α	パラメータαの値を数値で指定します。
β	パラメータβの値を数値で指定します。
下限	区間の下限値を数値で指定します。省略すると0が指定されたものとみなされます。
上限	区間の上限値を数値で指定します。省略すると1が指定されたものとみなされます。

互換 ベータ・インバース
BETAINV (確率, α, β, 下限, 上限)

☑ ワイブル分布 　　　　　　　　　　365 2019 2016 2013 2010

ワイブル分布の値を求める

ワイブル・ディストリビューション

WEIBULL.DIST (値, α, β, 関数形式)

ワイブル分布の確率密度関数の値や、累積分布関数の値を求めます。ワイブル分布は、機械が故障するまでの時間や生物の寿命などを分析するのに使われます。

値	ワイブル分布関数に代入する数値を指定します。
α	パラメータαの値を数値で指定します。
β	パラメータβの値を数値で指定します。
関数形式	確率密度関数の値を求める場合はFALSEを指定し、累積分布関数の値を求める場合はTRUEを指定します。

ポイント
● ワイブル分布でα=1のとき、λ=1/βの指数分布関数となります。

互換 ワイブル
WEIBULL (値, α, β, 関数形式)

第4章

文字列操作関数

文字列の一部の取り出し、置き換え、連結といった処理を行う関数や、全角／半角、大文字／小文字の変換を行う関数など、文字列の操作に関連する関数群です。

文字列の長さ

文字列の文字数またはバイト数を求める

365 / 2019 / 2016 / 2013 / 2010

必修

レングス
LEN (文字列)

レングス・ビー
LENB (文字列)

LEN関数は、[文字列]の文字数を求めます。LENB関数は、[文字列]のバイト数を求めます。

文字列 もとの文字列を指定します。数値も指定できます。

使用例 文字列に含まれる半角文字の個数を求める

=LEN(A3)*2-LENB(A3)

セルA3の文字数×2からバイト数を引くことにより、半角文字の個数がわかった

ポイント
- LEN関数では、半角文字も全角文字も1文字として数えられます。
- LENB関数では、半角文字は1バイト、全角文字は2バイトとして数えられます。
- 「バイト」とは、半角英数字1文字分に相当するデータ量の単位です。
- [文字列]に含まれるスペース、句読点、数字なども、文字として文字数またはバイト数が数えられます。
- 文字列を引数に直接指定する場合は「"」で囲んで指定します。
- 表示形式が指定された数値の場合、もとの数値の文字数やバイト数が数えられます。たとえば、「1234」が入力されたセルに桁区切りスタイルが設定されていると、表示は「1,234」になりますが、LEN関数で求められる文字数は4となります。
- 文字列に含まれる全角文字や半角文字の個数を求めるには、LEN関数とLENB関数で求めた結果の差を利用するといいでしょう。使用例では、LEN関数の結果を2倍した値からLENB関数の結果を引くことにより、半角文字の個数を求めています。一方、LENB関数の結果からLEN関数の結果を引くと全角文字の個数が求められます。

文字列の抽出

左端から何文字かまたは何バイトかを取り出す

必修　365 2019 2016 2013 2010

レフト
LEFT（文字列,文字数）

レフト・ビー
LEFTB（文字列,バイト数）

LEFT関数は、[文字列]の左端から[文字数]分の文字列を取り出します。LEFTB関数は、[文字列]の左端から[バイト数]分の文字列を取り出します。

文字列　　　　　もとの文字列を指定します。数値も指定できます。
文字数・バイト数　取り出したい文字数またはバイト数を指定します。省略すると1が指定されたものとみなされます。

使用例　所在地の左端から3文字を取り出す

=LEFT(B3,3)

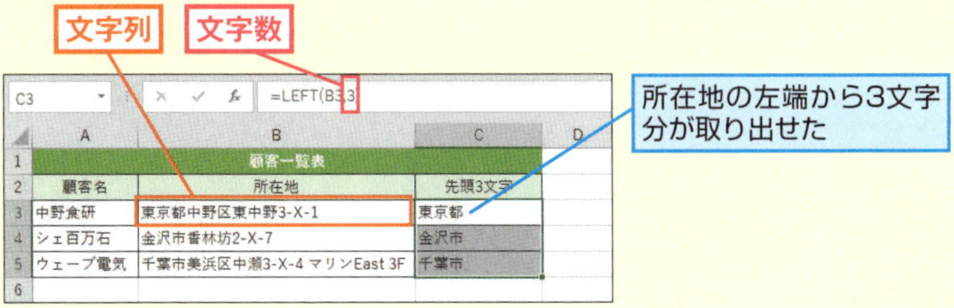

所在地の左端から3文字分が取り出せた

ポイント

- LEFT関数では、半角文字も全角文字も1文字として数えられます。
- LEFTB関数では、半角文字は1バイト、全角文字は2バイトとして数えられます。
- [文字列]の長さを超える[文字数]または[バイト数]を指定すると、[文字列]全体が返されます。
- 文字列を引数に直接指定する場合は「"」で囲んで指定します。
- LEFT関数は、FIND関数やSEARCH関数、LEN関数などと組み合わせると、特定の文字までを取り出したり、特定の位置までを取り出すなど、さまざまな活用ができます。

関連　RIGHT/RIGHTB

　　　右端から何文字かまたは何バイトかを取り出す ………………………… P.186

文字列の抽出

> 右端から何文字かまたは何バイトかを取り出す

365 2019 2016 2013 2010

ライト
RIGHT(文字列,文字数)

ライト・ビー
RIGHTB(文字列,バイト数)

RIGHT関数は、[文字列]の右端から[文字数]分の文字列を取り出します。RIGHTB関数は、[文字列]の右端から[バイト数]分の文字列を取り出します。

文字列 もとの文字列を指定します。数値も指定できます。
文字数・バイト数 取り出したい文字数またはバイト数を指定します。省略すると1が指定されたものとみなされます。

使用例 所在地の右端から7文字分を取り出す

=RIGHT(B3,7)

所在地の右端から7文字分が取り出せた

ポイント

- RIGHT関数では、半角文字も全角文字も1文字として数えられます。
- RIGHTB関数では、半角文字は1バイト、全角文字は2バイトとして数えられます。
- [文字列]の長さを超える[文字数]または[バイト数]を指定すると、[文字列]全体が返されます。
- 文字列を引数に直接指定する場合は「"」で囲んで指定します。
- RIGHT関数は、FIND関数やSEARCH関数、LEN関数と組み合わせると、特定の文字以降を取り出したり、特定の位置以降を取り出すなど、さまざまな活用ができます。

関連 LEFT/LEFTB 左端から何文字かまたは何バイトかを取り出す ‥P.185

文字列の抽出

365 2019 2016 2013 2010

指定した位置から何文字かまたは何バイトかを取り出す

ミッド
MID (文字列,開始位置,文字数)

ミッド・ビー
MIDB (文字列,開始位置,バイト数)

MID関数は、[文字列]の[開始位置]から[文字数]分の文字列を取り出します。MIDB関数は、[文字列]の[開始位置]から[バイト数]分の文字列を取り出します。

文字列	もとの文字列を指定します。数値も指定できます。
開始位置	取り出したい文字列の開始位置を指定します。[文字列]の先頭を1として文字単位またはバイト単位で数えます。
文字数・バイト数	取り出したい文字数またはバイト数を指定します。

使用例 所在地の4文字目から3文字分の文字列を取り出す

=MID(B3,4,3)

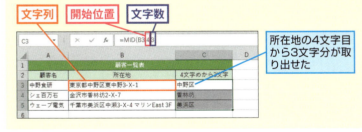

ポイント

- MID関数では、半角文字も全角文字も1文字として数えられます。
- MIDB関数では、半角文字は1バイト、全角文字は2バイトとして数えられます。
- [文字列]の末尾を超える長さの[文字数]または[バイト数]を指定すると、[開始位置]から[文字列]の末尾までが返されます。
- [開始位置]に[文字列]の長さを超える値を指定すると、空文字列が返されます。
- 文字列を引数に直接指定する場合は「"」で囲んで指定します。
- MID関数は、FIND関数やSEARCH関数などと組み合わせると、特定の文字から別の文字までを取り出すなどの活用ができます。

☑ 文字列の検索　　　　　　　　365　2019　2016　2013　2010

文字列の位置またはバイト位置を調べる

ファインド
FIND（検索文字列,対象,開始位置）

ファインド・ビー
FINDB（検索文字列,対象,開始位置）

FIND関数は、[検索文字列]が[対象]の先頭から何文字目にあるかを調べます。FINDB関数は、[検索文字列]が[対象]の中で先頭から何バイト目にあるかを調べます。

検索文字列　検索する文字列を指定します。
対象　　　　検索の対象となる文字列を指定します。
開始位置　　[対象]のどの位置から検索を開始するかを指定します。[対象]の先頭を1として文字単位またはバイト単位で数えます。省略したときは1が指定されたものとみなされ、先頭から検索されます。

📄 使用例　品名の何文字目に「(」があるかを調べる

=FIND(" (",B3,1)

対象　検索文字列　開始位置

	A	B	C	D	E	F
1		取扱商品一覧表				
2	品番	品名	価格（税込）	「(」の位置	付帯情報のみ	
3	04-BSB-12	スライド書棚（1200mm）（黒）	126,000	7	(1200mm)（黒）	
4	04-BSW-12	スライド書棚（1200mm）（白）	126,000	7	(1200mm)（白）	
5	04-CDB	CDラック（黒）	9,975	6	(黒)	
6	04-CDR	CDラック（赤）	9,975	6	(赤)	
7	04-WRB	ワインラック（黒）	12,600	7	(黒)	
8	04-WRR	ワインラック（赤）	12,600	7	(赤)	
9						

品名の7文字目に「(」があることがわかった

ポイント

● 英字の大文字と小文字は区別されます。たとえば、「A」と「a」は別の文字とみなされます。
● [検索文字列]に「""」（空文字列）を指定すると、開始位置の値が返されます。
● 文字列を引数に直接指定する場合は「"」で囲んで指定します。

文字列の検索 365 2019 2016 2013 2010

文字列の位置またはバイト位置を調べる

サーチ
SEARCH (検索文字列,対象,開始位置)

サーチ・ビー
SEARCHB (検索文字列,対象,開始位置)

SEARCH関数は、[検索文字列]が[対象]の先頭から何文字目にあるかを調べます。
SEARCHB関数は、[検索文字列]が[対象]の先頭から何バイト目にあるかを調べます。

検索文字列 検索する文字列を指定します。
対象 検索の対象となる文字列を指定します。
開始位置 [対象]のどの位置から検索を開始するかを指定します。[対象]の先頭を1として文字単位またはバイト単位で数えます。省略したときは1が指定されたものとみなされ、先頭から検索されます。

使用例 パターンに一致する文字列の位置を調べる

=SEARCH("(?)",B3,1)

品名の「(」と「)」の間に任意の1文字がある文字列の位置がわかった

ポイント

- FIND関数、FINDB関数とは異なり、[検索文字列]には以下のワイルドカード文字が利用できます。
  * 任意の文字列 ? 任意の1文字 ~ ワイルドカードの意味を打ち消す
- [検索文字列]に「""」(空文字列)を指定すると、開始位置の値が返されます。
- 英字の大文字と小文字は区別されません、たとえば、「A」と「a」は同じ文字とみなされます。
- 文字列を引数に直接指定する場合は「"」で囲んで指定します。

文字列の置換

365 / 2019 / 2016 / 2013 / 2010

指定した文字数またはバイト数の文字列を置き換える

リプレース

REPLACE(文字列,開始位置,文字数,置換文字列)

リプレース・ビー

REPLACEB(文字列,開始位置,バイト数,置換文字列)

REPLACE関数は、[文字列]の[開始位置]から[文字数]分を[置換文字列]に置き換えます。REPLACEB関数は、[文字列]の[開始位置]から[バイト数]分を[置換文字列]に置き換えます。

文字列	検索の対象となるもとの文字列を指定します。数値も指定できます。
開始位置	[文字列]のどの位置から検索を開始するかを指定します。[対象]の先頭を1として文字単位またはバイト単位で数えます。
文字数・バイト数	置き換えたい文字数またはバイト数を指定します。
置換文字列	[文字列]と置き換える文字列を指定します。数値も指定できます。

使用例　口座番号の末尾7桁を隠す

=REPLACE(B3,5,7,"*******")

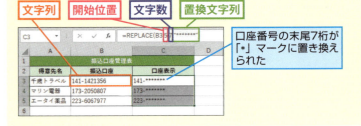

口座番号の末尾7桁が「*」マークに置き換えられた

ポイント

- [文字列]に「""」(空文字列)を指定すると、[置換文字列]が返されます。
- [開始位置]と[文字数]または[バイト数]で指定した部分が[文字列]をはみ出す場合は、[開始位置]から[文字列]の末尾までが置き換えられます。
- [文字数]または[バイト数]を省略するか0を指定すると、[開始位置]の手前に[置換文字列]が挿入されます。
- [置換文字列]に「""」を指定すると、[開始位置]から[文字数]分または[バイト数]分の文字列を削除した文字列が返されます。

文字列の置換

検索した文字列を置き換える

SUBSTITUTE(文字列, 検索文字列, 置換文字列, 置換対象)
サブスティチュート

[文字列]の中にある[検索文字列]を[置換文字列]に置き換えます。同じ文字列が複数ある場合は、何番目の文字列を置き換えるかを[置換対象]に指定できます。

- **文字列** 検索の対象となるもとの文字列を指定します。数値も指定できます。
- **検索文字列** 検索する文字列を指定します。数値も指定できます。
- **置換文字列** [文字列]の中で見つかった[検索文字列]と置き換える文字列を指定します。数値も指定できます。
- **置換対象** [文字列]の中で、複数の[検索文字列]が見つかったときに、何番目の文字列を置き換えるかを指定します。省略した場合、すべての[検索文字列]が[置換文字列]に置き換えられます。

使用例 部署名の「部」を「事業部」に置き換える

=SUBSTITUTE(B3,"部","事業部")

ポイント

- [文字列]に「""」（空文字列）を指定すると、「""」が返されます。
- [検索文字列]に「""」を指定すると、[文字列]がそのまま返されます。
- [置換文字列]に「""」を指定すると、見つかった[検索文字列]を削除した文字列が返されます。
- 英字の大文字と小文字、半角文字と全角文字はすべて区別されます。たとえば、半角の「A」、「a」、全角の「Ａ」、「ａ」はすべて別の文字とみなされます。
- 文字列を引数に直接指定する場合は「"」で囲んで指定します。

☑ 文字列の連結　　　　　　　　365　2019　2016　2013　2010

文字列を連結する　NEW

コンカット
CONCAT（文字列1,文字列2,…,文字列253）

コンカティネート
CONCATENATE（文字列1,文字列2,…,文字列255）

複数の[文字列]を連結します。

文字列　連結したい文字列を指定します。数値や数式も指定できます。CONCAT関数ではセル範囲も指定できます。

📄 使用例　住所の県名から番地までを連結する

=CONCAT(C3:F3)

文字列

県名から番地までの住所が作成できた

🔖 ポイント

- CONCAT関数は引数にセル範囲を指定できますが、CONCATENATE関数では引数にセル範囲を指定できません。使用例と同じことをCONCATENATE関数で実現するには「=CONCATENATE(C3,D3,E3,F3)」と入力します。
- CONCAT関数で引数にセル範囲を指定した場合は、範囲内の各セルに入力された文字列が順に（左から右に、上から下に）連結されます。
- 文字列を連結するには、「&」演算子も利用できます。使用例と同じことを「&」演算子で実現するには、「=C3&D3&E3&F3」と入力します。
- CONCAT関数はOffice 365およびExcel 2019でのみ利用できます。Excel 2016以前のバージョンではCONCATENATE関数を使います。

関連　演算子の種類　……………………………………………………………P.358

文字列の連結

区切り記号で複数の文字列を連結する

365 / 2019 **NEW**

TEXTJOIN(区切り記号, 空の文字列を無視, 文字列1, 文字列2, …, 文字列252)
テキストジョイン

複数の[文字列]の間に[区切り記号]を挿入しながら、すべて連結します。

区切り記号 [文字列]の間に挿入したい文字列を指定します。配列定数やセル範囲も指定できます。

空の文字列を無視 以下のように指定します。
- TRUE …… 空の[文字列]は連結せず、その[文字列]の位置には[区切り記号]を挿入しません。
- FALSE … 空の[文字列]も連結の対象とし、どの[文字列]の位置にも必ず[区切り記号]を挿入します。

文字列 連結したい文字列を指定します。セル範囲も指定できます。

使用例 英字表記の住所を「,」で区切って連結する

=TEXTJOIN(",",TRUE,G3,F3,E3,D3,C3,B3,A3)

区切り記号 | 空の文字列を無視 | 文字列

空のセルを無視し、区切り記号「,」で区切った文字列が作成できた

ポイント

- [区切り記号]に空文字列("")を指定した場合は、複数の[文字列]が単純に連結されます。CONCAT関数やCONCATENATE関数と同じ結果となります。
- [文字列]にセル範囲を指定した場合は、範囲内の各セルに入力された文字列が順に(左から右に、上から下に)連結されます。
- [空の文字列を無視]にFALSEを指定した場合は、各[文字列]の位置に必ず[区切り記号]が挿入され、空のセルや空文字列の部分では[区切り記号]が連続します。
- [区切り記号]に配列定数を指定した場合は、配列の要素が順に適用されます。たとえば「A」「B」「C」「D」の文字に対し「{"/","+","="}」という配列を区切り記号とした場合、結果は「A/B+C=D」となります。

文字列の削除

余計な空白文字を削除する

トリム
TRIM (文字列)

[文字列]の先頭と末尾に入力されている空白文字を削除し、[文字列]の途中に連続して入力されている複数の空白文字を1つにまとめます。

文字列 もとの文字列を指定します。

使用例 住所の余計な空白文字を削除する

=TRIM(C3)

住所の余計な空白文字が削除された

ポイント

- 半角の空白文字も全角の空白文字も削除されます。
- [文字列]の途中にある複数の空白文字は、先頭の1つだけが残され、それより後ろの空白文字は削除されます。たとえば、全角の空白文字のあとに半角の空白文字が連続している場合は、先頭にある全角の空白文字だけが残されます。
- 引数に文字列を直接指定する場合は「"」で囲んで指定します。
- すべての空文字列を削除したいときにはSUBSTITUTE関数を使うといいでしょう。使用例のセルC3の文字列から半角と全角の空白文字をすべて削除するなら「=SUBSTITUTE(SUBSTITUTE(C3," ","")," ","")」と入力します。ネストしたSUBSTITUTE関数のうち内側では半角の空白文字を指定して空文字列("")に置き換え、外側では全角の空白文字を指定して空文字列に置き換えます。

関連 **SUBSTITUTE** 検索した文字列を置き換える …………………………P.191
CLEAN 印刷できない文字を削除する………………………………P.195

☑ 文字列の削除　　　　　　　365　2019　2016　2013　2010

印刷できない文字を削除する

クリーン
CLEAN (文字列)

[文字列]に含まれる制御文字や特殊文字などの印刷できない文字を削除します。

文字列 もとの文字列を指定します。

使用例　セル内の改行文字を削除する

=CLEAN(A3)

ポイント

- 10進数で0～31（16進数で0～1F）の文字コードを持つ文字が削除されます。
- 10進数で127、129、141、143、144、157（16進数で7F、81、8D、8E、9D）の文字コードを持つ、Unicodeの印刷されない文字は削除されません。
- 文字列を引数に直接指定する場合は「"」で囲んで指定します。
- 異なるOSや、ほかのアプリとの間でデータをやりとりすると、文字列に制御文字や特殊文字が含まれることがあります。CLEAN関数は、そのような文字を削除したい場合に利用します。
- 印刷されない文字が含まれているかどうかを調べるには、LEN関数を使って求めた文字数と、実際の（目に見える）文字数とを比べてみるといいでしょう。違いがあれば、印刷されない文字が含まれています。

関連 **LEN/LENB** 文字列の文字数またはバイト数を求める……………P.184
　　　　TRIM 余計な空白文字を削除する……………………………………P.194

ふりがな

365 2019 2016 2013 2010

ふりがなを取り出す

フォネティック
PHONETIC(参照)

必修

[参照]のセルに設定されているふりがなを取り出します。

参照 ふりがなを取り出したいセルまたはセル範囲を指定します。セル範囲を指定したときには、範囲内のふりがながすべて連結されて取り出されます。数値や論理値の入力されているセルを指定すると空文字列が返されます。

使用例 姓と名のふりがなをまとめて取り出す

=PHONETIC(A3:B3)

姓と名のふりがなが連結されて取り出された

ポイント

- PHONETIC関数は、[数式]タブの[関数ライブラリ]グループでは[その他の関数]の[情報関数]に分類されていますが、ヘルプでは「テキストとデータ」に分類されています。
- 引数に文字列を直接指定することはできません。
- ほかのアプリからコピーした文字列をセルに貼り付けた場合やCSVファイルからデータを読み込んだ場合、ふりがなが設定されません。PHONETIC関数の引数にそのようなセルを指定すると、セルに入力されている文字列がそのまま返されます。
- セルに設定されているふりがなを表示したり編集したりするには、[ホーム]タブの[ふりがな]ボタンを使います。

関連 エラー値の種類 ………………………………………………………… P.377

繰り返し

365　2019　2016　2013　2010

指定した回数だけ文字列を繰り返す

リピート
REPT（文字列,繰り返し回数）

［文字列］を［繰り返し回数］だけ繰り返した文字列を返します。

文字列　　　　もとの文字列を指定します。
繰り返し回数　文字列の繰り返し回数を0～32767の数値で指定します。

使用例　ポイントに従って「★」を繰り返し表示する

=REPT("★",B3/10)

10ポイントごとに「★」が繰り返し表示された

ポイント

- ［繰り返し回数］に0を指定すると、「""」（空文字列）が返されます。
- ［繰り返し回数］に小数部分のある数値を指定した場合には、小数点以下が切り捨てられた整数とみなされます。
- 使用例のセルC3に入力されているREPT関数の［繰り返し回数］には「B3/10」が指定されています。この値は4.2となりますが、小数点以下が切り捨てられた4とみなされるため、セルC3には「★」が4個表示されます。
- 文字列を引数に直接指定する場合は「"」で囲んで指定します。

文字コードを調べる

☑ 文字コードの操作　　　　　　　　365　2019　2016　2013　2010

コード
CODE (文字列)

ユニコード
UNICODE (文字列)

CODE関数は、[文字列] の文字コード（ASCIIコードまたはJISコード）を調べ、10進数の数値として返します。UNICODE関数は、[文字列] の文字コード（Unicode）を調べ、10進数の数値として返します。

文字列　文字コードを調べたい文字列を指定します。文字列が2文字以上あっても、調べる対象となるのは先頭文字だけです。

使用例　指定位置にある文字の文字コードを調べる

=CODE(MID(A3,B3,1))

ポイント

- CODE関数は、[文字列] の先頭文字が半角文字ならASCIIコードの値を、全角文字ならJISコードの値を返します。
- CODE関数は「©」や「®」、使用例のセルA5に含まれる「萊」のような環境依存文字には対応していないため、そのような文字列を指定すると「?」に対応する文字コード「63」が返されます。
- 使用例では、セルD3に「=UNICODE(MID(A3,B3,1))」と入力し、UNICODE関数の場合の結果も表示しています（セルD4 ～ D5も同様）。
- UNICODE関数はExcel 2013以降で使えます。

関連　CHAR/UNICHAR　文字コードに対応する文字を返す……………P.199

☑ 文字コードの操作　　　　　　　　365　2019　2016　2013　2010

文字コードに対応する文字を返す

キャラクター
CHAR（数値）

ユニコード・キャラクター
UNICHAR（数値）

CHAR関数は、[数値]の文字コード（ASCIIコードまたはJISコード）に対応する文字を返します。UNICHAR関数は、[数値]の文字コード（Unicode）に対応する文字を返します。

| **数値** 文字コードを10進数の数値で指定します。

📄 使用例 　文字コードを文字に変換する

=CHAR(A3)

数値

指定した文字コードに対応する文字が表示された

	A	B	C	D	E	F	G
1	文字コードを文字に変換する						
2	ASCII/JIS	文字		Unicode	文字		
3	20821	沖		20914	沖		
4	19817	茉		33713	茉		
5	9794	β		946	β		
6	63	?		169	©		
7							

ポイント

● CHAR関数は、[数値]にASCIIコードを指定すれば半角文字を、JISコードを指定すれば全角文字を返します。

● CHAR関数は環境依存文字には対応していないため、「©」や「®」のような特殊記号を返すことはできません。

● 使用例では、セルE3に「=UNICHAR(D3)」と入力し、UNICHAR関数の場合の結果も表示しています（セルE4 ～ E6も同様）。UNICHAR関数では[数値]にUnicodeの値を指定する必要があります。

● 文字コードを16進数で指定したい場合はHEX2DEC関数を使います。たとえば16進数で「4A38」の文字コードに対応する文字を得るには、「CHAR(HEX2DEC("4A38"))」と入力します。

● UNICHAR関数はExcel 2013以降で使えます。

関連 **HEX2DEC** 16進数表記を10進数表記に変換する ……………P.311

できる | 199

文字コードの操作　　365 2019 2016 2013 2010

全角文字または半角文字に変換する

ASC（文字列）
アスキー

JIS（文字列）
ジス

ASC関数は、[文字列]に含まれる全角文字を半角文字に変換します。JIS関数は、[文字列]に含まれる半角文字を全角文字に変換します。半角文字または全角文字で表せない文字は、変換されずにそのまま返されます。

文字列　もとの文字列を指定します。数値や数式なども指定できます。

使用例　得意先名を半角文字に変換する

=ASC(B3)

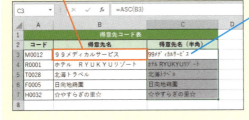

得意先名の全角文字が半角文字に変換された

ポイント

- [文字列]に含まれる全角または半角の数字、英字、スペース、カタカナが、半角または全角に変換されます。漢字や全角のひらがなは、そのまま返されます。
- 記号は、対応する半角または全角の記号があるものについてのみ、半角または全角に変換されます。たとえば、半角の「¥」や「( )」などは全角の「￥」や「（ ）」に変換されます。
- 文字列を引数に直接指定する場合は「"」で囲んで指定します。

表示形式の変換 — 英字を大文字または小文字に変換する

365 2019 2016 2013 2010

UPPER（文字列）
アッパー

LOWER（文字列）
ロウアー

UPPER関数は、［文字列］に含まれる英字の小文字を大文字に変換します。LOWER関数は、［文字列］に含まれる英字の大文字を小文字に変換します。英字以外の文字はそのまま返されます。

文字列 もとの文字列を指定します。

使用例　商品名のうち、英字の小文字を大文字に変換する

=UPPER(A3)

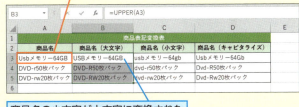

商品名の小文字が大文字に変換された

ポイント

- UPPER関数では、半角の英小文字は半角の英大文字に、全角の英小文字は全角の英大文字に変換されます。
- LOWER関数では、半角の英大文字は半角の英小文字に、全角の英大文字は全角の英小文字に変換されます。
- 文字列を引数に直接指定する場合は「"」で囲んで指定します。

関連 **PROPER** 英単語の先頭文字だけを大文字に変換する……………P.209

表示形式の変換 〔365〕〔2019〕〔2016〕〔2013〕〔2010〕

数値に表示形式を適用した文字列を返す

テキスト
TEXT (値,表示形式)

[値]を、[表示形式]を適用した文字列に変換します。

値 文字列に変換したい数値を指定します。
表示形式 数値の表示形式を「"」で囲んで指定します。指定できる書式記号については、次ページの表を参照してください。

📖 使用例　日付をもとに曜日を表示する

=TEXT(B3,"aaa")

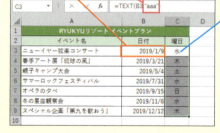

日付が曜日を表す文字列に変換された

ポイント
- [値]に文字列を指定すると、文字列がそのまま返されます。ただし、[表示形式]に「@」が含まれていると、「@」の位置に文字列を埋め込んだ結果が表示されます。
- [表示形式]に書式記号以外の文字を指定した場合、その文字がそのまま返されます。ただし、[表示形式]に指定できない文字を使うと[#VALUE!]エラーになります。
- 戻り値は文字列ですが、数値とみなせる形式であれば、数式の中で使うこともできます。
- 戻り値は文字列なので、TEXT関数を入力したセルに、数値の表示形式を適用することはできません。

関連 **WEEKDAY** 日付から曜日を取り出す ……………………………………… P.90

●主な書式記号

	書式記号	意味
数値	#	1桁の数字を表示する数値の桁数が指定した桁数より少ない場合は、余分な0は表示しない　＜例＞123.456に「####.##」と指定→123.46
	0	1桁の数字を表示する数値の桁数が指定した桁数より少ない場合は、先頭に0を表示する　＜例＞123.456に「0000.00」と指定→0123.46
	?	小数点以下の桁数が「?」の位置に満たない場合は、半角の空白文字を入れる＜例＞12.34に「000.00?」と指定→012.34△（△は半角の空白文字）
	.（ピリオド）	小数点を表す　＜例＞12345に「###.000」と指定→12345.000
	,（カンマ）	桁区切りの記号を付ける　＜例＞12345に「###,###」と指定→12,345
		数値のあとに1つ付けると千単位で表示する＜例＞12345に「0.00,千円」と指定→12.35千円
		数値のあとに2つ付けると百万単位で表示する＜例＞12345670に「0.00,,百万円」と指定→12.35百万円
	%	パーセント表示にする　＜例＞0.5に「0%」と指定→50%
	¥	¥記号を付ける　＜例＞12345に「¥#####」と指定→¥12345
	$	ドル記号を付ける　＜例＞12345に「$#####」と指定→$12345
	/	分数を表す　＜例＞0.5に「##/##」と指定→1/2
時刻／時間	hh	時刻の「時」の部分を表す。2桁に満たない場合は1桁目に0を補う＜例＞8:30:05に「hh」と指定→08
	mm	時刻の「分」の部分を表す。2桁に満たない場合は1桁目に0を補う＜例＞8:03:05に「hh:mm」と指定→08:03
	ss	時刻の「秒」の部分を表す。2桁に満たない場合は1桁目に0を補う＜例＞8:30:05に「ss」と指定→05
	AM/PM	午前0時～正午前までは「AM」、正午～午前0時前までは「PM」を付ける＜例＞8:30:05に「hh:mmAM/PM」と指定→08:30AM
	[]	経過時間を表わす　＜例＞8:30:25に「[mm]:ss」と指定→510:25
日付	yyyy	西暦を4桁で表示する　＜例＞2019/4/6に「yyyy」と指定→2019
	yy	西暦を下2桁で表示する　＜例＞2019/4/6に「yy」と指定→19
	e	和暦の年を表示する　＜例＞2019/4/6に「e」と指定→31
	ggg	和暦の元号を表示する　＜例＞2019/4/6に「ggg」と指定→平成
	m	月を数値で表示する　＜例＞2019/4/6に「m」と指定→4
	mmmm	月を英語で表示する　＜例＞2019/4/6に「mmmm」と指定→April
	mmm	月を英語の短縮形で表示する　＜例＞2019/4/6に「mmm」と指定→Apr
	dd	日付を2桁の数値で表示する　＜例＞2019/4/6に「dd」と指定→06
	d	日付を数値で表示する　＜例＞2019/4/6に「d」と指定→6
	aaaa	曜日を表示する　＜例＞2019/4/6に「aaaa」と指定→土曜日
	aaa	曜日を短縮形で表示する　＜例＞2019/4/6に「aaa」と指定→土
	dddd	曜日を英語で表示する　＜例＞2019/4/6に「dddd」と指定→Saturday
	ddd	曜日を英語の短縮形で表示する　＜例＞2019/4/6に「ddd」と指定→Sat

できる　203

書式記号		意味
その他	G/ 標準	入力された文字をそのまま表示する <例> 123450 に「G/ 標準」と指定→ 123450
	[DBNum1]	漢数字（一、二）と位（十、百）で表示する <例> 123450 に「[DBNum1]」と指定→十二万三千四百五十
	[DBNum1]###0	漢数字（一、二）で表示する <例> 123450 に「[DBNum1]###0」と指定→一二三四五〇
	[DBNum2]	漢数字（壱、弐）と位（十、百）で表示する <例> 123450 に「[DBNum2]」と指定→壱拾弐萬参阡四百伍拾
	[DBNum2]###0	漢数字（壱、弐）で表示する <例> 123450 に「[DBNum2]###0」と指定→壱弐参四伍〇
	[DBNum3]	全角数字（1、2）と位（十、百）で表示する <例> 123450 に「[DBNum3]」と指定→十２万３千４百５十
	[条件] 書式 ;	条件と数式の書式を「;（セミコロン）」で区切って 2 つ指定できる。TEXT 関数では、2 つ目の「;」のあとは数式または文字列の書式、3 つ目の「;」のあとは文字列の書式のみ指定できる <例> 10 に「[<0]" 負 ";[=0]" ゼロ ";" 正 "」を指定→正
	;（セミコロン）	正負の表示形式を「正 ; 負」の書式で指定する <例> -12345 に「##; (##)」と指定→ (12345)
	_（アンダーバー）	「_」の直後にある文字幅分の間隔を空ける <例> 12345 に「#,###_-$;#,###-$」と指定→ 12,345 $
	@（アットマーク）	文字列を「@」の位置に埋め込む < 例 >"ABC" に「@ です」を指定→「ABC です」

☑ 表示形式の変換　　　　　**365** **2019** **2016** **2013** **2010**

数値に桁区切り記号と小数点を付ける

フィックスト

FIXED (数値, 桁数, 桁区切り)

[数値]を[桁数]で四捨五入し、桁区切り記号(,)と小数点を付けた文字列に変換します。

数値　　もとの数値を指定します。

桁数　　四捨五入してどの桁まで求めるかを指定します。省略すると2が指定されたものとみなされます。

○ ○ ○ ． ○ ○ ○ … [数値]の各桁

↑ ↑ ↑ 　 ↑ ↑ ↑

-2 -1 0 　 1 2 3 … [桁数]の値

桁区切り　桁区切り記号を入れるかどうかを論理値で指定します。

TRUE …………… 桁区切り記号を入れない

FALSEまたは省略… 桁区切り記号を入れる

表示形式の変換

365　2019　2016　2013　2010

数値に通貨記号と桁区切り記号を付ける

エン
YEN(数値,桁数)

ダラー
DOLLAR(数値,桁数)

[数値]を[桁数]で四捨五入し、通貨記号（YEN関数では￥、DOLLAR関数では＄）と、桁区切り記号（,）を付けた文字列に変換します。

- **数値**　通貨記号と桁区切り記号を付けた文字列に変換したい数値を指定します。
- **桁数**　四捨五入してどの桁まで求めるかを以下のように指定します。省略すると0が指定されたものとみなされます。

〇　〇　〇　．　〇　〇　〇　… [数値]の各桁
↑　↑　↑　　　↑　↑　↑
-2　-1　0　　　1　2　3　… [桁数]の値

使用例　請求金額に通貨記号と桁区切り記号を付けて表示する

=YEN(E15)

請求金額に通貨記号と桁区切り記号が付けられた

数値

ポイント

- 桁区切りや小数点の記号には、[Excelのオプション]ダイアログボックスの[詳細設定]で指定されている文字が使われます。
- 戻り値は文字列ですが、数式の中で数値として使うこともできます。
- 戻り値は文字列なので、YEN関数またはDOLLAR関数を入力したセルに、数値の表示形式を適用することはできません。

表示形式の変換

365 2019 2016 2013 2010

数値を表す文字列を数値に変換する

バリュー
VALUE (文字列)

[文字列]が日付や時刻、通貨、分数などとみなせる場合、数値に変換します。

文字列 数値に変換したい文字列を指定します。以下のように、日付や時刻、通貨の形式になっているものが指定できます。

日付	例:"2019年7月18日"	→ 43664
時刻	例:"12:00"	→ 0.5
パーセント	例:"60%"	→ 0.6
通貨記号(ドル)	例:"US$300.00"	→ 300
通貨記号(円)	例:"¥2,500"	→ 2500
分数	例:"1/4"	→ 0.25
指数	例:"1.E+05"	→ 100000

使用例　文字列を数値に変換する

=VALUE(A3)

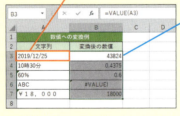

日付を表す文字列が数値に変換された

ポイント

- LEFT関数、RIGHT関数、MID関数などで取り出した文字列や、&演算子を使って連結した文字列も、数値や日付の形式になっていれば、数値に変換できます。
- 全角の数字も数値に変換できます。
- 日付や時刻とみなせる文字列を数値に変換すると、シリアル値が返されます。
- 戻り値は数値となります。したがって、数式の中で計算に使えます。
- 数値とみなせない文字列を指定すると[#VALUE]エラーになります。
- 文字列を引数に直接指定する場合は「"」で囲んで指定します。

表示形式の変換　　365　2019　2016　2013　2010

数値を漢数字の文字列に変換する

ナンバーストリング

NUMBERSTRING(数値,形式)

[数値]を漢数字で表記した文字列に変換します。

数値　漢数字で表記した文字列に変換したい数値を指定します。
形式　漢数字の表記方法を以下のように指定します。
　1 …… 「一、二、三……」と位取りの文字「十、百、千、万……」で表す
　2 …… 「壱、弐、参……」と位取りの文字「拾、百、仟、萬……」で表す
　3 …… 「〇、一、二、三……」で表す

使用例　金額を漢数字表記の文字列に変換する

=NUMBERSTRING(A3,2)

「壱、弐、参…」と位取りの文字「拾、百、仟…」の形式で数値が表された

ポイント

- [関数ライブラリ]グループのボタンや[関数の挿入]ボタンからは選択できないため、セルや数式バーに直接入力する必要があります。
- TEXT関数を使っても数値を漢数字に変換できますが、NUMBERSTRING関数を使うほうが簡単です。
- [形式]に1を指定すると、TEXT関数の[表示形式]に「[DBNum1]」を指定した場合と同じ結果になります。
- [形式]に2を指定すると、TEXT関数の[表示形式]に「[DBNum2]」を指定した場合と同じ結果になります。
- [形式]に3を指定すると、TEXT関数の[表示形式]に「[DBNum1]###0」を指定した場合と同じ結果になります。

関連　**TEXT** 数値に表示形式を適用した文字列を返す …………………P.202

表示形式の変換

365 / 2019 / 2016 / 2013 / 2010

地域表示形式で表された数字を数値に変換する

ナンバー・バリュー

NUMBERVALUE(文字列, 小数点記号, 桁区切り記号)

特定のロケール（地域）の表示形式で表されている数字を、[小数点記号]と[桁区切り記号]で指定した記号に基づいて通常の数値に変換します。

文字列	特定のロケール（地域）の表示形式で表されている数字を文字列として指定します。
小数点記号	「,」または「.」を指定します。省略したときは、現在のロケールの表示形式で設定されている記号が指定されたものとみなされます。
桁区切り記号	「,」または「.」を指定します。省略したときは、現在のロケールの表示形式で設定されている記号が指定されたものとみなされます。

使用例　小数点・桁区切り記号を指定して数値に変換する

=NUMBERVALUE(B3,",",".")

表示形式の変換

365 / 2019 / 2016 / 2013 / 2010

数値をタイ文字の通貨表記に変換する

バーツ・テキスト

BAHTTEXT(数値)

[数値]をタイ文字の通貨表記の文字列に変換します。

数値	もとの数値を指定します。

表示形式の変換

☑ 表示形式の変換　　　365　2019　2016　2013　2010

数値をローマ数字の文字列に変換する

ローマン
ROMAN （数値,書式）

［数値］をローマ数字で表記した文字列に変換します。

数値　もとの数値を指定します。
書式　ローマ数字の表記方法を以下のように指定します。
　0、省略、TRUE　…　正式な形式（古典的な表記）
　1 ……………………　簡略化した形式
　2 ……………………　1より簡略化した形式
　3 ……………………　2より簡略化した形式
　4、FALSE …………　略式形式

☑ 表示形式の変換　　　365　2019　2016　2013　2010

ローマ数字の文字列を数値に変換する

アラビック
ARABIC （文字列）

ローマ数字で表記された［文字列］を、通常（アラビア数字）の数値に変換します。

文字列　ローマ数字の文字列を英語のアルファベット表記で（i、ii、iii、iv、v、vi、…
　　　　　ix、xのように）指定します。大文字、小文字のどちらを指定しても同じ結果
　　　　　が返されます。

☑ 表示形式の変換　　　365　2019　2016　2013　2010

英単語の先頭文字だけを大文字に変換する

プロパー
PROPER （文字列）

［文字列］に含まれる英単語の1文字目を大文字に、2文字目以降をすべて小文字に変換し
た文字列を返します。英字以外の文字はそのまま返されます。

文字列　もとの文字列を指定します。

☑ 文字列の比較　　　　　　　　365　2019　2016　2013　2010

文字列が等しいかどうかを調べる

イグザクト

EXACT (文字列1,文字列2)

2つの文字列を比較して等しいかどうかを調べます。文字列が等しければTRUE、文字列が異なればFALSEが返されます。

文字列1・文字列2　比較する文字列を指定します。数値や数式などを直接指定することもできます。

ポイント

● 英字の大文字と小文字は区別されます。たとえば、「A」と「a」は別の文字とみなされます。
● 半角文字と全角文字は区別されます。たとえば、半角の「A」と全角の「Ａ」は別の文字とみなされます。
● フォントの種類や文字色、書式、数値や日付の表示形式の違いは無視されます。
● 文字列を引数に直接指定する場合は「"」で囲んで指定します。

☑ 文字列の取得　　　　　　　　365　2019　2016　2013　2010

引数が文字列のときだけ文字列を返す

テキスト

T (値)

[値]が文字列のとき、文字列を返します。[値]が文字列でない場合には「""」（空文字列）を返します。

値　文字列として返したい値を指定します。

ポイント

● ハイパーリンクの設定されたセルを引数に指定すると、リンク先のURLではなく、表示文字列が返されます。
● 文字列を引数に直接指定する場合は「"」で囲んで指定します。

210　できる

第**5**章

論理関数

条件によって異なる値を返す IF 関数や IFS 関数と、条件を判定するために使われる論理式を組み合わせるための AND、OR などの関数群です。

条件による分岐

365 / 2019 / 2016 / 2013 / 2010

条件によって異なる値を返す

必修

IF(論理式, 真の場合, 偽の場合)

[論理式]が真であれば[真の場合]の値を返し、偽であれば[偽の場合]の値を返します。「もし条件を満たせば～する。そうでなければ～する」というように、条件によってセルに表示する内容を変更したいときに使います。

論理式 TRUE（真）かFALSE（偽）を返す式を指定します。
真の場合 論理式の値が真の場合（条件を満たす場合）に返す値や数式を指定します。省略すると0が指定されたものとみなされます。
偽の場合 論理式の値が偽の場合（条件を満たさない場合）に返す値や数式を指定します。省略すると0が指定されたものとみなされます。

使用例　在庫数をもとに発注が必要かどうかを判定する

=IF(C4<50,"要発注","在庫あり")

在庫数が50より少ないので、発注が必要であることがわかった

ポイント

- 真とはTRUEまたは0以外の数値で、偽とはFALSEまたは0を意味します。たとえば、「C4<50」という論理式は、セルC4の値が50未満のときTRUEを返し、セルC4の値が50以上のときFALSEを返します。
- [真の場合]や[偽の場合]にさらにIF関数を指定する（ネストする）こともできます。このようにしてIF関数を64レベルまで組み合わせて使うことができます。

関連 演算子の種類 ……………………………………………………………… P.358
　　　論理式とは ……………………………………………………………… P.360
　　　関数を組み合わせる …………………………………………………… P.365

複数条件による分岐

365 / 2019 / 2016 / 2013 / 2010

複数の条件を順に調べた結果に応じて異なる値を返す

IFS（イフ・エス）（**論理式1,真の場合1,論理式2,真の場合2,…,論理式127,真の場合127**）

[論理式1]が真であれば[真の場合1]の値を返し、偽であれば[論理式2]を調べます。以後[論理式2]が真であれば[真の場合2]の値を返し、偽であれば[論理式3]を調べる……というように、複数の条件を順に調べた結果に応じて、異なる値を返します。

論理式 TRUE（真）かFALSE（偽）を返す式を指定します。
真の場合 直前に指定した[論理式]の値が真の場合（条件を満たす場合）に返す値を指定します。省略すると0が指定されたものとみなされます。[論理式]と[真の場合]は127組まで指定できます。

使用例　得点に応じて4段階の成績を付ける

=IFS(**B3>=80,"優",B3>=70,"良",B3>=60,"可",TRUE,"不可"**)

　　　論理式1　真の場合1　論理式2　真の場合2

	A	B	C
1	世界史成績表		
2	氏名	得点	評価
3	小池　徹哉	78	良
4	玉山　宏	62	可
5	塚井　高史	58	不可
6	上野　綾	78	良
7	堀本　真希	93	優

論理式1は真ではないが論理式2が真のため「良」と表示された

ポイント

- [論理式]が満たされて[真の場合]の値が返されると、後続の[論理式]は無視されます。そのため、[論理式]を並べる順序には注意を払う必要があります。たとえば、使用例のセルC3に「=IFS(B3>=60,"可",B3>=70,"良",B3>=80,"優")」のように指定すると、セルB3の値が60以上の場合はすべて「可」が返され、「良」や「優」が返されなくなってしまいます。
- どの条件にも当てはまらない場合に返す値を指定するには、最後の論理積にTRUEを指定し、続いて返す値を指定します。
- Excel 2016以前では、使用例のセルC3に「=IF(B3>=80,"優",IF(B3>=70,"良",IF(B3>=60,"可","不可")))」のように複数のIF関数を組み合わせて入力すれば同じことができます。

☑ 複数条件の組み合わせ　　　　365　2019　2016　2013　2010

すべての条件が満たされているかを調べる

アンド
AND (論理式1,論理式2,…,論理式255)

必修

[論理式] がすべてTRUE（真）であればTRUEを返し、1つでもFALSE（偽）があれば
FALSEを返します。

論理式 TRUE（真）かFALSE（偽）を返す式を指定します。

📄 使用例　テストに合格したかどうかを判定する

=AND(B3>=80,C3>=80)

論理式1　　論理式2

	A	B	C	D	E	F	G
1		小テスト実施結果					
2	氏名	国語	数学	合格？			
3	小池　徹哉	90	80	TRUE			
4	玉山　宏	40	85	FALSE			
5	塚井　高史	100	92	TRUE			
6	上野　綾	64	60	FALSE			
7	堀本　真希	65	45	FALSE			
8							
9							

D3 fx =AND(B3>=80,C3>=80)

すべての科目が80点
以上なので「TRUE」と
表示され、合格である
ことがわかった

ポイント

● 引数に数値を指定したときには、0以外の値がTRUE、0がFALSEとみなされます。
● 引数にセル範囲を指定したときには、すべてのセルがTRUEであるときだけTRUEが返
　され、いずれかのセルがFALSEであればFALSEが返されます。
● 空のセルや文字列の入力されたセルは無視されます。
● 使用例では国語と数学の両方が80点以上であれば合格とみなしています。

関連 **OR** いずれかの条件が満たされているかを調べる……………………P.215
　　　　XOR 奇数個の条件が満たされているかを調べる ………………………P.216
　　　　NOT 条件が満たされていないことを調べる …………………………P.217

☑ 複数条件の組み合わせ　　　　365　2019　2016　2013　2010

いずれかの条件が満たされているかを調べる

必修

オア
OR（論理式1,論理式2,…,論理式255）

[論理式]のうち、1つでもTRUE（真）であればTRUEを返し、すべてFALSE（偽）であればFALSEを返します。

論理式　TRUE（真）かFALSE（偽）を返す式を指定します。

使用例　テストの結果をもとに進級できるかどうかを判定する

=OR(B3>=80,C3>=80)

論理式1　　論理式2

いずれかの科目が80点以上なので「TRUE」と表示され、進級できることがわかった

	A	B	C	D	E	F	G
1		小テスト実施結果					
2	氏名	数学Ⅰ	数学A	進級？			
3	小池　徹哉	80	45	TRUE			
4	玉山　宏	40	56	FALSE			
5	塚井　高史	98	85	TRUE			
6	上野　綾	54	68	FALSE			
7	堀本　真希	45	78	FALSE			
8							
9							

ポイント

●引数に数値を指定したときには、0以外の値がTRUE、0がFALSEとみなされます。

●引数にセル範囲を指定したときには、いずれかのセルがTRUEであればTRUEが返され、すべてのセルがFALSEであるときだけFALSEが返されます。

●空のセルや文字列の入力されたセルは無視されます。

●使用例では「数学Ⅰ」または「数学A」のいずれかが80点以上であれば進級できるものとしています。

関連　**AND** すべての条件が満たされているかを調べる ……………………P.214
　　　　XOR 奇数個の条件が満たされているかを調べる ……………………P.216
　　　　NOT 条件が満たされていないことを調べる ……………………………P.217

できる　215

☑ 複数条件の組み合わせ　　　　365　2019　2016　2013　2010

奇数個の条件が満たされているかを調べる

エクスクルーシブ・オア
XOR (論理式1,論理式2,…,論理式254)

[論理式]のうち、TRUEが奇数個ならTRUEを返し、偶数個ならFALSEを返します。

| **論理式**　TRUE（真）かFALSE（偽）を返す式を指定します。

📄 使用例　1科目だけ合格したかどうかを判定する

=XOR(B3>=80,C3>=80)

　　　　　　　論理式1　　論理式2

D3	▾	:	×	✓	fx	=XOR(B3>=80,C3>=80)

	A	B	C	D	E	F
1		小テスト実施結果				
2	氏名	日本史	世界史	一方のみ合格？		
3	小池　徹哉	84	65	TRUE		
4	玉山　宏	45	57	FALSE		
5	塚井　高史	92	83	FALSE		
6	上野　綾	64	88	TRUE		
7	堀本　真希	48	73	FALSE		
8						
9						

> 一方の科目だけが80点以上なので「TRUE」と表示され、1科目だけに合格していることがわかった

ポイント

- [論理式]を2つだけ指定したときは、いずれか一方がTRUEならTRUEを、両方ともTRUEまたはFALSEならFALSEを返すことになるので、使用例のような使い方ができます。
- 引数にセル範囲を指定したときには、セル範囲全体にTRUEのセルが奇数個含まれていればTRUEが返され、偶数個含まれていればFALSEが返されます。
- Excel 2010では、使用例のセルD3に「=(B3>=80)<>(C3>=80)」と入力すれば同じことができます。

関連　**AND** すべての条件が満たされているかを調べる ……………………P.214
　　　　OR いずれかの条件が満たされているかを調べる………………………P.215
　　　　NOT 条件が満たされていないことを調べる ………………………………P.217

216　できる

条件の否定

365　2019　2016　2013　2010

条件が満たされていないことを調べる

NOT（論理式）
ノット

[論理式]がTRUE（真）であればFALSEを返し、FALSE（偽）であればTRUEを返します。

論理式 TRUE（真）かFALSE（偽）を返す式を指定します。

使用例　所属が「営業部」以外かどうかを調べる

=NOT(B3="営業部")

ポイント

- 引数に数値を指定したときには、0以外の値がTRUE、0がFALSEとみなされます。
- 引数に空のセルを指定すると、TRUEが返されます。
- 引数にセル範囲を指定したときには先頭のセルの論理値を反転させた値が返されます。ただし、複数の列を指定することはできません。
- AND関数やOR関数で求めた結果の逆の結果を求めるときにも利用できます。
- 使用例のセルD3に「=B3<>"営業部"」と入力しても同じことができます。

関連 AND すべての条件が満たされているかを調べる ……………… P.214
　　　　 OR いずれかの条件が満たされているかを調べる ……………… P.215
　　　　 XOR 奇数個の条件が満たされているかを調べる ……………… P.216

☑ 論理値　〈365〉〈2019〉〈2016〉〈2013〉〈2010〉

常に真（TRUE）であることを表す

トゥルー

TRUE ()

論理値TRUE（真）を返します。

| 引数は必要ありません。関数名に続けて( )のみ入力します。

ポイント

● セルに「TRUE」という値を入力しても同じ結果が得られます。

☑ 論理値　〈365〉〈2019〉〈2016〉〈2013〉〈2010〉

常に偽（FALSE）であることを表す

フォールス

FALSE ()

論理値FALSE（偽）を返します。

| 引数は必要ありません。関数名に続けて( )のみ入力します。

ポイント

● セルに「FALSE」という値を入力しても同じ結果が得られます。

☑ エラー時の処理　　365　2019　2016　2013　2010

エラーの場合に返す値を指定する

必修

イフ・エラー
IFERROR（値,エラーの場合の値）

イフ・ノン・アプリカブル
IFNA（値,エラーの場合の値）

IFERROR関数は、［値］がエラー値であれば［エラーの場合の値］を返し、そうでなければ［値］をそのまま返します。IFNA関数は、［値］がエラー値［#N/A］のときだけ［エラーの場合の値］を返し、そうでなければ［値］をそのまま返します。

値　　　　　　　　　エラー値かどうかを調べたい数式やセル参照を指定します。
エラーの場合の値　［値］がエラー値の場合に返す値を指定します。

📄 使用例　検索結果が見つからないときにメッセージを表示する

=IFERROR(VLOOKUP(A3,$F$3:$H$6,B3,FALSE),"<エラー >")

値　　エラーの場合の値

	A	B	C	D	E	F	G	H	I
1		製品名/価格の検索表					製品リスト		
2	製品番号を入力	検索対象を入力（製品番号=1、製品名=2、価格=3）	検索結果（IFERROR）	検索結果（IFNA）		製品番号	製品名	価格	
3	JK-SP	4	<エラー>	#REF!		JK-SP	スプラッシュジャケット	18,900	
4	PK-FZ	2	軽量レインパーカ	軽量レインパーカ		JK-TR	トレッキングジャケット	18,900	
5	PK-RR	3	<エラー>	<エラー>		PK-FZ	軽量レインパーカ	8,190	
6						PK-RV	Goaパーカ	11,340	
7									

VLOOKUP関数で存在しない値を参照したため
エラー値となり、メッセージが表示された

ポイント

● よく現れるエラー値には［#DIV/0!］［#N/A］［#NUM!］［#VALUE!］などがあります。詳細については、P.377を参照してください。

● 使用例では、数式に含まれるVLOOKUP関数がセルC3ではエラー値［#REF!］を、セルC5ではエラー値[#N/A]を返すため、いずれの場合も結果は「<エラー>」となります。

● 使用例では、IFNA関数を利用した場合の結果をD列に表示しています。

● IFNA関数はExcel 2013以降で使えます。

複数の値を検索して対応する値を返す

値による分岐　　365　2019　NEW

SWITCH(検索値,値1,対応値1,値2,対応値2,…,値126,対応値126,既定の対応値)
スイッチ

[値]の中から[検索値]に一致するものを探し、一致した[値]の直後にある[対応値]を返します。[値]の中に[検索値]に一致するものがないときは[既定の対応値]を返します。

検索値	検索する値を指定します。数値または文字列が指定できます。
値	検索される値を指定します。数値または文字列が指定できます。
対応値	[検索値]が[値]に一致したときに返したい値を指定します。[値]と[対応値]は126組まで指定できます。
既定の対応値	[検索値]が[値]のどれにも一致しなかったときに返したい値を指定します。この引数は省略することもできます。

使用例　入力された文字をもとに居住区分を表示する

=SWITCH(D3,"A","市内","B","市外","正しい区分を指定してください")

検索値　値1　対応値1　既定の対応値

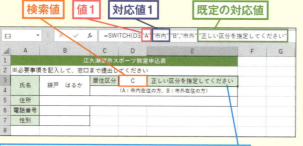

居住区分がどの値にも一致しないため「正しい区分を指定してください」と表示された

ポイント

- [検索値]が[値1]に一致したときは[対応値1]が、[値2]に一致したときは[対応値2]が、というように、一致した[値]の直後に指定されている[対応値]が返されます。
- [検索値]がある[値]に一致すると、それよりあとの[値]は検索されません。
- [既定の対応値]を省略すると、[検索値]が[値]のどれにも一致しなかったときに[#N/A]エラーが返されます。

関連　CHOOSE 引数のリストから値を選ぶ……………………P.225

第6章

検索／行列関数・Web 関数

セル範囲から目的のデータを検索したり、データの位置を求めたりするために使う関数群と、Web サービスから数値や文字列を取り出すために使う関数群です。

Excel 2013 から登場した関数のうち、[数式] タブの [関数ライブラリ] グループや [関数の挿入] ダイアログボックスで「Web」関数に分類されている 3 つの関数（ENCODEURL/FILTERXML/WEBSERVICE）は、機能と役割が近い「検索／行列」関数とまとめて本章に掲載しています。

表の検索

範囲を下方向に検索して対応する値を返す

エックス・ルックアップ
XLOOKUP(検索値,検索範囲,戻り値の範囲,見つからない場合,一致モード,検索モード)

[検索値]を[検索範囲]の中で検索し、見つかった行位置に対応する[戻り値の範囲]の値を返します。

検索値	検索する値を指定します。大文字と小文字、全角文字と半角文字は区別されません。
検索範囲	検索される範囲を指定します。
戻り値の範囲	検索結果の範囲を指定します。[検索値]が[検索範囲]の中で見つかった場合、その行位置にある[戻り値の範囲]の値が返されます。
見つからない場合	[検索値]が見つからなかった場合に表示する値を指定します。省略すると、見つからなかった場合には[#N/A]エラーとなります。
一致モード	完全一致検索を行うか近似値検索を行うかを以下の値で指定します。

- 0または省略 … 完全一致
- 1 …… [検索値]以上の最小値
- -1 ………… [検索値]以下の最大値
- 2 …… ワイルドカード文字との一致

検索モード　　検索を行う方向を以下の値で指定します。

- 1または省略 … 先頭から末尾へ検索
- 2 …… 昇順で並べ替えられた範囲を検索
- -1 ………… 末尾から先頭へ検索
- -2 …… 降順で並べ替えられた範囲を検索

使用例　商品番号を検索し、その価格を取り出す

=XLOOKUP(A3,A6:A10,C6:C10,"見つかりません")

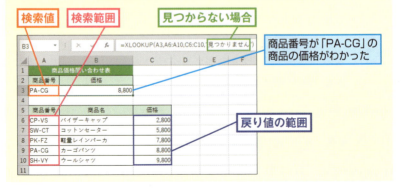

ポイント

- XLOOKUP関数は、Office 365でのみ利用できます。

※ できるネット(https://dekiru.net/ex_xlookup)では近似値検索の方法も解説しています。

表の検索

範囲を下または右に向かって検索する

ブイ・ルックアップ
VLOOKUP(検索値,範囲,列番号,検索方法)

エイチ・ルックアップ
HLOOKUP(検索値,範囲,行番号,検索方法)

VLOOKUP関数は[検索値]の先頭列を下方向に検索し、見つかったセルと同じ行の、[列番号]にあるセルの値を取り出します。HLOOKUP関数は検索の方向が右方向になります。見つかったセルと同じ列の、[行番号]にあるセルの値を取り出します。

- **検索値** 検索する値を指定します。全角文字と半角文字は区別されますが、英字の大文字と小文字は区別されません。
- **範囲** 検索される範囲を指定します。
- **列番号・行番号** 範囲の先頭から数えた列数または行数を指定します。検索値が見つかった場合、指定した列または行にあるセルの値が取り出されます。
- **検索方法** 近似値検索を行うかどうかを指定します。
  - TRUEまたは省略 … [検索値]以下の最大値を検索(近似値検索)。
  - FALSE …………… [検索値]に一致する値のみを検索(完全一致検索)。

使用例 商品番号を検索し、その価格を取り出す

=VLOOKUP(A3,A6:C10,3,FALSE)

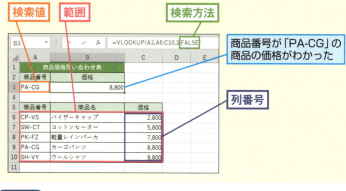

ポイント

- [検索方法]にFALSEを指定した場合、[検索値]に一致する値がないと[#N/A]エラーが表示されます。

※ できるネット(https://dekiru.net/ex_vlookup)では近似値検索の方法も解説しています。

表の検索

1行または1列の範囲を検索する

ルックアップ

LOOKUP(検索値,検索範囲,対応範囲)

[検索値]を[検索範囲]から検索し、[対応範囲]にある値を取り出します。LOOKUP関数には「ベクトル形式」と「配列形式」の2種類があり、引数の指定方法が異なっています。ここでは主に、ベクトル形式のLOOKUP関数について解説します。

検索値 検索する値を指定します。全角文字と半角文字は区別されますが、英字の大文字と小文字は区別されません。[検索値]以下の最大値が検索されます。
検索範囲 検索されるセル範囲を1行または1列で指定します。
対応範囲 [検索範囲]に対応させるセル範囲を指定します。[検索範囲]内で[検索値]が見つかれば、その位置に対応する[対応範囲]の値が取り出されます。

使用例　予算内で購入できる商品を検索する

=LOOKUP(A3,C6:C10,B6:B10)

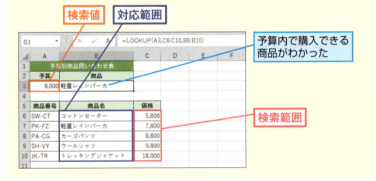

ポイント

- [検索範囲]と[対応範囲]の大きさは同じでなければなりません。
- 文字列はふりがなの順ではなく文字コード順に検索されます。したがって、[検索範囲]は文字コードの昇順に並べ替えておく必要があります。
- 配列形式のLOOKUP関数は、「=LOOKUP(検索値,配列)」と入力します。[検索値]を[配列]の先頭行または先頭列で検索し、対応する位置にある[配列]の最終行または最終列の値を取り出します。配列形式の場合、配列の行数と列数によっては期待した結果が得られないことがあるので、VLOOKUP関数やHLOOKUP関数の利用をおすすめします。

値の選択 〔365〕〔2019〕〔2016〕〔2013〕〔2010〕

引数のリストから値を選ぶ

チューズ
CHOOSE(インデックス,値1,値2,…,値254)

[インデックス]で指定した位置にある[値]を取り出します。

インデックス [値1]～[値254]のうち、何番目の値を選ぶかを、1～254の数値で指定します。
値 [インデックス]によって選択される値を指定します。

使用例 入力された番号をもとに利用区分を表示する

=CHOOSE(D3,"市内在住","市内在住65歳以上","市外")

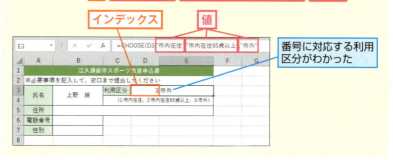

番号に対応する利用区分がわかった

ポイント

- [インデックス]に小数部分のある数値を指定した場合、小数点以下が切り捨てられた整数とみなされます。
- [インデックス]の値が1のときには[値1]、[インデックス]の値が2のときには[値2]というように、[インデックス]の値に対応する位置にある[値]が取り出されます。
- [インデックス]に配列定数を指定すれば、複数の値が求められます。その場合、配列数式として入力する必要があります。たとえば、セルA1～B1に「=CHOOSE({1,2},"桐壺","帚木","空蝉")」という配列数式を入力すると、セルA1には「桐壺」、セルB1には「帚木」が表示されます。

関連 複数の値を返す関数を配列数式で入力する …………………………P.374
スピル機能を利用して配列を返す関数を簡単に入力する …………P.376

☑ 行と列の位置　　　　　　　　　　　365　2019　2016　2013　2010

セルの列番号を求める

カラム

COLUMN（参照）

セルの列番号を求めます。列番号はワークシートの先頭の列を1として数えた値です。

参照　セルまたはセル範囲を指定します。セル範囲を指定した場合は、先頭の列の
番号が返されます。

📄 使用例　基準位置から何列目に当たるかを求める

=COLUMN()-COLUMN($A$3)

参照

B3	▼	⋮	×	✓	fx	=COLUMN()-COLUMN($A$3)

▲	A	B	C	D	E	F	G
1			駐輪場定数一覧				
2	場所	東口		西口	南口		
3	番号	1	2	3	4		
4	定員	200	150	100	60		
5							

セルA3から数えて
何列目に当たるかが
表示された

ポイント

● [参照] がA列であれば1、B列であれば2というように、英字の列番号ではなく、列の位
置を表す数字が返されます。

● [参照] を省略して「=COLUMN()」と入力すると、COLUMN関数が入力されているセル
の列番号が返されます。

● 使用例では、基準となるセルA3の列位置から数えて、現在のセルが何列目に当たるか
を求めています。

関連▶ ROW セルの行番号を求める ………………………………………………P.227

　　　　COLUMNS 列数を求める………………………………………………P.229

☑ 行と列の位置　　　　　　　　　　　　365　2019　2016　2013　2010

セルの行番号を求める

ロウ

ROW（参照）　必修

セルの行番号を求めます。行番号はワークシートの先頭の行を1として数えた値です。

> **参照**　セルまたはセル範囲を指定します。セル範囲を指定した場合は、先頭の行の番号が返されます。

📋 使用例　並べ替えても順序が変わらない番号を付ける

=ROW()-7

参照

行を並べ替えても常に1 ～ 5が表示されるようになった

ポイント

- ［参照］を省略して「=ROW()」と入力すると、ROW関数が入力されているセルの行番号が返されます。
- 使用例では、現在の行位置から7を引いているので、セルA8（8行目）の値は1になり、セルA9（9行目）の値は2になります。セルA8 ～ A12にはすべて「=ROW()-7」が入力されているので、8行目から12行目を商品番号などで並べ替えても、1 ～ 5という番号は変わりません。

関連 COLUMN セルの列番号を求める ……………………………………P.226
　　　　ROWS 行数を求める…………………………………………………P.230

数学/三角

日付/時刻

統計

文字列操作

論理

Web 検索/行列

データベース

財務

エンジニアリング

情報

キューブ

できる 227

検索値の相対位置を求める

MATCH（検索値,検索範囲,照合の種類）
マッチ

[検索値]が[検索範囲]の何番目のセルであるかを求めます。[検索範囲]の先頭のセルの位置を1として数えた値が返されます。

検索値 検索する値を指定します。
検索範囲 [検索値]を検索する範囲を指定します。範囲は1行または1列のセル範囲や配列定数で指定します。
照合の種類 検索の方法を以下のように指定します。
　1または省略 … [検索値]以下の最大値を検索（[検索範囲]のデータは昇順に並べ替えておく）
　0 ……………… [検索値]に一致する値のみを検索
　-1 …………… [検索値]以上の最小値を検索（[検索範囲]のデータは降順に並べ替えておく）

使用例　売掛残高一覧で顧客名がどの位置にあるかを求める

=MATCH(A3,A7:A11,0)

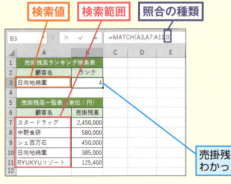

売掛残高の順位がわかった

ポイント
- [照合の種類]が0のとき、[検索値]には以下のワイルドカード文字が利用できます。
  ＊任意の文字列　？任意の1文字　～ワイルドカード文字の意味を打ち消す
- 検索時には、英字の大文字と小文字は区別されませんが、全角文字と半角文字は区別されます。

☑ 範囲内の要素　　　　　　　　365　2019　2016　2013　2010

列数を求める

カラムズ
COLUMNS(配列)

[配列]に含まれる列数を求めます。

配列　列数を求めたいセルやセル範囲、配列定数を指定します。

使用例　作業の延べ日数を求める

=COLUMNS(B6:F8)

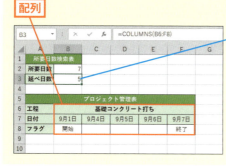

延べ日数は5日であることがわかった

ポイント

- 複数のセルが結合されている場合でも、結合していない状態の列数が返されます。
- B列～F列の列数を求めるだけであれば「=COLUMNS(B:F)」と入力しても同じ結果が得られます。
- 使用例で経過日数を求めたいときは「=DAYS(F7,B7)」と入力します(結果は6となります)。

関連 **DAYS** 2つの日付から期間内の日数を求める ································ P.98
　　　　COLUMN セルの列番号を求める ··P.226
　　　　ROWS 行数を求める··P.230

☑ 範囲内の要素　　365　2019　2016　2013　2010

行数を求める

ロウズ
ROWS（配列）

[配列] に含まれる行数を求めます。

| **配列** | 行数を求めたいセルやセル範囲、配列定数を指定します。

📄 使用例　進捗率を求める

=COUNTA(C3:C10)/ROWS(C3:C10)

配列

進捗率は62.5%で
あることがわかった

ポイント

● 複数のセルが結合されている場合でも、結合していない状態の行数が返されます。

● 使用例では、COUNTA関数で求めたデータの個数を、ROWS関数で求めた総行数で
割って、進捗率を求めています。

● 3行目〜 10行目の行数を求めるだけであれば「=ROWS(3:10)」と入力しても同じ結果が
得られます。「10-3+1」という計算をするより、行数を求めているという式の意味がよ
くわかります。

関連 COUNT/COUNTA
　　　　数値や日付、時刻、またはデータの個数を求める ……………………… P.102
　　　　ROW セルの行番号を求める …………………………………………………… P.227
　　　　COLUMNS 列数を求める ……………………………………………………… P.229

230　できる

範囲内の要素

365　2019　2016　2013　2010

範囲に含まれる領域数を求める

エリアズ
AREAS（参照）

[参照]で指定した範囲の中に、セルやセル範囲の領域がいくつあるかを求めます。

| 参照 | 1つ以上のセルまたはセル範囲を指定します。 |

使用例　商品の一覧表の数を求める

=AREAS((A4:C7,A10:C12))

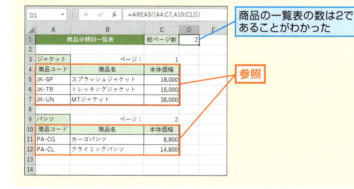

商品の一覧表の数は2であることがわかった

参照

ポイント

- 領域とは連続したセル範囲、または1つのセルのことです。
- 1つの引数に、複数個のセルやセル範囲をまとめて指定したい場合は、( )で囲んで指定します。使用例ではセルA4～C7と、セルA10～C12という2つのセル範囲が、1つの引数として指定されたことになります。もし「=AREAS(A4:C7,A10:C12)」とすると、引数が2つあるものとみなされるので、エラーメッセージが表示されます。
- [参照]には複数の領域に付けた名前も指定できます。名前を利用すれば、引数にセル範囲を直接指定するより数式が簡潔になります。たとえば、セルA4～C7,A10～C12に「商品一覧表」という名前を付けていれば、関数は「=AREAS(商品一覧表)」と入力できます。なお、名前を付けるには、[数式]タブの[名前の管理]ボタンをクリックして[名前の管理]ダイアログボックスを表示し、[新規作成]ボタンをクリックして、名前と範囲を指定します。

セル参照

365 2019 2016 2013 2010

行と列で指定したセルの参照を求める

インデックス
INDEX (参照,行番号,列番号,領域番号)

[参照]の中で、[行番号]と[列番号]の位置にあるセルの参照を求めます。INDEX関数には「セル参照形式」と「配列形式」があり、引数の指定方法が異なっています。ここでは主にセル参照方式のINDEX関数について解説します。

参照	検索範囲を指定します。複数の離れたセル範囲（領域）も指定できます。
行番号	検索する行位置を指定します。先頭の行が1となります。[参照]が1行のみの場合、この引数を省略して「INDEX(参照,列番号)」と指定できます。
列番号	検索する列位置を指定します。先頭の列が1となります。[参照]が1列のみの場合、この引数を省略して「INDEX(参照,行番号)」と指定できます。
領域番号	[参照]に複数の領域を指定した場合、どの領域のセル範囲を検索の対象とするか指定します。省略すると1が指定されたものとみなされます。

使用例　番号をもとに会員種別を検索する

=INDEX(D3:E6,B2,2)

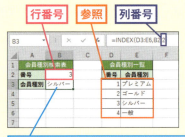

セルD3～E6の3行2列目にある会員種別が検索された

ポイント

- [行番号]または[列番号]に0を指定するか、省略すると、[参照]内の列全体または行全体の参照が返されます。
- 複数の領域は()で囲んで指定します。例えば「=INDEX((A1:B2,D1:E3),2,2,1)」のようにします。この場合、2行2列目のセル参照を1番目の領域（A1:B2）から検索します。
- 配列形式のINDEX関数は「=INDEX(配列,行番号,列番号)」という形式になります。[配列]に指定された配列定数の中で[行番号]と[列番号]の位置にある値が返されます。戻り値はセル参照ではなく値です。

セル参照

365 2019 2016 2013 2010

行と列で指定したセルやセル範囲の参照を求める

オフセット
OFFSET(参照,行数,列数,高さ,幅)

基準となる[参照]のセルから、指定した[行数]と[列数]だけ離れたセルの参照を求めます。[高さ]と[幅]を指定すると、セル範囲の参照が求められます。戻り値は、セルに入力されている値ではなく、セル参照です。

- **参照** 基準となるセルまたはセル範囲を指定します。そのセルまたはセル範囲の左上のセルから、[行数]や[列数]がどれだけ離れているかが数えられます。
- **行数** [参照]の先頭のセルから何行離れたセルかを指定します。
- **列数** [参照]の先頭のセルから何列離れたセルかを指定します。
- **高さ** 戻り値として返すセル範囲の高さを指定します。省略すると[参照]と同じ行数が指定されたものとみなされます。
- **幅** 戻り値として返すセル範囲の幅を指定します。省略すると[参照]と同じ列数が指定されたものとみなされます。

使用例　月と業種に対応する季節指数を求める

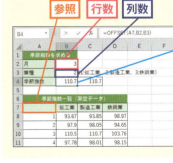

3月の製造工業の季節指数がわかった

ポイント

- 使用例では、セルC4に「=INDEX(B8:D19,B2,B3)」という関数が入力されており、INDEX関数を使っても同じ検索ができることを示してあります。
- [行数]や[列数]に負の数を指定した場合、[参照]の位置よりも手前(行ならば上、列ならば左)の位置が指定されたものとみなされます。
- 戻り値はセルまたはセル範囲の参照です。SUM関数のように、引数の中でセル参照が指定できる場合、その位置にOFFSET関数を指定することもできます。

できる 233

☑ セル参照　　　　　　　　　　　365　2019　2016　2013　2010

参照文字列をもとにセルを間接参照する

インダイレクト

INDIRECT （参照文字列,参照形式）

セル参照を表す文字列を利用して、そのセルの参照を求めます。戻り値はセルの値ではなく、セル参照であることに注意してください。

参照文字列　セル参照を表す文字列をA1形式またはR1C1形式で指定します。
参照形式　　［参照文字列］の形式を以下のように指定します。
　　TRUEまたは省略 … A1形式
　　FALSE …………… R1C1形式

📄 使用例　セルアドレスを文字列で指定して値を求める

=INDIRECT("E5")

参照文字列

| A3 | ▼ | × | ✓ | fx | =INDIRECT("E5") | |

	A	B	C	D	E	F	G
1	成績検索表			試験成績一覧			
2	検索結果				クラス		
3	54			番号	海月組	海猫組	海豚組
4				1	68	88	81
5	セル			2	85	54	44
6	E5			3	69	93	98
7	検索結果			4	84	67	68
8	54			5	72	55	57
9				6	91	80	79
10							

セルE5に入力されている点数がわかった

ポイント

●戻り値はセルまたはセル範囲の参照です。SUM関数のように、引数の中でセル参照が指定できる場合、その位置にINDIRECT関数を指定することもできます。

●文字列を引数に直接指定する場合は「"」で囲んで指定します。

●使用例のように、［参照形式］をA1形式とした場合、［参照文字列］には"E5"のように列を英字、行を数字で表した文字列を指定します。一方、［参照形式］をR1C1形式とした場合、［参照文字列］には"R4C6"のような文字列を指定します。これは、行（R）位置が4、列（C）位置が6であることを表します（セルF4に当たります）。R1C1形式は、マクロ（VBA）を使ってセルの位置を計算するときによく使われる形式です。

セル参照

365 2019 2016 2013 2010

行番号と列番号からセル参照の文字列を求める

アドレス
ADDRESS (行番号,列番号,参照の種類,参照形式,シート名)

[行番号]と[列番号]をもとに、セル参照を表す文字列(セルアドレス)を求めます。戻り値はセル参照ではなく、文字列であることに注意してください。

行番号 ワークシートの先頭行を1とした行の番号を指定します。
列番号 ワークシートの先頭列を1とした列の番号を指定します。
参照の種類 戻り値の文字列を絶対参照の形式にするか、相対参照の形式にするかを以下のように指定します。
  1または省略 ………… 絶対参照
  2 …………………… 行は絶対参照、列は相対参照
  3 …………………… 行は相対参照、列は絶対参照
  4 …………………… 相対参照
参照形式 戻り値の文字列をA1形式で返すか、R1C1形式で返すかを以下のように指定します。
  TRUEまたは省略 … A1形式
  FALSE …………… R1C1形式
シート名 ほかのブックのセル参照の文字列を返す場合には、使用するブック名またはシート名を指定します。省略すると、戻り値にブック名やシート名は含まれなくなります。

使用例 行位置と列位置からセルアドレスを求める

=ADDRESS(A3,B3)

セルアドレスが絶対参照の形式で表示された

できる 235

行と列の位置を入れ替える

365 2019 2016 2013 2010

トランスポーズ
TRANSPOSE (配列)

[配列]の行と列を入れ替えた配列を求めます。この関数は、通常、配列数式として入力します。

| 配列 | 行と列を入れ替えるセル範囲や配列を指定します。 |

使用例 支店別売上一覧表の行と列を入れ替える

{=TRANSPOSE(A2:D6)}

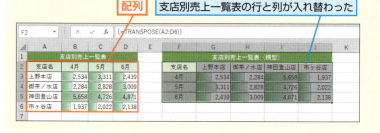

ポイント

- TRANSPOSE関数は、配列数式として入力します。結果が表示される範囲は、もとの[配列]の行と列を入れ替えた大きさです。
- Office 365やExcel 2019ではスピル機能が利用できるので、セルF2に「=TRANSPOSE(A2:D6)」と入力するだけで、使用例のような配列数式が入力できます。ただし、更新プログラムの適用状況によってはスピル機能が使えないこともあります。
- Excel 2016以前でスピル機能が使えない場合は、もとの配列の行と列を入れ替えた大きさの範囲（使用例ではセルF2～J5）を選択しておき、関数の入力終了時に[Ctrl]＋[Shift]＋[Enter]キーを押します。

関連 複数の値を返す関数を配列数式で入力する ……………………………P.374
スピル機能を利用して配列を返す関数を簡単に入力する …………P.376

データの抽出

365 2019 2016 2013 2010

条件に一致する行を抽出する

フィルター

FILTER(範囲,条件,一致しない場合の値)

[範囲]の中から[条件]に一致する行を取り出します。

- **範囲** 検索の対象となる範囲を指定します。
- **条件** [範囲]の中から取り出す行を検索するための条件を指定します。
- **一致しない場合の値** 条件に一致する行がない場合に返す値を指定します。

使用例 指定した番号の担当者情報を取り出す

=FILTER(A4:C9,B4:B9<10)

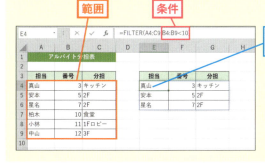

ポイント

- FILTER関数は、Office 365でのみ利用できます。
- 関数は配列数式(スピル配列)として入力されるので、複数のセルに結果が表示されます。
- 複数の条件をすべて満たす場合は、条件を「*」でつなぎます。使用例で「=FILTER(A4:C9,(B4:B9<10)*(C4:C9="2F"),"該当なし")」と入力すると、「セルB4～B9が10より小さい」という条件と、「セルC4～C9が"2F"である」という条件の両方を満たす行だけが抽出されます。
- 複数の条件のいずれかを満たす場合は、条件を「+」でつなぎます。使用例で「=FILTER(A4:C9,(B4:B9<10)+(C4:C9="3F"),"該当なし")」と入力すると、「セルB4～B9が10より小さい」という条件と、「セルC4～C9が"3F"である」という条件のいずれかを満たす行が抽出されます。
- 一致する行がないときは、[一致しない場合の値]が返されます。

配列

365 2019 2016 2013 2010

重複するデータをまとめる

NEW

UNIQUE(範囲,検索方向,回数)
ユニーク

[範囲]の中で、重複するデータを1つにまとめたり、1回だけ現れるデータを取り出したりします。

範囲 検索の対象となる範囲を指定します。
検索方向 検索する方向を以下のように指定します。
　TRUE …… 行方向(右方向)
　FALSE … 列方向(下方向)
回数 [範囲]の中に複数回現れるデータの扱いを以下のように指定します。
　TRUE …… 1回だけ現れるデータだけを取り出す
　FALSE … 複数回現れるデータは1つにまとめる

使用例 1回しか登場しなかった決まり手を探す

=UNIQUE(B4:B10,FALSE,TRUE)

範囲　　　検索方向　回数

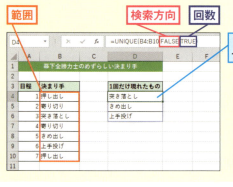

1回だけ現れるデータの一覧が作成された

ポイント

- UNIQUE関数は、Office 365でのみ利用できます。
- 関数はスピル配列として入力されるので、複数のセルに結果が表示されます。
- [検索方向]にTRUEを指定すると、結果も行方向(右方向)に表示され、FALSEを指定すると、結果も列方向(下方向)に表示されます。

配列

データを並べ替えて取り出す

ソート
SORT (範囲,基準,順序,データの並び)

[範囲]を[基準]の列または行の順に並べ替えます。

範囲　　　もとのデータの範囲を指定します。
基準　　　並べ替えの基準となる列または行の位置を、先頭を1として指定します。
順序　　　並べ替えの順序を以下のように指定します。
　1 ………… 昇順
　-1 ………… 降順
データの並び　もとのデータがどの方向に並んでいるかを指定します。
　TRUE …… 行方向(右方向)
　FALSE … 列方向(下方向)

使用例　売上金額の降順に行を並べ替える

=SORT(A4:B9,2,-1,FALSE)

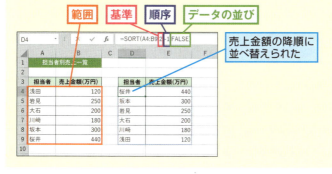

ポイント

- SORT関数は、Office 365でのみ利用できます。
- 関数はスピル配列として入力されるので、複数のセルに結果が表示されます。
- [基準]の列に入力されている値が文字列の場合、読み(ふりがな)の順ではなく、文字コード順に並べ替えられます。

関連 スピル機能を利用して配列を返す関数を簡単に入力する ………… P.376

配列

データを複数の基準で並べ替えて取り出す

ソート・バイ
SORTBY(範囲,基準1,順序1,基準2,順序2,…,基準126,順序126)

[範囲]を[基準]と[順序]に従って並べ替えます。

範囲 もとのデータの範囲を指定します。
基準 並べ替えの基準となるデータの範囲を指定します。
順序 並べ替えの順序を以下のように指定します。[基準]と[順序]は126組まで指定できます。
　1 … 昇順
　-1 … 降順

使用例 グループの昇順、売上金額の降順に行を並べ替える

=SORTBY(A4:C9,B4:B9,1,C4:C9,-1)

ポイント

- SORTBY関数は、Office 365でのみ利用できます。
- 関数はスピル配列として入力されるので、複数のセルに結果が表示されます。
- [基準]の列に入力されている値が文字列の場合、読み(ふりがな)の順ではなく、文字コード順に並べ替えられます。

関連 **SORT** データを並べ替えて取り出す……………………………………P.239
スピル機能を利用して配列を返す関数を簡単に入力する…………P.376

※ 2019年2月現在では、SORTBY関数はOffice Insiderに提供されているベータ版機能です。

ハイパーリンク

ハイパーリンクを作成する

HYPERLINK(リンク先,別名)

[リンク先]にジャンプするハイパーリンクを作成します。HYPERLINK関数が入力されているセルをクリックすると、Webページを表示したり、リンク先のファイルを開いたりできます。

- **リンク先** リンク先を表す文字列を指定します。
- **別名** セルに表示される文字列を指定します。[別名]を省略すると、[リンク先]の文字列がセルに表示されます。

使用例 Webページを表示するハイパーリンクを作成する

=HYPERLINK("https://www.impress.co.jp/",A3)

ポイント

- [リンク先]には、使用例のようなURLのほか、ファイルやフォルダー、メールアドレスなども指定できます。

●作成できるハイパーリンク

リンクする内容	[リンク先]の指定例
Webページの URL	https://www.impress.co.jp/
UNC パス※	¥¥Master¥My Documents¥Sample.xls
ハードディスク内のファイルやフォルダー	C:¥My Documents¥Sample.xls
	C:¥My Documents
別のブックのシートにあるセルまたはセル範囲	C:¥My Documents¥[Sample.xls]Sheet1!A10
同じブックの別シートにあるセルまたはセル範囲	Sheet1!A10
Word のブックマーク	C:¥My Documents¥[sample.doc]BookMark
メールアドレス	mailto: ○△□ @impress.co.jp

※ ファイルの保存場所を表す命名規則

ピボットテーブルからデータを取り出す

☑ ピボットテーブル　　　　365　2019　2016　2013　2010

GETPIVOTDATA(データフィールド, ピボットテーブル, フィールド1, アイテム1, …, フィールド126, アイテム126)

ゲット・ピボット・データ

ピボットテーブルからデータを取り出します。ピボットテーブルとは、いくつかの項目から成り立っているデータを、さまざまな方法で集計し、表やグラフにする機能です。

- **データフィールド** 取り出したいデータフィールドの名前を文字列で指定します。
- **ピボットテーブル** どのピボットテーブルからデータを取り出すかを指定します。セルやセル範囲などが指定できます。
- **フィールド** 取り出したいデータのフィールド名を指定します。
- **アイテム** [フィールド]の中の項目名を指定します。[フィールド]と[アイテム]は126組まで指定できます。

使用例　ピボットテーブルから店舗の売上の合計金額を取り出す

=GETPIVOTDATA("金額",$A$2,"店舗",A15)

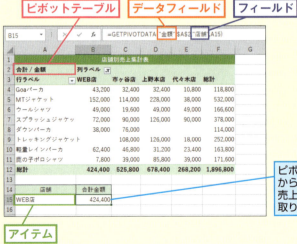

ポイント

- Excelの標準設定では、「=」を入力してからピボットテーブル上のセルをクリックするだけで、セルの値を取り出すためのGETPIVOTDATA関数が自動的に入力されます。
- 文字列を引数に直接指定する場合は、「"」で囲んで指定します。

☑ Webサービス　　　　365　2019　2016　2013　2010

文字列をURLエンコードする

エンコード・ユーアールエル

ENCODEURL (文字列)

[文字列] をURLエンコードした結果を返します。英数字や一部の記号以外が「UTF-8」という文字コードで表され、各バイトの文字コードの前に「%」が付けられます。

┃ **文字列**　URLエンコードする文字列を指定します。

📄 使用例　「エクセル」という文字列をURLエンコードする

=ENCODEURL(A3)

文字列

「エクセル」という文字列がURLエンコードされた

	A	B	C	D
1		検索サイトを表示する		
2	検索キーワード	アドレス		
3	エクセル	ここをクリックして検索		
4				
5				
6	URLエンコードされた文字列			
7	%E3%82%A8%E3%82%AF%E3%82%BB%E3%83%AB			
8				

ポイント

- URLエンコードでは、英数字や一部の記号以外がUTF-8でコード化され、各バイトの文字コードの前に%が付けられます。使用例のように「エクセル」という文字列をURLエンコードすると、「%E3%82%A8%E3%82%AF%E3%82%BB%E3%83%AB」になります。

- URLエンコードされた文字列は、HYPERLINK関数やWEBSERVICE関数の引数に指定するURLの一部に使えます。

- 使用例では、セルB3に「=HYPERLINK("https://search.yahoo.co.jp/search?p="&ENCODEURL(A3),"ここをクリックして検索")」と入力しています。セルB3をクリックすると、Yahoo! JAPANのページが表示され「エクセル」というキーワードが検索されます。

関連 **HYPERLINK** ハイパーリンクを作成する ································· P.241

　　　WEBSERVICE

　　　Web サービスを利用してデータをダウンロードする ·············· P.244

できる 243

Webサービス

365 2019 2016 2013 2010

Webサービスを利用してデータをダウンロードする

WEBSERVICE (URL)
ウェブサービス

[URL]で指定されたWebサービスにアクセスし、データをダウンロードします。取得されるデータはXML形式またはJSON形式になっています。

URL Webサービスを提供しているサイトのURLを指定します。

使用例 Webサービスを利用して天気予報のデータを取得する

=WEBSERVICE("http://weather.livedoor.com/forecast/rss/area/130010.xml")

livedoor天気情報から天気を取得するURLを指定して、XML形式の予報データを取得できた

ポイント

- [URL]に特殊な文字や日本語文字が含まれている場合は、ENCODEURL関数を使ってURLエンコードした文字列をURLとして指定する必要があります。
- 取得されるデータはXML形式またはJSON形式のデータです。XML形式のデータの場合、さらにFILTERXML関数を使えば必要な情報だけを取り出せます。

関連 ENCODEURL 文字列を URL エンコードする ……………………P.243

Webサービス

XML文書から必要な情報だけを取り出す

フィルター・エックスエムエル

FILTERXML (XML, パス)

[XML] で指定したXML文書から [パス] にあるデータを取り出します。指定されたパスが複数ある場合は、複数のデータが配列として返されます。

XML XML文書が入力されたセル参照や文字列を指定します。
パス 取り出したい情報が含まれるXMLのパスを指定します。

使用例 XML形式の天気予報データから今日の天気を取り出す

=INDEX(FILTERXML(WEBSERVICE("http://weather.livedoor.com/forecast/rss/area/130010.xml"),"//channel/item/title"),2)

東京地方の今日の天気が表示された

ポイント

- livedoor天気情報から返される天気予報データには"//channel/item/title"というパスが複数あり、その2番目以降に翌日から一週間後までの天気のデータが記録されています。そのため、使用例ではINDEX関数を使って配列の2番目のデータを取り出しています。取得したXMLデータは下記の図のような構造になっています。

天気予報はここにある(1番目は広告、2番目が今日の天気)

関連 **INDEX** 行と列で指定したセルの参照を求める……………………P.232

☑ サーバーデータ　　**365** **2019** **2016** **2013** **2010**

RTDサーバーからデータを取り出す

アール・ティー・ディー

RTD (プログラムID, サーバー, トピック1, トピック2, …, トピック253)

指定した引数に従って、RTDサーバー（リアルタイムデータサーバー）から、データを取り出します。RTDサーバーとは、アプリケーション間の連携を取るためのCOM（Component Object Model）という技術を使って作成されたプログラムのことです。

プログラムID　　RTDサーバーのプログラムIDの名前を表す文字列を指定します。
サーバー　　RTDサーバーが動作しているコンピュータの名前を表す文字列を指定します。RTD サーバーがローカルマシン（RTD関数を入力したコンピュータと同じコンピュータ）で動作している場合、[サーバー]の指定は省略できます。その場合、「""」（空文字列）を指定しても構いません。
トピック　　取得するデータの名前を表す文字列を指定します。

ポイント

●RTD関数は金融、証券などの分野で、リアルタイムにデータを取り出すためによく使われます。

☑ サーバーデータ　　**365** **2019** **2016** **2013** **2010**

株価データや地理データの値を取り出す

NEW

フィールド・バリュー

FIELDVALUE (値, フィールド名)

[値]で指定された株価データや地理データから、[フィールド名]の項目の値を取り出します。あらかじめ[値]を入力し、[データ]タブの[株式]ボタンや[地理]ボタンをクリックして、[値]に対応する株式データや地理データへの接続を取得しておく必要があります。

値　　株式データや地理データを指定します。
フィールド名　　取得する項目名を文字列で指定します。

ポイント

●たとえば、セルA1に「Japan」と入力し、[データ]タブの[地理]ボタンをクリックして接続を取得しておけば、「=FIELDVALUE(A1,"GDP")」または「=A1.GDP」で日本の国内総生産の額が求められます。

第 **7** 章

データベース関数

ワークシート上に作成された表から、条件に一致するデータを取り出したり、合計や平均、分散、標準偏差などを求めたりする関数群です。

データの個数

365 2019 2016 2013 2010

表を検索して数値の個数を求める

ディー・カウント

DCOUNT(データベース,フィールド,条件)

[条件]に従って[データベース]の範囲を検索し、見つかった行の[フィールド]列に入力されている数値の個数を求めます。

データベース 検索の対象となる範囲を、項目の見出しも含めて指定します。
フィールド 数値の個数を数えたい項目の見出しまたは列位置を指定します。
条件 検索条件が入力された範囲を指定します。

使用例 身長が165cm以上の人数を求める

=DCOUNT(A2:D6,C2,F2:F3)

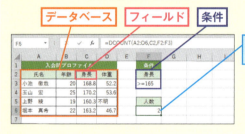

身長が165cm以上の人数が求められた

ポイント

- DCOUNT関数は[数式]タブの[関数ライブラリ]グループのボタンからは選択できません。[関数の挿入]ボタンを使うか、セルに直接入力します。
- 複数の条件を同じ行に並べた場合は「AND条件」となり、すべての条件を満たす行が検索されます。複数の条件を異なる行に並べた場合は「OR条件」となり、いずれかの条件を満たす行が検索されます。
- 戻り値は条件に一致した行数ではなく、条件に一致した行の[フィールド]列に数値が入力されているセルの個数です。ただし、[フィールド]を省略すると、条件に一致した行数をそのまま返します。
- 検索条件を別の表に入れておくのではなく、関数の引数に直接指定したい場合は、COUNTIF関数やCOUNTIFS関数が使えます。ただし、COUNTIF関数やCOUNTIFS関数は条件に一致する数値の数ではなく、条件に一致するセルの数を返します。

関連 **COUNTIF** 条件に一致するデータの個数を求める ……………P.104
COUNTIFS 複数の条件に一致するデータの個数を求める………P.105

データの個数

365 2019 2016 2013 2010

表を検索してデータの個数を求める

ディー・カウント・エー

DCOUNTA(データベース, フィールド, 条件)

［条件］に従って［データベース］の範囲を検索し、見つかった行の［フィールド］列に入力されているデータの個数を求めます。数値、文字列、論理値、数式などが入力されているセル（空のセル以外）の個数が返されます。

- **データベース** 検索の対象となる範囲を、項目の見出しも含めて指定します。
- **フィールド** データの個数を数えたい項目の見出しまたは列位置を指定します。
- **条件** 検索条件が入力された範囲を指定します。

使用例 年齢が20歳未満、または体重が50kg未満の人を求める

=DCOUNTA(A2:D6,A2,F2:G4)

年齢が20歳未満または体重が50kg未満の人数が求められた

ポイント

- DCOUNTA関数は［数式］タブの［関数ライブラリ］グループのボタンからは選択できません。［関数の挿入］ボタンを使うか、セルに直接入力します。
- 複数の条件を同じ行に並べた場合は「AND条件」となり、すべての条件を満たす行が検索されます。複数の条件を異なる行に並べた場合は「OR条件」となり、いずれかの条件を満たす行が検索されます。
- 戻り値は条件に一致した行数ではなく、条件に一致した行の［フィールド］列にデータが入力されているセルの個数です。ただし、［フィールド］を省略すると、条件に一致した行数をそのまま返します。
- 検索条件を別の表に入れておくのではなく、関数の引数に直接指定したい場合は、COUNTIF関数やCOUNTIFS関数が使えます。

関連 COUNTIF 条件に一致するデータの個数を求める ……………P.104
COUNTIFS 複数の条件に一致するデータの個数を求める………P.105

データの集計

365　2019　2016　2013　2010

表を検索して数値の合計を求める

ディー・サム
DSUM (データベース,フィールド,条件)

[条件]に従って[データベース]の範囲を検索し、見つかった行の[フィールド]列に入力されている数値の合計を求めます。

データベース　検索の対象となる範囲を、項目の見出しも含めて指定します。
フィールド　合計を求めたい項目の見出しまたは列位置を指定します。
条件　検索条件が入力された範囲を指定します。

使用例　区分が「通常」である獲得ポイントの合計を求める

=DSUM(A2:D6,C2,F2:F3)

ポイント

- DSUM関数は[数式]タブの[関数ライブラリ]グループのボタンからは選択できません。[関数の挿入]ボタンを使うか、セルに直接入力します。
- 複数の条件を同じ行に並べた場合は「AND条件」となり、すべての条件を満たす行が検索されます。複数の条件を異なる行に並べた場合は「OR条件」となり、いずれかの条件を満たす行が検索されます。
- 条件に一致するセルが見つからないときや、条件に一致するセルに数値が1つも入力されていないときには0が返されます。
- 検索条件を別の表に入れておくのではなく、関数の引数に直接指定したい場合は、SUMIF関数やSUMIFS関数が使えます。

関連　**SUMIF** 条件を指定して数値を合計する ……………………………… P.47
　　　　SUMIFS 複数の条件を指定して数値を合計する ………………… P.48

データの集計

365 2019 2016 2013 2010

表を検索して数値の平均を求める

ディー・アベレージ

DAVERAGE (データベース, フィールド, 条件)

[条件]に従って[データベース]の範囲を検索し、見つかった行の[フィールド]で指定されたセルに入力されている数値の平均を求めます。

- **データベース** 検索の対象となる範囲を、項目の見出しも含めて指定します。
- **フィールド** 平均を求めたい項目の見出しまたは列位置を指定します。
- **条件** 検索条件が入力された範囲を指定します。

使用例 成績一覧表から合格者の平均点を求める

=DAVERAGE(A2:E10,E2,G2:G3)

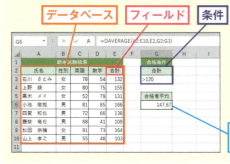

「合格条件」を満たす人の平均点が求められた

ポイント

- DAVERAGE関数は[数式]タブの[関数ライブラリ]グループのボタンからは選択できません。[関数の挿入]ボタンを使うか、セルに直接入力します。
- 複数の条件を同じ行に並べた場合は「AND条件」となり、すべての条件を満たす行が検索されます。複数の条件を異なる行に並べた場合は「OR条件」となり、いずれかの条件を満たす行が検索されます。
- 条件に一致するセルが見つからないときや、条件に一致するセルに数値が1つも入力されていないときには0が返されます。
- 検索条件を別の表に入れておくのではなく、関数の引数に直接指定したい場合は、AVERAGEIF関数やAVERAGEIFS関数が使えます。

関連 **AVERAGEIF** 条件を指定して数値の平均を求める ……………… P.107
　　　AVERAGEIFS 複数の条件を指定して数値の平均を求める …… P.108

データの集計

365　2019　2016　2013　2010

表を検索して数値の積を求める

ディー・プロダクト

DPRODUCT(データベース, フィールド, 条件)

[条件]に従って[データベース]の範囲を検索し、見つかった行の[フィールド]列に入力されている数値の積を求めます。

データベース　検索の対象となる範囲を、項目の見出しも含めて指定します。
フィールド　積を求めたい項目の見出しまたは列位置を指定します。
条件　検索条件が入力された範囲を指定します。

使用例　複数の割引を重複して適用したときの掛率を求める

「会員」と「高齢者」の割引を適用したときの掛率が求められた

ポイント

- DPRODUCT関数は[数式]タブの[関数ライブラリ]グループのボタンからは選択できません。[関数の挿入]ボタンを使うか、セルに直接入力します。
- 複数の条件を同じ行に並べた場合は「AND条件」となり、すべての条件を満たす行が検索されます。複数の条件を異なる行に並べた場合は「OR条件」となり、いずれかの条件を満たす行が検索されます。
- 条件に一致するセルが見つからないときや、条件に一致するセルに数値が1つも入力されていないときは0が返されます。

関連　PRODUCT　積を求める……………………………………………… P.52
　　　　SUMPRODUCT　配列要素の積を合計する………………………… P.52

最大値と最小値

365 / 2019 / 2016 / 2013 / 2010

表を検索して数値の最大値や最小値を求める

ディー・マックス
DMAX (データベース, フィールド, 条件)

ディー・ミニマム
DMIN (データベース, フィールド, 条件)

[条件]に従って[データベース]の範囲を検索し、見つかった行の[フィールド]列に入力されている数値の最大値や最小値を求めます。

データベース 検索の対象となる範囲を、項目の見出しも含めて指定します。
フィールド 最大値や最小値を求めたい項目の見出しまたは列位置を指定します。
条件 検索条件が入力された範囲を指定します。

使用例 成績一覧表から女性の数学の最高点を求める

=DMAX(A2:D10,D2,F2:F3)

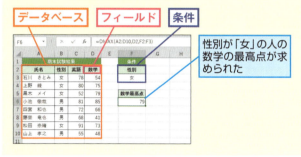

性別が「女」の人の数学の最高点が求められた

ポイント

- DMAX関数とDMIN関数は[数式]タブの[関数ライブラリ]グループのボタンからは選択できません。[関数の挿入]ボタンを使うか、セルに直接入力します。
- 複数の条件を同じ行に並べた場合は「AND条件」となり、すべての条件を満たす行が検索されます。複数の条件を異なる行に並べた場合は「OR条件」となり、いずれかの条件を満たす行が検索されます。
- 条件に一致するセルが見つからないときや、条件に一致するセルに数値が1つも入力されていないときは0が返されます。

関連 MAX/MIN 数値の最大値または最小値を求める ………………… P.112
MAXA/MINA データの最大値または最小値を求める …………… P.113

☑ データの検索　　　　　　　　　365　2019　2016　2013　2010

表を検索してデータを取り出す

ディー・ゲット

DGET (データベース,フィールド,条件)

[条件] に従って [データベース] の範囲を検索し、見つかった行の [フィールド] 列に入力
されている値を取り出します。取り出される値は1つだけです。

データベース　　検索の対象となる範囲を、項目の見出しも含めて指定します。
フィールド　　　値を取り出したい項目の見出しまたは列位置を指定します。
条件　　　　　　検索条件が入力された範囲を指定します。

📄 使用例　氏名が「小池」で始まる人の成績を検索する

=DGET(A2:E10,E2,G2:G3)

データベース　　フィールド　　条件

氏名が「小池」で始ま
る人の成績（合計）が
求められた

	A	B	C	D	E	F	G	H
1		期末試験結果					条件	
2	氏名	性別	英語	数学	合計		氏名	
3	石川　さとみ	女	78	54	132		小池	
4	上野　綾	女	80	75	155			
5	黒木　メイ	女	52	79	131		合計点	
6	小池　徹哉	男	81	85	166		166	
7	四宮　和也	男	72	66	138			
8	藤埜　竜也	男	68	41	109			
9	松田　奈緒	女	91	73	164			
10	山上　孝之	男	55	48	103			
11								

ポイント

● DGET関数は [数式] タブの [関数ライブラリ] グループのボタンからは選択できません。
[関数の挿入] ボタンを使うか、セルに直接入力します。

● 複数の条件を同じ行に並べた場合は「AND条件」となり、すべての条件を満たす行が検
索されます。複数の条件を異なる行に並べた場合は「OR条件」となり、いずれかの条件
を満たす行が検索されます。

関連 **VLOOKUP** 範囲を下に向かって検索する･･････････････････････････P.223

　　　HLOOKUP 範囲を右に向かって検索する ････････････････････････P.223

254　できる

☑ 分散   365 2019 2016 2013 2010

表を検索して不偏分散を求める

ディー・バリアンス

DVAR （データベース,フィールド,条件）

[条件] に従って [データベース] の範囲を検索し、見つかった行の [フィールド] 列に入力
されている値を正規母集団の標本とみなして、母集団の分散の推定値（不偏分散）を求め
ます。

データベース	検索の対象となる範囲を、項目の見出しも含めて指定します。
フィールド	不偏分散を求めたい項目の見出しまたは列位置を指定します。
条件	検索条件が入力された範囲を指定します。

📋 使用例　男性を検索して成績の不偏分散を求める

=DVAR(A2:E10,E2,G2:G3)

データベース　フィールド　条件

性別が「男」の人の合
計をもとに不偏分散
が求められた

	A	B	C	D	E	F	G	H
1		期末試験結果					条件	
2	氏名	性別	英語	数学	合計		性別	
3	石川　さとみ	女	78	54	132		男	
4	上野　綾	女	80	75	155			
5	黒木　メイ	女	52	79	131		不偏分散	
6	小池　徹哉	男	81	85	166		842.00	
7	四宮　和也	男	72	66	138			
8	藤埜　竜也	男	68	41	109			
9	松田　奈緒	女	91	73	164			
10	山上　孝之	男	55	48	103			
11								

ポイント

● DVAR関数は [数式] タブの [関数ライブラリ] グループのボタンからは選択できません。
[関数の挿入]ボタンを使うか、セルに直接入力します。

● 複数の条件を同じ行に並べた場合は「AND条件」となり、すべての条件を満たす行が検
索されます。複数の条件を異なる行に並べた場合は「OR条件」となり、いずれかの条件
を満たす行が検索されます。

● 条件を指定せずに不偏分散を求めるにはVAR.S関数を使います。

関連　VAR.S 数値をもとに不偏分散を求める･････････････････････････P.131

できる | 255

☑ 分散　　　　　　　　　　　365　2019　2016　2013　2010

表を検索して分散を求める

ディー・バリアンス・ピー

DVARP (データベース, フィールド, 条件)

[条件] に従って [データベース] の範囲を検索し、見つかった行の [フィールド] 列に入力
されている値を母集団とみなして、分散を求めます。

データベース　検索の対象となる範囲を、項目の見出しも含めて指定します。
フィールド　　分散を求めたい項目の見出しまたは列位置を指定します。
条件　　　　　検索条件が入力された範囲を指定します。

☑ 標準偏差　　　　　　　　　365　2019　2016　2013　2010

表を検索して不偏標準偏差を求める

ディー・スタンダード・ディビエーション

DSTDEV (データベース, フィールド, 条件)

[条件] に従って [データベース] の範囲を検索し、見つかった行の [フィールド] 列に入力
されている値を正規母集団の標本とみなして、母集団の標準偏差の推定値 (不偏標準偏
差) を求めます。

データベース　検索の対象となる範囲を、項目の見出しも含めて指定します。
フィールド　　不偏標準偏差を求めたい項目の見出しまたは列位置を指定します。
条件　　　　　検索条件が入力された範囲を指定します。

☑ 標準偏差　　　　　　　　　365　2019　2016　2013　2010

表を検索して標準偏差を求める

ディー・スタンダード・ディビエーション・ピー

DSTDEVP (データベース, フィールド, 条件)

[条件] に従って [データベース] の範囲を検索し、見つかった行の [フィールド] 列に入力
されている値を母集団とみなして、標準偏差を求めます。

データベース　検索の対象となる範囲を、項目の見出しも含めて指定します。
フィールド　　標準偏差を求めたい項目の見出しまたは列位置を指定します。
条件　　　　　検索条件が入力された範囲を指定します。

第 **8** 章

財務関数

貯蓄や借入の利息、投資の現在価値や将来価値を求める関数、減価償却費を求める関数など、金利計算や投資の評価、資産管理といった財務に関する関数群です。

ローンや積立貯蓄の計算

365 / 2019 / 2016 / 2013 / 2010

ローンの返済額や積立貯蓄の払込額を求める

ペイメント

PMT (利率,期間,現在価値,将来価値,支払期日)

元利均等払いのローン返済や複利の積立貯蓄の払い込みで、1回当たりの返済額(払込額)を求めます。通常、結果はマイナスで表示されます。

利率	利率を指定します。
期間	返済あるいは積立の期間を指定します。
現在価値	現在価値を指定します。借入の場合は借入額を指定し、積立で頭金がない場合は0を指定します。
将来価値	将来価値を指定します。借入金を完済する場合は0を指定し、積立の場合は満期額を指定します。
支払期日	返済や払込が期首に行われるか期末に行われるかを指定します。期首の場合、通常は1を指定します。

0または省略 … 期末(たとえば、月払いの場合は月末)
0以外の値 …… 期首(たとえば、月払いの場合は月初)

使用例　毎月のローンの返済額を求める

年利5%の5年ローンで100万円を借りたときの毎月の返済額が求められた

ポイント

- [利率]と[期間]の単位は同じにします。たとえば、毎月の返済額を求めるのであれば、[利率]は月利(年利÷12)で指定し、[期間]も月数(年数×12)で指定します。
- PMT関数では、手元に入る金額はプラスで表し、手元から出ていく金額(返済額や払込額)はマイナスで表します。
- PMT関数の結果には表示形式として通貨スタイルが自動的に適用されます。通貨スタイルでは、小数点以下が表示されていませんが、結果は小数点以下も求められています(表示されている値は小数点以下が四捨五入されたものです)。

ローンや積立貯蓄の計算　365　2019　2016　2013　2010

ローンの返済額の元金相当分を求める

プリンシパル・ペイメント

PPMT(利率,期,期間,現在価値,将来価値,支払期日)

元利均等払いのローン返済で、特定の[期]の返済額のうちの、元金相当分を求めます。
通常、結果はマイナスで表示されます。

利率	利率を指定します。
期	元金相当分の金額を求めたい期を指定します。
期間	返済期間を指定します。
現在価値	現在価値を指定します。借入額を指定します。
将来価値	将来価値を指定します。借入金を完済する場合は0を指定します。
支払期日	返済が期首に行われるか期末に行われるかを指定します。期首の場合、通常は1を指定します。

　0または省略 … 期末(たとえば、月払いの場合は月末)
　0以外の値 …… 期首(たとえば、月払いの場合は月初)

使用例　返済額のうち、最初の月の元金相当分を求める

=PPMT(A3/12,B3,C3*12,D3,0)

年利5%の1年ローンで20万円を借りたときの、最初の月の元金相当分が求められた

ポイント

- [利率]、[期]、[期間]の単位は同じにします。たとえば、毎月の返済額のうちの元金相当分を求めるのであれば、[利率]は月利(年利÷12)で指定し、[期]は特定の月の値を指定します。[期間]も月数(年数×12)で指定します。
- PPMT関数では、手元に入る金額はプラスで表し、手元から出ていく金額(返済額や払込額)はマイナスで表します。
- 毎回の返済額はPMT関数で求められます。また、各回の金利相当分の金額はIPMT関数で求められます。それぞれの結果は、PMT=PPMT+IPMTという関係になります。

関連　PMT ローンの返済額や積立貯蓄の払込額を求める ………………P.258
　　　　IPMT ローンの返済額の金利相当分を求める ……………………P.261

ローンや積立貯蓄の計算　365 2019 2016 2013 2010

ローンの返済額の元金相当分の累計を求める

キュムラティブ・プリンシパル

CUMPRINC(利率,期間,現在価値,開始期,終了期,支払期日)

元利均等払いのローン返済で、[開始期]から[終了期]までの返済額のうちの、元金相当分の累計を求めます。通常、結果はマイナスで表示されます。

利率　利率を指定します。
期間　返済期間を指定します。
現在価値　現在価値を指定します。借入額を指定します。
開始期　元金相当分の累計金額を求めたい最初の期を指定します。
終了期　元金相当分の累計金額を求めたい最後の期を指定します。
支払期日　返済が期首に行われるか期末に行われるかを指定します。
　0 … 期末(たとえば、月払いの場合は月末)
　1 … 期首(たとえば、月払いの場合は月初)

使用例　返済額のうち、特定の期間の元金相当分の累計を求める

=CUMPRINC(A3/12,B3*12,C3,1,D3,0)

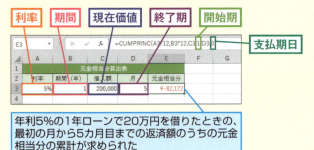

年利5%の1年ローンで20万円を借りたときの、最初の月から5カ月目までの返済額のうちの元金相当分の累計が求められた

ポイント

- [利率]、[期間]、[開始期]、[終了期]の単位は同じにします。たとえば、毎月の返済額のうちの元金相当分を求めるのであれば、[利率]は月利(年利÷12)で指定し、[期間]も月数(年数×12)で指定し、[開始期]や[終了期]は月の値を指定します。
- PPMT関数と異なり、支払期日は省略できません。
- CUMPRINC関数では、手元に入る金額はプラスで表し、手元から出ていく金額(返済額や払込額)はマイナスで表します。

ローンや積立貯蓄の計算　365 2019 2016 2013 2010

ローンの返済額の金利相当分を求める

インタレスト・ペイメント

IPMT(利率,期,期間,現在価値,将来価値,支払期日)

元利均等払いのローン返済で、特定の［期］の返済額のうちの、金利相当分を求めます。通常、結果はマイナスで表示されます。

利率　利率を指定します。
期　金利相当分の金額を求めたい期を指定します。
期間　返済期間を指定します。
現在価値　現在価値を指定します。借入額を指定します。
将来価値　将来価値を指定します。借入金を完済する場合は0を指定します。
支払期日　返済が期首に行われるか期末に行われるかを指定します。期首の場合、通常は1を指定します。
　0または省略 … 期末（たとえば、月払いの場合は月末）
　0以外の値 …… 期首（たとえば、月払いの場合は月初）

使用例　返済額のうち、最初の月の金利相当分を求める

=IPMT(A3/12,B3,C3*12,D3,0)

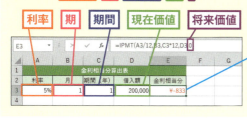

年利5%の1年ローンで20万円を借りたときの、最初の月の返済額のうちの金利相当分が求められた

ポイント

- ［利率］、［期］、［期間］の単位は同じにします。たとえば、毎月の返済額のうちの金利相当分を求めるのであれば、［利率］は月利（年利÷12）で指定し、［期］は特定の月の値を指定します。［期間］も月数（年数×12）で指定します。
- IPMT関数では、手元に入る金額はプラスで表し、手元から出ていく金額（返済額や払込額）はマイナスで表します。

関連　PMT ローンの返済額や積立貯蓄の払込額を求める …………… P.258
　　　PPMT ローンの返済額の元金相当分を求める ……………………… P.259

ローンや積立貯蓄の計算　365　2019　2016　2013　2010

ローンの返済額の金利相当分の累計を求める

キュムラティブ・インタレスト・ペイメント

CUMIPMT(利率,期間,現在価値,開始期,終了期,支払期日)

元利均等払いのローン返済で、[開始期]から[終了期]までの返済額のうちの、金利相当分の累計を求めます。通常、結果はマイナスで表示されます。

利率	利率を指定します。
期間	返済期間を指定します。
現在価値	現在価値を指定します。借入額を指定します。
開始期	金利相当分の累計金額を求めたい最初の期を指定します。
終了期	金利相当分の累計金額を求めたい最後の期を指定します。
支払期日	返済が期首に行われるか期末に行われるかを指定します。

　0 …… 期末(たとえば、月払いの場合は月末)
　1 …… 期首(たとえば、月払いの場合は月初)

使用例　返済額のうち、特定の期間の金利相当分の累計を求める

年利5%の1年ローンで20万円を借りたときの、最初の月から5カ月目までの返済額のうちの金利相当分の累計が求められた

ポイント

- [利率]、[期間]、[開始期]、[終了期]の単位は同じにします。たとえば、毎月の返済額のうちの金利相当分を求めるのであれば、[利率]は月利(年利÷12)で指定し、[期間]も月数(年数×12)で指定し、[開始期]や[終了期]は月の値を指定します。
- IPMT関数と異なり、支払期日は省略できません。
- CUMIPMT関数では、手元に入る金額はプラスで表し、手元から出ていく金額(返済額や払込額)はマイナスで表します。

□ ローンや積立貯蓄の計算　365　2019　2016　2013　2010

元金均等返済の金利相当分を求める

イズ・ペイメント
ISPMT (利率, 期, 期間, 現在価値)

元金均等返済のローン返済で、特定の［期］の返済額のうちの、金利相当分を求めます。通常、結果はマイナスで表示されます。

利率　利率を指定します。
期　金利相当分の金額を求めたい期を指定します。最初の期は0、次の期は1、というように指定します。
期間　返済期間を指定します。
現在価値　現在価値を指定します。借入額を指定します。

使用例　元金均等返済の返済額のうち、最初の月の金利相当分を求める

=ISPMT(A3/12,B3,C3*12,D3)

年利5%の1年ローンで20万円を借り、元金均等返済で返済するときの、最初の月の返済額のうちの金利相当分が求められた

ポイント

- ［利率］、［期］、［期間］の単位は同じにします。たとえば、毎月の返済額のうちの金利相当分を求めるのであれば、［利率］は月利（年利÷12）で指定し、［期］は特定の月の値を指定します。［期間］も月数（年数×12）で指定します。
- ISPMT関数では、手元に入る金額はプラスで表し、手元から出ていく金額（返済額や払込額）はマイナスで表します。
- この関数はLotus 1-2-3との互換性のために用意されています。期の指定方法がIPMT関数などと異なっていることに注意が必要です。

関連 **IPMT** ローンの返済額の金利相当分を求める ……………………… P.261

☑ ローンや積立貯蓄の計算　　　365　2019　2016　2013　2010

現在価値を求める

プレゼント・バリュー
PV (利率,期間,定期支払額,将来価値,支払期日)

元利均等払いのローン返済や複利の積立貯蓄の払い込みを行うときの、現在価値（ローンの借入額や貯蓄の頭金）を求めます。

利率　　　　利率を指定します。
期間　　　　返済や積立の期間を指定します。
定期支払額　各期の返済額や払込額を指定します。通常、マイナスで指定します。
将来価値　　残高を指定します。借入金を完済する場合は0を指定します。積立貯蓄の場合は満期受取額を指定します。省略すると0が指定されたものとみなされます。
支払期日　　返済や払込が期首に行われるか期末に行われるかを指定します。期首の場合、通常は1を指定します。
　0または省略 …… 期末（たとえば、月払いの場合は月末）
　0以外の値 ……… 期首（たとえば、月払いの場合は月初）

使用例　ローンの借入可能額を求める

=PV(A3/12,B3*12,C3)

年利5%の5年ローンで毎月5万円を返済するときの借入可能額が求められた

ポイント

- ［利率］、［期間］の単位は同じにします。たとえば、［定期支払額］が月払いであれば、［利率］を月利（年利÷12）で指定し、［期間］も月数（年数×12）で指定します。
- PV関数では、手元に入る金額はプラスで表し、手元から出ていく金額はマイナスで表します。返済額や払込額は手元から出ていく金額なのでマイナスになります。

関連 PMT ローンの返済額や積立貯蓄の払込額を求める …………………P.258
　　　　FV 将来価値を求める……………………………………………………P.265

ローンや積立貯蓄の計算

365 **2019** **2016** **2013** **2010**

将来価値を求める

フューチャー・バリュー

FV(利率,期間,定期支払額,現在価値,支払期日)

利率が一定の積立貯蓄(複利)で、将来価値(ローンの残高や満期受取額)を求めます。

利率	利率を指定します。
期間	返済や積立の期間を指定します。
定期支払額	各期の返済額や払込額を指定します。通常、マイナスで指定します。
現在価値	ローンの借入額や積立貯蓄の頭金を指定します。省略すると0が指定されたものとみなされます。
支払期日	払込が期首に行われるか期末に行われるかを指定します。期首の場合、通常は1を指定します。

　0または省略 … 期末(たとえば、月払いの場合は月末)
　0以外の値 …… 期首(たとえば、月払いの場合は月初)

使用例　積立貯蓄の満期受取額を求める

=FV(A3/12,B3*12,C3,0,1)

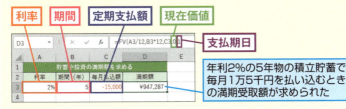

年利2%の5年物の積立貯蓄で毎月1万5千円を払い込むときの満期受取額が求められた

ポイント

- [利率]、[期間]の単位は同じにします。たとえば、[定期支払額]が月払いであれば、[利率]を月利(年利÷12)で指定し、[期間]も月数(年数×12)で指定します。
- FV関数では、手元に入る金額はプラスで表し、手元から出ていく金額はマイナスで表します。満期受取額は手元に入る金額なのでプラスになります。

関連 PMT ローンの返済額や積立貯蓄の払込額を求める ……………P.258
　　　PV 現在価値を求める ……………………………………………P.264

☑ ローンや積立貯蓄の計算　365　2019　2016　2013　2010

利率が変動する預金の将来価値を求める

フューチャー・バリュー・スケジュール

FVSCHEDULE（元金,利率配列）

利率が変動する預金や投資の、将来価値(満期受取額)を求めます。

元金　預金の払込額や投資額を指定します。
利率配列　各期の利率が入力されているセル範囲を指定します。配列定数も指定できます。

使用例　金利が変動する複利の預金の満期受取額を求める

=FVSCHEDULE(A3,B3:B6)

金利が変動する複利の預金に100万円を預けたときの満期受取額が求められた

ポイント

- ほかの財務関数とは異なり、手元から出ていく金額も正の数で指定します。
- 利率配列の数が期間を表します。使用例では、利率が年利であれば期間は4年になります。

関連　FV 将来価値を求める……………………………………………P.265
　　　　関数の引数に配列定数を指定する………………………………P.372

投資期間と利率

365 / 2019 / 2016 / 2013 / 2010

ローンの返済期間や積立貯蓄の払込期間を求める

ナンバー・オブ・ピリオド

NPER (利率,定期支払額,現在価値,将来価値,支払期日)

元利均等払いのローン返済や複利の積立貯蓄の、返済期間や払込期間を求めます。

利率	利率を指定します。
定期支払額	各期の返済額または払込額を指定します。通常、マイナスで指定します。
現在価値	現在の残高を指定します。ローンの場合は借入額を指定し、積立貯蓄で頭金がない場合は0を指定します。
将来価値	将来の残高を指定します。ローンで借入金を完済する場合は0を指定し、積立貯蓄の場合は満期受取額を指定します。
支払期日	返済が期首に行われるか期末に行われるかを指定します。期首の場合、通常は1を指定します。

　0または省略 … 期末(たとえば、月払いの場合は月末)
　0以外の値 …… 期首(たとえば、月払いの場合は月初)

使用例　積立貯蓄の払込期間を求める

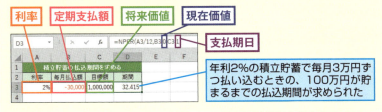

年利2%の積立貯蓄で毎月3万円ずつ払い込むときの、100万円が貯まるまでの払込期間が求められた

ポイント

● 求められた期間は[利率]の期間と同じ単位です。使用例では、[利率]を月利(年利÷12)で指定しているので、期間も月単位(32.415カ月)になります。
● 使用例では頭金が0円なので[現在価値]には0を指定し、満期受取額が100万円なので[将来価値]には1,000,000が入力されているセルC3を指定しています。

関連　RATE ローンや積立貯蓄の利率を求める …………………………… P.268

投資期間と利率

ローンや積立貯蓄の利率を求める

RATE（期間,定期支払額,現在価値,将来価値,支払期日,推定値）

元利均等払いのローン返済や複利の積立貯蓄の利率を求めます。

期間	ローンの返済期間や積立貯蓄の払込期間を指定します。
定期支払額	各期の返済額または払込額を指定します。通常、マイナスで指定します。
現在価値	現在の残高を指定します。ローンの場合は借入額を指定し、積立貯蓄で頭金がない場合は0を指定します。
将来価値	将来の残高を指定します。ローンで借入金を完済する場合は0を指定し、積立貯蓄の場合は満期受取額を指定します。省略すると0が指定されたものとみなされます。
支払期日	返済が期首に行われるか期末に行われるかを指定します。期首の場合、通常は1を指定します。

  0または省略 … 期末（たとえば、月払いの場合は月末）
  0以外の値 …… 期首（たとえば、月払いの場合は月初）

| 推定値 | 利率の推定値を指定します。推定値を省略すると10%が指定されたものとみなされます。 |

使用例　ローンの利率を求める

=RATE(A3*12,B3,C3,0)

期間　定期支払額　現在価値　将来価値

100万円を借入して5年間で毎月1万8千円ずつ返済するときの利率（月利）が求められた

ポイント

- 求めたい利率と[期間]の単位は同じにします。たとえば、月利を求めるのであれば、[期間]や[定期支払額]の値も月単位で指定します。
- 使用例では、最初に100万円が手元に入るので[現在価値]には1,000,000が入力されているセルC3を指定し、完済する（0円になる）ので[将来価値]には0を指定しています。

投資期間と利率

実効年利率・名目年利率を求める

EFFECT(名目年利率,複利計算回数)
エフェクト

NOMINAL(実効年利率,複利計算回数)
ノミナル

EFFECT関数は、[名目年利率] と [複利計算回数] をもとに実効年利率を求めます。
NOMINAL関数は、[実効年利率]と[複利計算回数]をもとに名目年利率を求めます。

名目・実効年利率	EFFECT関数では名目年利率を、NOMINAL関数では実効年利率を指定します。
複利計算回数	1年間のうち、利息の計算を何回するかを指定します。

使用例 名目年利率から実効年利率を求める

=EFFECT(A3,B3)

名目年利率が2%、複利計算回数が2回のときの実効年利率が求められた

ポイント

- [複利計算回数]が多いほど実効年利率は大きくなり、名目年利率は小さくなります。
- [複利計算回数]が1のとき、名目年利率と実効年利率は等しくなります。

関連 **RATE** ローンや積立貯蓄の利率を求める P.268

投資期間と利率 〈365 2019 2016 2013 2010〉

元金と満期受取額から複利計算の利率を求める

レリバント・レート・オブ・インタレスト

RRI(期間,現在価値,将来価値)

[現在価値]と[将来価値]から複利の利率(等価利率)を求めます。定期預金の場合、元金が現在価値に、満期受取額が将来価値に当たります。

期間 投資の期間を指定します。
現在価値 元金などの現在価値を指定します。
将来価値 満期受取額などの将来価値を指定します。

使用例 複利計算の利率を求める

=RRI(A3*12,B3,C3)

100万円が3年後に120万円になる場合の複利計算の利率(月利)が求められた

ポイント

- [現在価値]や[将来価値]は、ほかの財務関数とは異なり、正の値を指定します。
- [期間]は求めたい利率の期間と同じ単位で指定します。期間が3年の場合、年利を求めるのであれば3を指定し、月利を求めるのであれば36(12か月×3)を指定します。
- RRI関数の値は以下の式で求められます。Excel 2010でも同じ計算ができるようにするには、この式を使います。
  RRI = (将来価値/現在価値)^(1/期間) - 1

関連 PDURATION 投資金額が目標額になるまでの期間を求める P.271

投資期間と利率

投資金額が目標額になるまでの期間を求める

ピリオド・デュレーション

PDURATION (利率, 現在価値, 将来価値)

[現在価値] が [将来価値] になるまでの期間を求めます。利率は複利とします。定期預金の場合、元金が現在価値に、満期受取額が将来価値に当たります。

- **利率** 投資の利率を指定します。
- **現在価値** 元金などの現在価値を指定します。
- **将来価値** 満期受取額などの将来価値を指定します。

使用例 投資が目標に達するまでの期間を求める

=PDURATION(A3,B3,C3)

100万円を年利5%で120万円にするために必要な期間(年)が求められた

ポイント

- [現在価値] や [将来価値] は、ほかの財務関数とは異なり、正の値を指定します。
- 求められた期間は [利率] の期間と同じ単位です。使用例では [利率] が年利なので、期間は約3.74年となります。
- PDURATION関数の値は以下の式で求められます。Excel 2010でも同じ計算ができるようにするには、この式を使います。
  PDURATION = (LOG(将来価値) - LOG(現在価値)) / LOG(1 + 利率)

関連 **LOG** 任意の数値を底とする対数を求める ……………………………… P.71
RRI 元金と満期受取額から複利計算の利率を求める ……………… P.270

正味現在価値

365 2019 2016 2013 2010

定期的なキャッシュフローから正味現在価値を求める

ネット・プレゼント・バリュー

NPV(割引率,値1,値2,…,値254)

[割引率]と[値]で示される定期的なキャッシュフローから正味現在価値を求めます。

割引率 割引率を指定します。
値 キャッシュフローを指定します。

使用例 定期的に収益が上がった場合の正味現在価値を求める

=NPV(A3,C5:C9)

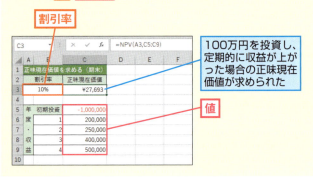

100万円を投資し、定期的に収益が上がった場合の正味現在価値が求められた

ポイント

- 最初のキャッシュフロー（投資）が最初の期の期末に発生する場合は、そのキャッシュフローを1つ目の[値]に指定します。
- 最初のキャッシュフロー（投資）が最初の期の期首に発生する場合は、そのキャッシュフローは引数に指定せずに、NPV関数で求めた値に加算して正味現在価値を求めます。使用例の場合であれば、「=C5+NPV(A3,C6:C9)」とします。
- 正味現在価値が負になる場合、その投資は採算がとれないものとみなされます。

関連 IRR 定期的なキャッシュフローから内部利益率を求める……… P.274

正味現在価値

365 2019 2016 2013 2010

不定期的なキャッシュフローから正味現在価値を求める

エクストラ・ネット・プレゼント・バリュー

XNPV(割引率, キャッシュフロー, 日付)

[割引率]で示される不定期な[キャッシュフロー]から正味現在価値を求めます。

割引率	割引率を指定します。
キャッシュフロー	キャッシュフローの値が入力されているセル範囲や配列定数を指定します。
日付	キャッシュフローの発生した日付が入力されているセル範囲や配列定数を指定します。

使用例 不定期に収益が上がった場合の正味現在価値を求める

=XNPV(A3,C5:C9,D5:D9)

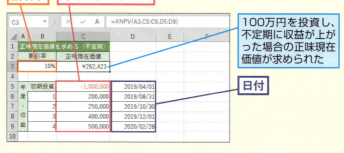

100万円を投資し、不定期に収益が上がった場合の正味現在価値が求められた

ポイント

- [キャッシュフロー]には、投資や支払いの金額を負の値で指定します。正の値と負の値が、それぞれ1つ以上含まれている必要があります。
- [日付]の先頭に最初の支払日を指定します。それ以降は、最初の支払日以降の日付を指定します。ただし、最初の支払日以外の日付の順序は自由です。
- 正味現在価値が負になる場合、その投資は採算がとれないものとみなされます。

関連 **XIRR** 不定期的なキャッシュフローから内部利益率を求める……P.275
関数の引数に配列定数を指定する……………………………………P.372

内部利益率

定期的なキャッシュフローから内部利益率を求める

インターナル・レート・オブ・リターン

IRR(範囲,推定値)

[範囲]の定期的なキャッシュフローから内部利益率を求めます。内部利益率は正味現在価値とともに、投資の採算性を評価するために使われる指標です。

範囲 キャッシュフローの値が入力されているセル範囲や配列定数を指定します。
推定値 内部利益率の推定値を指定します。省略すると10%が指定されたものとみなされます。

使用例 定期的に収益が上がった場合の内部利益率を求める

=IRR(C2:C7)

100万円を投資し、定期的に収益が上がった場合の内部利益率が求められた

ポイント
- [範囲]内に含まれる空のセルや文字列、論理値など数値以外のデータは無視されます。
- [範囲]内には、負の数(投資や支払い)と正の数(収益)がそれぞれ1つ以上含まれている必要があります。
- IRR関数の結果は、NPV関数の結果が0であるときの利益率と等しくなります。
- 内部利益率が負になる場合、その投資は採算がとれないものとみなされます。

関連 NPV 定期的なキャッシュフローから正味現在価値を求める……P.272

内部利益率

不定期的なキャッシュフローから内部利益率を求める

エクストラ・インターナル・レート・オブ・リターン

XIRR(範囲,日付,推定値)

[範囲]と[日付]の不定期なキャッシュフローから内部利益率を求めます。内部利益率は正味現在価値とともに、投資の採算性を評価するために使われる指標です。

- **範囲** キャッシュフローの値が入力されているセル範囲や配列定数を指定します。
- **日付** キャッシュフローの発生した日付が入力されているセル範囲や配列定数を指定します。
- **推定値** 内部利益率の推定値を指定します。省略すると10%が指定されたものとみなされます。

使用例 不定期に収益が上がった場合の内部利益率を求める

=XIRR(C2:C7,D2:D7)

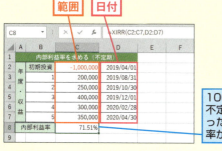

100万円を投資し、不定期に収益が上がった場合の内部利益率が求められた

ポイント

- [範囲]内には、負の数(投資や支払い)と正の数(収益)がそれぞれ1つ以上含まれている必要があります。
- [範囲]と[日付]の先頭には、最初のキャッシュフロー(初期投資)を指定します。それ以降の順序は自由です。
- XIRR関数の結果は、XNPV関数の結果が0であるときの利益率と等しくなります。
- 内部利益率が負になる場合、その投資は採算がとれないものとみなされます。

関連 XNPV

不定期的なキャッシュフローから正味現在価値を求める……………P.273

内部利益率

定期的なキャッシュフローから修正内部利益率を求める

モディファイド・インターナル・レート・オブ・リターン

MIRR(範囲,安全利率,危険利率)

[範囲]の定期的なキャッシュフローから修正内部利益率を求めます。修正内部利益率は正味現在価値とともに、投資の採算性を評価するために使われる指標です。

- **範囲** キャッシュフローの値が入力されているセル範囲や配列定数を指定します。
- **安全利率** 支払額(負のキャッシュフロー)に対する利率を指定します。
- **危険利率** 収益額(正のキャッシュフロー)に対する利率を指定します。

使用例 定期的に収益が上がった場合の修正内部利益率を求める

=MIRR(C5:C10,A3,C3)

100万円を投資し、定期的に収益が上がった場合の修正内部利益率が求められた

ポイント

- [範囲]内には、負の数(投資や支払い)と正の数(収益)がそれぞれ1つ以上含まれている必要があります。
- IRR関数で求められる内部利益率は、初期投資に関する利率や収益の再投資に対する利率が考慮されていません。MIRR関数ではそれらの利率も考慮した内部利益率が求められます。
- 内部利益率が負になる場合、その投資は採算がとれないものとみなされます。

関連
IRR 定期的なキャッシュフローから内部利益率を求める............P.274
関数の引数に配列定数を指定する............P.372

定期利付債の計算

365 2019 2016 2013 2010

定期利付債の利回りを求める

YIELD（受渡日, 満期日, 利率, 現在価格, 償還価額, 頻度, 基準）

定期利付債を[満期日]まで保有した場合に得られる収益の利回りを求めます。

受渡日	債券の受渡日（購入日）を指定します。
満期日	債券の満期日（償還日）を指定します。
利率	債券の年間の利率を指定します。
現在価格	額面100に対する債券の現在価格を指定します。
償還価額	額面100に対する債券の償還価額を指定します。
頻度	年間の利払回数を指定します。年1回の場合は1を、年2回の場合は2を、四半期ごとの場合は4を指定します。
基準	日数計算に使われる基準日数（月／年）を表す値を指定します。

- 0または省略 … 30日／360日（米国（NASD）方式）
- 1 ……………… 実際の日数／実際の日数
- 2 ……………… 実際の日数／360日
- 3 ……………… 実際の日数／365日
- 4 ……………… 30日／360日（ヨーロッパ方式）

使用例　現在価格をもとに定期利付債の利回りを求める

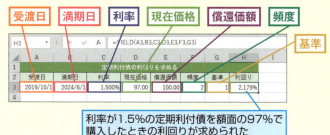

利率が1.5%の定期利付債を額面の97%で購入したときの利回りが求められた

ポイント

- YIELD関数は、定期利付債の[現在価格]がわかっているとき、その債券を[受渡日]に購入して[満期日]まで保有したときの1年間当たりの最終利回りを求めたい場合に使います。なお、[受渡日]に債券の発行日を指定すれば、発行時から満期時までの応募者利回りが求められます。

☑ 定期利付債の計算　　　365　2019　2016　2013　2010

定期利付債の現在価格を求める

プライス
PRICE(受渡日,満期日,利率,利回り,償還価額,頻度,基準)

定期利付債の[満期日]までの[利回り]をもとに、額面100当たりの現在価格を求めます。

受渡日	債券の受渡日(購入日)を指定します。
満期日	債券の満期日(償還日)を指定します。
利率	債券の年間の利率を指定します。
利回り	債券を満期日まで保有したときの年間の利回りを指定します。
償還価額	額面100に対する債券の償還価額を指定します。
頻度	年間の利払回数を指定します。年1回の場合は1を、年2回の場合は2を、四半期ごとの場合は4を指定します。
基準	日数計算に使われる基準日数(月／年)を表す値を指定します。

　0または省略 … 30日／360日(米国(NASD)方式)
　1 ……………… 実際の日数／実際の日数
　2 ……………… 実際の日数／360日
　3 ……………… 実際の日数／365日
　4 ……………… 30日／360日(ヨーロッパ方式)

使用例　利回りをもとに定期利付債の現在価格を求める

=PRICE(A3,B3,C3,D3,E3,F3,G3)

利率が1.5%、利回りが2.179%の定期利付債の現在価格が求められた

ポイント

● PRICE関数は、定期利付債を[満期日]まで保有したときの[利回り]がわかっているとき、その債券を[受渡日]に購入すると、額面100当たりの現在価格がいくらになるかを求めたい場合に使います。なお、[受渡日]に債券の発行日を指定すれば、応募者価格が求められます。

定期利付債の計算

定期利付債の経過利息を求める

アクルード・インタレスト
ACCRINT(発行日,最初の利払日,受渡日,利率,額面,頻度,基準,計算方式)

定期利付債の[発行日]または[最初の利払日]をもとに、[受渡日]までの間に発生する利息の合計、つまり経過利息（未収利息）を求めます。

- **発行日** 債券の発行日を指定します。
- **最初の利払日** 債券の利息（クーポン）が初回に支払われる日付を指定します。
- **受渡日** 債券の受渡日（購入日）を指定します。
- **利率** 債券の年間の利率を指定します。
- **額面** 債券の額面を指定します。
- **頻度** 年間の利払回数を指定します。年1回の場合は1を、年2回の場合は2を、四半期ごとの場合は4を指定します。
- **基準** 日数計算に使われる基準日数（月／年）を表す値を指定します。
  - 0または省略 … 30日／360日（米国(NASD)方式）
  - 1 ………………… 実際の日数／実際の日数
  - 2 ………………… 実際の日数／360日
  - 3 ………………… 実際の日数／365日
  - 4 ………………… 30日／360日（ヨーロッパ方式）
- **計算方式** 受渡日が最初の利払日よりあとになる場合の経過利息（未収利息）の計算に使用される方法を指定します。TRUEまたは1を指定すると、発行日から受渡日までの経過利息の合計が返されます。FALSEまたは0を指定すると、最初の利払日から受渡日までの経過利息が返されます。

使用例 定期利付債の発行日から受渡日までの利息の合計を求める

利率が1.5%の定期利付債の発行日から受渡日までの経過利息が求められた

定期利付債の日付情報　365　2019　2016　2013　2010

定期利付債の受渡日以前または受渡日以降の利払日を求める

プリービアス・クーポン・デート

COUPPCD (受渡日,満期日,頻度,基準)

クーポンデイズ・ネクスト・トゥ・クーポン・デート

COUPNCD (受渡日,満期日,頻度,基準)

COUPPCD関数は、定期利付債の[受渡日]以前で最も近い(直前の)利払日を求めます。
COUPNCD関数は、定期利付債の[受渡日]以降で最も近い(次回の)利払日を求めます。

受渡日　債券の受渡日(購入日)を指定します。
満期日　債券の満期日(償還日)を指定します。
頻度　年間の利払回数を指定します。年1回の場合は1を、年2回の場合は2を、四半期ごとの場合は4を指定します。
基準　日数計算に使われる基準日数(月／年)を表す値を指定します。
　0または省略 … 30日／360日(米国(NASD)方式)
　1 ……………… 実際の日数／実際の日数
　2 ……………… 実際の日数／360日
　3 ……………… 実際の日数／365日
　4 ……………… 30日／360日(ヨーロッパ方式)

使用例　受渡日の直前の利払日を求める

=COUPPCD(A3,B3,C3,1)

定期利付債の受渡日以前で最も近い利払日が求められた

ポイント

● COUPPCD関数やCOUPNCD関数の結果はシリアル値で返されます。使用例のような日付として表示する場合は、表示形式を[短い日付形式]に変更しておく必要があります。

定期利付債の日付情報

365 2019 2016 2013 2010

定期利付債の受渡日～満期日の利払回数を求める

クーポン・ナンバー

COUPNUM(受渡日, 満期日, 頻度, 基準)

定期利付債の[受渡日]から[満期日]までの利払回数を求めます。

受渡日 債券の受渡日(購入日)を指定します。
満期日 債券の満期日(償還日)を指定します。
頻度 年間の利払回数を指定します。年1回の場合は1を、年2回の場合は2を、四半期ごとの場合は4を指定します。
基準 日数計算に使われる基準日数(月／年)を表す値を指定します。
　0または省略 … 30日／360日(米国(NASD)方式)
　1 ……………… 実際の日数／実際の日数
　2 ……………… 実際の日数／360日
　3 ……………… 実際の日数／365日
　4 ……………… 30日／360日(ヨーロッパ方式)

使用例　受渡日から満期日までの利払回数を求める

=COUPNUM(A3,B3,C3,1)

定期利付債の受渡日から満期日までの利払回数が求められた

ポイント

● COUPNUM関数は、定期利付債の発行条件([受渡日]、[満期日]、利払の[頻度])がわかっているとき、[受渡日]から[満期日]までにあと何回の利払いを受けられるかを知りたい場合に使います。

関連　COUPDAYBS/COUPDAYSNC
　定期利付債の受渡日～利払日の日数を求める …………………………P.282

定期利付債の日付情報　365　2019　2016　2013　2010

定期利付債の受渡日〜利払日の日数を求める

クーポン・デイズ・ビギニング・トゥ・セトルメント

COUPDAYBS (受渡日,満期日,頻度,基準)

クーポン・デイズ・セトルメント・トゥ・ネクスト・クーポン

COUPDAYSNC (受渡日,満期日,頻度,基準)

COUPDAYBS関数は、定期利付債の[受渡日]以前で最も近い（直前の）利払日から、[受渡日]までの日数を求めます。COUPDAYSNC関数は、定期利付債の[受渡日]から、[受渡日]以降で最も近い（次回の）利払日までの日数を求めます。

受渡日　債券の受渡日（購入日）を指定します。
満期日　債券の満期日（償還日）を指定します。
頻度　年間の利払回数を指定します。年1回の場合は1を、年2回の場合は2を、四半期ごとの場合は4を指定します。
基準　日数計算に使われる基準日数（月／年）を表す値を指定します。
　0または省略 … 30日／360日（米国（NASD）方式）
　1 ……………… 実際の日数／実際の日数
　2 ……………… 実際の日数／360日
　3 ……………… 実際の日数／365日
　4 ……………… 30日／360日（ヨーロッパ方式）

使用例　直前の利払日から受渡日までの日数を求める

=COUPDAYBS(A3,B3,C3,1)

関連　COUPPCD/COUPNCD
　　定期利付債の受渡日以前または受渡日以降の利払日を求める …..P.280

定期利付債の日付情報

COUPDAYS (受渡日, 満期日, 頻度, 基準)

クーポン・デイズ

定期利付債の[受渡日]が含まれる利払期間の日数を求めます。

- **受渡日** 債券の受渡日(購入日)を指定します。
- **満期日** 債券の満期日(償還日)を指定します。
- **頻度** 年間の利払回数を指定します。年1回の場合は1を、年2回の場合は2を、四半期ごとの場合は4を指定します。
- **基準** 日数計算に使われる基準日数(月／年)を表す値を指定します。
  - 0または省略 … 30日／360日(米国(NASD)方式)
  - 1 ………… 実際の日数／実際の日数
  - 2 ………… 実際の日数／360日
  - 3 ………… 実際の日数／365日
  - 4 ………… 30日／360日(ヨーロッパ方式)

使用例 受渡日が含まれる利払期間の日数を求める

=COUPDAYS(A3,B3,C3,1)

ポイント

- [受渡日]が含まれる利払期間とは、[受渡日]の直前の利払日から、次の利払日までの日数です。

関連 COUPDAYSBS/COUPDAYSNC
定期利付債の受渡日〜利払日の日数を求める …………………… P.282

定期利付債のデュレーションを求める

DURATION (受渡日,満期日,利率,利回り,頻度,基準)

定期利付債の発行条件をもとに、デュレーションを求めます。

- **受渡日** 債券の受渡日(購入日)を指定します。
- **満期日** 債券の満期日(償還日)を指定します。
- **利率** 債券の年間の利率を指定します。
- **利回り** 債券を満期日まで保有したときの年間の利回りを指定します。
- **頻度** 年間の利払回数を指定します。年1回の場合は1を、年2回の場合は2を、四半期ごとの場合は4を指定します。
- **基準** 日数計算に使われる基準日数(月/年)を表す値を指定します。
  - 0または省略 … 30日/360日(米国(NASD)方式)
  - 1 ……………… 実際の日数/実際の日数
  - 2 ……………… 実際の日数/360日
  - 3 ……………… 実際の日数/365日
  - 4 ……………… 30日/360日(ヨーロッパ方式)

使用例 発行条件をもとにデュレーションを求める

=DURATION(A3,B3,C3,D3,E3,1)

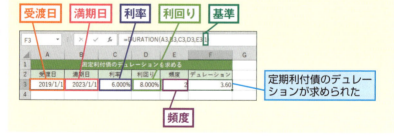

ポイント

- 日付を表す引数、[頻度]、[基準]に小数部分のある数値を指定した場合、小数点以下が切り捨てられた整数とみなされます。
- デュレーションの単位は「年」となります。
- DURATION関数では、債券の償還価額(額面)が100であるものとしてデュレーションが計算されます。

定期利付債のデュレーション

365 2019 2016 2013 2010

定期利付債の修正デュレーションを求める

モディファイド・デュレーション

MDURATION(受渡日,満期日,利率,利回り,頻度,基準)

定期利付債の発行条件をもとに、修正デュレーションを求めます。

受渡日 債券の受渡日(購入日)を指定します。
満期日 債券の満期日(償還日)を指定します。
利率 債券の年間の利率を指定します。
利回り 債券を満期日まで保有したときの年間の利回りを指定します。
頻度 年間の利払回数を指定します。年1回の場合は1を、年2回の場合は2を、四半期ごとの場合は4を指定します。
基準 日数計算に使われる基準日数(月/年)を表す値を指定します。
　0または省略 … 30日/360日(米国(NASD)方式)
　1 ……………… 実際の日数/実際の日数
　2 ……………… 実際の日数/360日
　3 ……………… 実際の日数/365日
　4 ……………… 30日/360日(ヨーロッパ方式)

使用例　発行条件をもとに修正デュレーションを求める

=MDURATION(A3,B3,C3,D3,E3,1)

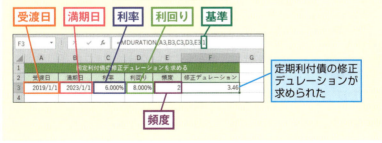

定期利付債の修正デュレーションが求められた

ポイント

- 日付を表す引数、[頻度]、[基準]に小数部分のある数値を指定した場合、小数点以下が切り捨てられた整数とみなされます。
- 修正デュレーションに単位はありませんが、一般に「年」が使われます。
- MDURATION関数では、債券の償還価額(額面)が100であるものとして修正デュレーションが計算されます。

利払期間が半端な定期利付債

利払期間が半端な定期利付債の利回りを求める

オッド・ファースト・イールド
ODDFYIELD(受渡日,満期日,発行日,最初の利払日,利率,現在価格,償還価額,頻度,基準)

オッド・ラスト・イールド
ODDLYIELD(受渡日,満期日,最後の利払日,利率,現在価格,償還価額,頻度,基準)

365 2019 2016 2013 2010

ODDFYIELD関数は、最初の利払期間が半端な定期利付債を[満期日]まで保有した場合に得られる収益の利回りを求めます。ODDLYIELD関数は、最後の利払期間が半端な定期利付債を[満期日]まで保有した場合に得られる収益の利回りを求めます。

受渡日	債券の受渡日(購入日)を指定します。
満期日	債券の満期日(償還日)を指定します。
発行日	債券の発行日を指定します。
最初・最後の利払日	債券の利息が初回・最後に支払われる日付を指定します。
利率	債券の年間の利率を指定します。
現在価格	額面100に対する債券の現在価格を指定します。
償還価額	額面100に対する債券の償還価額を指定します。
頻度	年間の利払回数を指定します。
基準	日数計算に使われる基準日数(月/年)を表す値を指定します。

- 0または省略 … 30日/360日(米国(NASD)方式)
- 1 ………… 実際の日数/実際の日数
- 2 ………… 実際の日数/360日
- 3 ………… 実際の日数/365日
- 4 ………… 30日/360日(ヨーロッパ方式)

使用例 最初の利払期間が半端な定期利付債の利回りを求める

=ODDFYIELD(A3,B3,C3,D3,A5,B5,C5,D5,1)

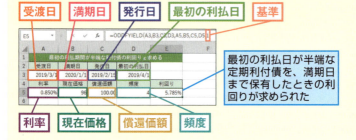

最初の利払日が半端な定期利付債を、満期日まで保有したときの利回りが求められた

利払期間が半端な定期利付債

☑ 利払期間が半端な定期利付債　365 / 2019 / 2016 / 2013 / 2010

利払期間が半端な定期利付債の現在価格を求める

オッド・ファースト・プライス
ODDFPRICE(受渡日, 満期日, 発行日, 最初の利払日, 利率, 利回り, 償還価額, 頻度, 基準)

オッド・ラスト・プライス
ODDLPRICE(受渡日, 満期日, 最後の利払日, 利率, 利回り, 償還価額, 頻度, 基準)

ODDFPRICE関数は、最初の利払期間が半端な定期利付債の[満期日]までの利回りから、額面100当たりの現在価格を求めます。ODDLPRICE関数は、最後の利払期間が半端な定期利付債の[満期日]までの利回りから、額面100当たりの現在価格を求めます。

受渡日	債券の受渡日(購入日)を指定します。
満期日	債券の満期日(償還日)を指定します。
発行日	債券の発行日を指定します。
最初・最後の利払日	債券の利息が初回・最後に支払われる日付を指定します。
利率	債券の年間の利率を指定します。
利回り	債券を満期日まで保有したときの年間の利回りを指定します。
償還価額	額面100に対する債券の償還価額を指定します。
頻度	年間の利払回数を指定します。
基準	日数計算に使われる基準日数(月／年)を表す値を指定します。

- 0または省略 … 30日／360日(米国(NASD)方式)
- 1 ……………… 実際の日数／実際の日数
- 2 ……………… 実際の日数／360日
- 3 ……………… 実際の日数／365日
- 4 ……………… 30日／360日(ヨーロッパ方式)

使用例　最初の利払期間が半端な定期利付債の現在価格を求める

=ODDFPRICE(A3,B3,C3,D3,A5,B5,C5,D5,1)

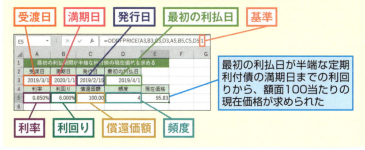

最初の利払日が半端な定期利付債の満期日までの利回りから、額面100当たりの現在価格が求められた

満期利付債の利回りを求める

イールド・アット・マチュリティ

YIELDMAT(受渡日,満期日,発行日,利率,現在価格,基準)

満期利付債を[満期日]まで保有した場合に得られる収益の利回りを求めます。

受渡日	債券の受渡日(購入日)を指定します。
満期日	債券の満期日(償還日)を指定します。
発行日	債券の発行日を指定します。
利率	債券の年間の利率を指定します。
現在価格	額面100に対する債券の現在価格を指定します。
基準	日数計算に使われる基準日数(月/年)を表す値を指定します。

　0または省略 … 30日/360日(米国(NASD)方式)
　1 ……………… 実際の日数/実際の日数
　2 ……………… 実際の日数/360日
　3 ……………… 実際の日数/365日
　4 ……………… 30日/360日(ヨーロッパ方式)

使用例　現在価格をもとに満期利付債の利回りを求める

=YIELDMAT(A3,B3,C3,D3,E3,1)

利率が0.5%の満期利付債を額面の95%で購入したときの利回りが求められた

ポイント

● YIELDMAT関数は、満期利付債の発行条件と[現在価格]がわかっているとき、その債券を[受渡日]から[満期日]まで保有したときの1年間当たりの最終利回りを求めたい場合に使います。

関連　**PRICEMAT** 満期利付債の現在価格を求める ……………………………P.289
　　　ACCRINTM 満期利付債の経過利息を求める …………………………P.290

満期利付債の現在価格を求める

プライス・アット・マチュリティ
PRICEMAT (受渡日,満期日,発行日,利率,利回り,基準)

満期利付債の[満期日]までの[利回り]をもとに、額面100当たりの現在価格を求めます。

- **受渡日** 債券の受渡日(購入日)を指定します。
- **満期日** 債券の満期日(償還日)を指定します。
- **発行日** 債券の発行日を指定します。
- **利率** 債券の年間の利率を指定します。
- **利回り** 債券を満期日まで保有したときの年間の利回りを指定します。
- **基準** 日数計算に使われる基準日数(月/年)を表す値を指定します。
  - 0または省略 … 30日／360日(米国(NASD)方式)
  - 1 ………… 実際の日数／実際の日数
  - 2 ………… 実際の日数／360日
  - 3 ………… 実際の日数／365日
  - 4 ………… 30日／360日(ヨーロッパ方式)

使用例 利回りをもとに満期利付債の現在価格を求める

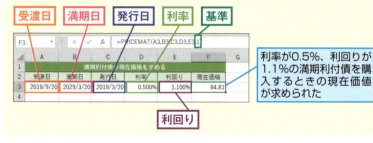

ポイント

- PRICEMAT関数は、満期利付債の発行条件と、その債券を[満期日]まで保有したときの[利回り]がわかっているとき、その債券を[受渡日]に購入すると、額面100当たりの現在価格がいくらになるかを求めたい場合に使います。なお、[受渡日]に債券の発行日を指定すれば、応募者価格が求められます。

関連 YIELDMAT 満期利付債の利回りを求める ……………………………… P.288

満期利付債

満期利付債の経過利息を求める

アクルード・インタレスト・マチュリティ
ACCRINTM(発行日,受渡日,利率,額面,基準)

満期利付債の[発行日]から[受渡日]までの間に発生する経過利息を求めます。

- **発行日** 債券の発行日を指定します。
- **受渡日** 債券の受渡日(購入日)を指定します。
- **利率** 債券の年間の利率を指定します。
- **額面** 債券の額面を指定します。
- **基準** 日数計算に使われる基準日数(月／年)を表す値を指定します。
  - 0または省略 … 30日／360日(米国(NASD)方式)
  - 1 ………… 実際の日数／実際の日数
  - 2 ………… 実際の日数／360日
  - 3 ………… 実際の日数／365日
  - 4 ………… 30日／360日(ヨーロッパ方式)

使用例　満期利付債の発行日から受渡日までの利息の合計を求める

=ACCRINTM(A3,B3,C3,D3,1)

利率が0.5%の満期利付債の発行日から受渡日までの経過利息が求められた

ポイント

- ACCRINTM関数は、満期利付債の発行条件と、その債券の[受渡日]がわかっているとき、その期間中に発生する経過利息(未収利息)を求めたい場合に使います。

関連 YIELDMAT 満期利付債の利回りを求める ……………………P.288
PRICEMAT 満期利付債の現在価格を求める ……………………P.289

割引債の単利年利回りを求める

YIELDDISC(受渡日, 満期日, 現在価格, 償還価額, 基準)
(ディスカウント・イールド)

割引債を[満期日]まで保有した場合に得られる収益の利回りを求めます。

- **受渡日** 債券の受渡日(購入日)を指定します。
- **満期日** 債券の満期日(償還日)を指定します。
- **現在価格** 額面100に対する債券の現在価格を指定します。
- **償還価額** 額面100に対する債券の償還価額を指定します。
- **基準** 日数計算に使われる基準日数(月／年)を表す値を指定します。
  - 0または省略 … 30日／360日(米国(NASD)方式)
  - 1 ……………… 実際の日数／実際の日数
  - 2 ……………… 実際の日数／360日
  - 3 ……………… 実際の日数／365日
  - 4 ……………… 30日／360日(ヨーロッパ方式)

使用例　割引債の利回りを求める

=YIELDDISC(A3,B3,C3,D3,1)

割引債を購入し、満期日まで保有したときに得られる収益の年利回りが求められた

ポイント

- [受渡日]に債券の発行日を指定すれば、発行時から満期時までの応募者利回りが求められます。
- 複利年利回りを求めたいときは、RRI関数を使います。
- INTRATE関数を使っても同じ結果が得られます。

関連 **RRI** 元金と満期受取額から複利計算の利率を求める ……………… P.270
　　　INTRATE 割引債の利回りを求める ……………………………………… P.292

☑ 割引債　　　　　　　　　　　　365　2019　2016　2013　2010

割引債の利回りを求める

イントレート

INTRATE (受渡日,満期日,現在価格,償還価額,基準)

割引債を[満期日]まで保有した場合に得られる収益の利回りを求めます。

受渡日　債券の受渡日(購入日)を指定します。
満期日　債券の満期日(償還日)を指定します。
現在価格　額面100に対する債券の現在価格を指定します。
償還価額　額面100に対する債券の償還価額を指定します。
基準　日数計算に使われる基準日数(月／年)を表す値を指定します。
　　0または省略 … 30日／ 360日(米国(NASD)方式)
　　1 …………… 実際の日数／実際の日数
　　2 …………… 実際の日数／ 360日
　　3 …………… 実際の日数／ 365日
　　4 …………… 30日／ 360日(ヨーロッパ方式)

📋 使用例　全額投資された証券の利率を求める

=INTRATE(A3,B3,C3,D3,1)

受渡日　満期日　現在価格　償還価額　基準

	A	B	C	D	E	F
1			割引債の利回りを求める			
2	受渡日	満期日	投資額	償還価額	利回り	
3	2019/3/20	2019/12/20	1,000,000	1,040,000	5.309%	
4						

購入した証券を満期日まで保有したときに得られる投資の利率が求められた

ポイント

● 受渡日に債券の発行日を指定すれば、発行時から期時までの応募者利回りが求められます。

● 割引債では、売却時の価格が額面と等しい場合は「償還価格＝投資額＋利益」と考えられるので、INTRATE関数を使っても、YEILDDISC関数と同じ結果が得られます。

関連　**YIELDDISC** 割引債の単利年利回りを求める …………………………P.291

292

割引債

365 2019 2016 2013 2010

割引債の満期日受取額を求める

レシーブド

RECEIVED(受渡日,満期日,現在価格,割引率,基準)

割引債を[満期日]まで保有した場合に支払われる満期日受取額を求めます。

受渡日 債券の受渡日(購入日)を指定します。
満期日 債券の満期日(償還日)を指定します。
現在価格 額面100に対する債券の現在価格を指定します。
割引率 債券の年間の割引率を指定します。
基準 日数計算に使われる基準日数(月/年)を表す値を指定します。
　0または省略 … 30日/360日(米国(NASD)方式)
　1 ……………… 実際の日数/実際の日数
　2 ……………… 実際の日数/360日
　3 ……………… 実際の日数/365日
　4 ……………… 30日/360日(ヨーロッパ方式)

使用例　割引債を満期日まで保有したときの受取額を求める

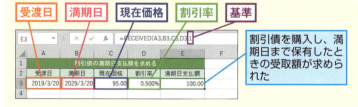

ポイント

- RECEIVED関数は、割引債の[割引率]と[現在価格](投資額)がわかっているとき、その債券を[受渡日]に購入して[満期日]まで保有したときの満期日受取額を求めたい場合に使います。
- [満期日]に指定した売却日が債権の償還日と同じであれば、結果は100となります。

関連 **PRICEDISC** 割引債の現在価格を求める …………………………………P.294
　　　DISC 割引債の割引率を求める ………………………………………………P.295

割引債の現在価格を求める

プライス・オブ・ディスカウンティッド・セキュリティ

PRICEDISC(受渡日,満期日,割引率,償還価額,基準)

割引債を購入するときの、額面100当たりの現在価格を求めます。

- **受渡日** 債券の受渡日(購入日)を指定します。
- **満期日** 債券の満期日(償還日)を指定します。
- **割引率** 債券の年間の割引率を指定します。
- **償還価額** 額面100に対する債券の償還価額を指定します。
- **基準** 日数計算に使われる基準日数(月／年)を表す値を指定します。
  - 0または省略 … 30日／360日(米国(NASD)方式)
  - 1 ………… 実際の日数／実際の日数
  - 2 ………… 実際の日数／360日
  - 3 ………… 実際の日数／365日
  - 4 ………… 30日／360日(ヨーロッパ方式)

使用例　割引債の現在価格を求める

=PRICEDISC(A3,B3,C3,D3,1)

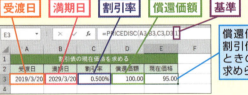

償還価額が100の割引債を購入するときの現在価格が求められた

ポイント

- PRICEDISC関数は、割引債の[割引率]と[償還価額](額面)がわかっているとき、その債券を[受渡日]に購入すると、額面100当たりの現在価格がいくらになるかを求めたい場合に使います。
- [受渡日]に債券の発行日を指定すれば、発行価格が求められます。

関連　RECEIVED 割引債の満期日受取額を求める ……………………P.293

割引債の割引率を求める

DISC(受渡日,満期日,現在価格,償還価額,基準)

割引債を購入するときの割引率を求めます。

受渡日　債券の受渡日(購入日)を指定します。
満期日　債券の満期日(償還日)を指定します。
現在価格　額面100に対する債券の現在価格を指定します。
償還価額　額面100に対する債券の償還価額を指定します。
基準　日数計算に使われる基準日数(月／年)を表す値を指定します。
　0または省略 … 30日／360日(米国(NASD)方式)
　1 ……………… 実際の日数／実際の日数
　2 ……………… 実際の日数／360日
　3 ……………… 実際の日数／365日
　4 ……………… 30日／360日(ヨーロッパ方式)

使用例　割引債の割引率を求める

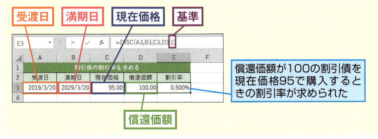

ポイント

- DISC関数は、割引債の[償還価額](額面)と[現在価格]がわかっているとき、その債券を[受渡日]に購入して[満期日]まで保有したときの割引率を求めたい場合に使います。

関連　RECEIVED 割引債の満期日受取額を求める …………………… P.293

☑ 米国財務省短期証券　　　　　　　(365) (2019) (2016) (2013) (2010)

米国財務省短期証券の利回りを求める

トレジャリー・ビル・イールド
TBILLYIELD (受渡日,満期日,現在価格)

米国財務省短期証券を［満期日］まで保有した場合に得られる収益の利回りを求めます。
この関数では、1年＝360日として計算されます。

受渡日	債券の受渡日（購入日）を指定します。証券の発行日を指定すれば、発行時から満期時までの応募者利回りが求められます。
満期日	債券の満期日（償還日）を指定します。
現在価格	額面100に対する債券の現在価格を指定します。

☑ 米国財務省短期証券　　　　　　　(365) (2019) (2016) (2013) (2010)

米国財務省短期証券の債券換算利回りを求める

トレジャリー・ビル・イーキュー
TBILLEQ (受渡日,満期日,割引率)

米国財務省短期証券を［満期日］まで保有した場合に得られる収益の利回りを、通常の債券に換算した値で求めます。

受渡日	債券の受渡日（購入日）を指定します。証券の発行日を指定すれば、発行時から満期時までの応募者利回りが求められます。
満期日	債券の満期日（償還日）を指定します。
割引率	証券の現在の割引率を指定します。

☑ 米国財務省短期証券　　　　　　　(365) (2019) (2016) (2013) (2010)

米国財務省短期証券の現在価格を求める

トレジャリー・ビル・プライス
TBILLPRICE (受渡日,満期日,割引率)

米国財務省短期証券を購入するときの、額面100ドル当たりの現在価格を求めます。

受渡日	債券の受渡日（購入日）を指定します。証券の発行日を指定すれば、応募者価格が求められます。
満期日	債券の満期日（償還日）を指定します。
割引率	証券の年間の割引率を指定します。

ドル価格の表記

`365` `2019` `2016` `2013` `2010`

分数表記のドル価格を小数表記に変換する

ダラー・デシマル

DOLLARDE(整数部と分子部,分母)

分数表記のドル価格を10進数の小数表記に変換します。

整数部と分子部 分数表記のドル価格の整数部分と分子部分を「.」で区切って指定します。たとえば、ドル価格が「50 1/8」なら「50.1」と指定します。

分母 分数で表記されたドル価格の分母部分を整数で指定します。たとえば、ドル価格が「50 1/8」なら「8」と指定します。小数部分のある数値を指定した場合、小数点以下が切り捨てられた整数とみなされます。

使用例 分数で表記された米国証券の価格を小数表記に変換する

=DOLLARDE(A3,A4)

ポイント

- DOLLARDE関数の[整数部と分子部]に指定する数値は、分数表記の整部分と分子部分を「.」でつないだ小数のような形になります。
- 使用例では、47 3/4ドルを小数表記に変換するために[整数部と分子部]に47.3を、[分母]に4を指定しています。
- 分子部の桁数は分母部の桁数と合わせる必要があります。たとえば、「101 1/16ドル」を小数表記に変換する場合、[整数部と分子部]は「101.1」ではなく「101.01」とします。

関連 DOLLARFR 小数表記のドル価格を分数表記に変換する ………P.298

☑ ドル価格の表記　　　365　2019　2016　2013　2010

小数表記のドル価格を分数表記に変換する

ダラー・フラクション

DOLLARFR(小数値,分母)

小数表記のドル価格を分数表記に変換します。

小数値　小数表記のドル価格を10進数で指定します。
分母　分数表記のドル価格に変換したとき、分母としたい数値を整数で指定します。
　　　　分母には一般に、2、4、8、16、32のいずれかを使います。小数部分のある
　　　　数値を指定した場合、小数点以下が切り捨てられた整数とみなされます。

📖 使用例　小数で表記された米国証券の価格を分数表記に変換する

=DOLLARFR(A3,B4)

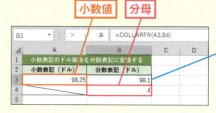

ポイント

- DOLLARFR関数の戻り値は、分数表記のドル価格の整数部分と分子部分を「.」でつないだ小数のような形になります。
- 使用例では、98.25ドルを、分母を4とした分数表記に変換しています。戻り値の98.1と[分母]の4を合わせて、98 1/4ドルが分数表記になります。

関連 ▶ **DOLLARDE** 分数表記のドル価格を小数表記に変換する ……… P.297

減価償却費

365 2019 2016 2013 2010

定額法（旧定額法）で減価償却費を求める

ストレート・ライン

SLN(取得価額,残存価額,耐用年数)

減価償却費を定額法で求めます。SLN関数では減価償却費を「減価償却費＝（取得価額－残存価額）÷耐用年数」という式で求めています。建物や牛馬などの動物については、通常、定額法で減価償却費を計算します。また、個人事業主で税務署に償却方法の変更を届け出ていない場合も、通常、定額法を使います。

取得価額 資産の取得価額を指定します。
残存価額 耐用年数が経過したあとの資産の価額を指定します。
耐用年数 資産の耐用年数を指定します。

使用例 パソコン（耐用年数4年）の減価償却費を旧定額法で求める

=SLN(A3,B3,C3)

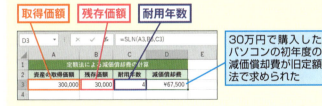

30万円で購入したパソコンの初年度の減価償却費が旧定額法で求められた

ポイント

- SLN関数の計算方法は旧定額法に基づいています。[残存価額]は取得価額×残存割合であらかじめ求めた値を指定します。残存割合は資産の種類によって異なります。
- 現行の定額法では、2007年4月1日以降に取得した資産は1円まで償却できます。しかし、[残存価額]として1を指定すると丸め誤差が出ます。その場合は[残存価額]を0として計算するか、SLN関数を使わずに取得価額×償却率という式で減価償却費を求め、最後の期の減価償却費から1を引いておきます。
- [耐用年数]は資産の種類によって異なります。本書の執筆時点（2019年2月）では、普通自動車は6年、サーバー以外のパソコンは4年です。
- 資産の種類ごとの残存割合や耐用年数、償却率、償却方法の選定、特例などについては、国税庁のWebページ（https://www.nta.go.jp/）から検索できます。

関連 **DB** 定率法（旧定率法）で減価償却費を求める……………………P.300

減価償却費

365 2019 2016 2013 2010

定率法（旧定率法）で減価償却費を求める

ディクライニング・バランス

DB(取得価額,残存価額,耐用年数,期,月)

減価償却費を定率法で求めます。DB関数では各期の減価償却費を「(取得価額－前期までの償却累計額)×償却率」という式で求めています。

取得価額 資産の取得価額を指定します。
残存価額 耐用年数が経過したあとの資産の価額を指定します。
耐用年数 資産の耐用年数を指定します。
期 減価償却費を求めたい期を指定します。
月 初年度に資産を使用していた月数を指定します。購入した月ではなく、使用した月数を指定します。

使用例　パソコン（耐用年数4年）の減価償却費を旧定率法で求める

=DB(A3,B3,C3,A6,D3)

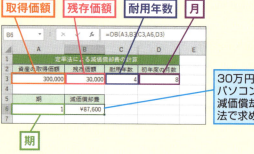

30万円で購入したパソコンの初年度の減価償却費が旧定率法で求められた

ポイント

- DB関数の計算方法は旧定率法に基づいています。[残存価額]は取得価額×残存割合であらかじめ求めた値を指定します。残存割合は資産の種類によって異なります。
- 現行の定率法では、2007年4月1日以降に取得した資産は1円まで償却できます。また、途中で定額法に切り替えて計算する必要があります。DB関数だけでは正しい減価償却費を計算できないので注意が必要です。
- [耐用年数]は資産の種類によって異なります。本書の執筆時点（2019年2月）では、普通自動車は6年、サーバー以外のパソコンは4年です。
- 資産の種類ごとの残存割合や耐用年数、償却率、償却方法の選定、特例などについては、国税庁のWebページ（https://www.nta.go.jp/）から検索できます。

☑ 減価償却費 　　　　　　　　　365　2019　2016　2013　2010

倍額定率法で減価償却費を求める

ダブル・ディクライニング・バランス

DDB（取得価額,残存価額,耐用年数,期,率）

[期]の減価償却費を倍額定率法で求めます。引数に指定する期間の単位は同じにしてお
く必要があります。なお、倍額定率法は日本の税法では認められていません。

取得価額　資産の取得価額を指定します。
残存価額　耐用年数が経過したあとの資産の価額を指定します。
耐用年数　資産の耐用年数を指定します。
期　　　減価償却費を求めたい期を指定します。
率　　　償却率を指定します。省略すると2が指定されたものとみなされます。

☑ 減価償却費 　　　　　　　　　365　2019　2016　2013　2010

指定した期間の減価償却費を倍額定率法で求める

バリアブル・ディクライニング・バランス

VDB（取得価額,残存価額,耐用年数,開始期,終了期,率,切り替え方法）

[開始期]から[終了期]の減価償却費を倍額定率法で求めます。定額法での減価償却費の
ほうが大きくなると、それ以降の期を定額法で計算するように指定することもできます。
現行の定率法と似た方法ですが、この関数だけでは定率法の計算はできません。

取得価額　　　資産の取得価額を指定します。
残存価額　　　耐用年数が経過したあとの資産の価額を指定します。
耐用年数　　　資産の耐用年数を指定します。
開始期　　　　減価償却費を求めたい最初の期を指定します。開始期が第m期である
　　　　　　　　場合には、m-1を指定します。
終了期　　　　減価償却費を求めたい最後の期を指定します。終了期が第n期である
　　　　　　　　場合には、n-1を指定します。
率　　　　　　償却率を指定します。省略すると2が指定されたものとみなされます。
切り替え方法　すべての期で倍額定率法を使うか、途中で定額法に切り替えるかを指
　　　　　　　　定します。

　　TRUEまたは0以外の値……すべての期で倍額定率法を使う
　　FALSEまたは0 ……………定額法での減価償却費のほうが大きくなった場合には、
　　　　　　　　　　　　　　それ以降の期を定額法で計算する

できる｜301

減価償却費 `365` `2019` `2016` `2013` `2010`

算術級数法で減価償却費を求める

サム・オブ・イヤーズ・ディジッツ

SYD（取得価額,残存価額,耐用年数,期）

減価償却費を算術級数法で求めます。算術級数法を使って減価償却を行うには税務署への申請と許可が必要です。

取得価額 資産の取得価額を指定します。
残存価額 耐用年数が経過したあとの資産の価額を指定します。
耐用年数 資産の耐用年数を指定します。
期 減価償却費を求めたい期を指定します。

減価償却費 `365` `2019` `2016` `2013` `2010`

フランスの会計システムで減価償却費を求める

アモリティスモン・リネール・コンスタビリテ

AMORLINC（取得価額,購入日,開始期,残存価額,期,率,年の基準）

アモリティスモン・デクレレシフ・コンスタビリテ

AMORDEGRC（取得価額,購入日,開始期,残存価額,期,率,年の基準）

減価償却費をフランスの会計システムに合わせて求めます。AMORDEGRC関数はAMORLINC関数と異なり、減価償却費の計算にあたって、耐用年数に応じた減価償却係数が適用されます。

取得価額 資産の取得価額を指定します。
購入日 資産を購入した日を指定します。
開始期 資産を購入したあと、最初に来る決算日（会計期の終了日）を指定します。
残存価額 耐用年数が経過したあとの資産の価額を指定します。
期 減価償却費を求めたい期を指定します。
率 償却率を指定します。
年の基準 1年を何日として計算するかを指定します。以下の値が指定できます。
　　0 …… 360日（米国（NASD）方式）
　　1 …… 実際の日数
　　3 …… 365日
　　4 …… 360日（ヨーロッパ方式）

第9章

エンジニアリング関数

数値の単位変換や記数法の変換、ビット演算や複素数の計算、ベッセル関数の値を求める関数など、科学・工学系の特殊な計算をするための関数群です。

☑ 単位の変換　　365　2019　2016　2013　2010

数値の単位を変換する

コンバート
CONVERT(数値,変換前単位,変換後単位)

[変換前単位]で表される[数値]を、[変換後単位]の数値に変換します。変換できる単位の種類は、重量、距離、時間、圧力、物理的な力、エネルギー、仕事率、磁力、温度、体積(容積)、領域、情報、速度の13種類です。

数値　単位を変換したい数値を、変換前の単位で指定します。
変換前単位　[数値]の単位を、次ページの表に示す「記号」の文字列で指定します。文字列は半角英字で、大文字と小文字を区別して指定する必要があります。なお、この引数には必ず[変換後単位]と同じ種類の単位を指定しなければなりません。
変換後単位　変換後の単位を、次ページの表に示す「記号」の文字列で指定します。文字列は半角英字で、大文字と小文字を区別して指定する必要があります。なお、この引数には必ず[変換前単位]と同じ種類の単位を指定しなければなりません。

🗐 使用例　さまざまな数値の単位変換後の値を求める

ポンド(lbm)単位の重量をグラム(g)単位の値に変換した数値が求められた

ポイント
- [変換前単位]と[変換後単位]を指定するときには、P.306の表に示すような、倍数を表す接頭語の「記号」を単位の前に付けて指定することもできます。たとえば、「W」(ワット)に10^6倍を表す接頭語を組み合わせるには、「MW」(メガワット)と指定します。ただし、単位によっては接頭語が使えないものもあります。

●主な単位とその記号

	単位	記号
重量	グラム	g
	U（原子質量単位）	u
	ポンド	lbm
	オンス（常衡）	ozm
	ストーン	stone
	トン	ton
距離	メートル	m
	法定マイル	mi
	海里	Nmi
	インチ	in
	フィート	ft
	ヤード	yd
	オングストローム	ang
	光年	ly
	パーセク	parsec または pc
時間	年	yr
	日	day または d
	時	hr
	分	mn または min
	秒	sec または s
圧力	パスカル	Pa または p
	気圧	atm または at
	ミリメートル Hg	mmHg
物理的な力	ニュートン	N
	ダイン	dyn または dy
	ポンドフォース	lbf
エネルギー	ジュール	J
	カロリー（物理化学的熱量）	c
	カロリー（生理学的代謝熱量）	cal
	電子ボルト	eV または ev
	馬力時	HPh または hh
	ワット時	Wh または wh
	フィートポンド	flb
	BTU（英国熱量単位）	BTU または btu

	単位	記号
仕事率	馬力	HP または h
	ワット	W または w
磁力	テスラ	T
	ガウス	ga
温度	摂氏	C または cel
	華氏	F または fah
	絶対温度	K または kel
体積（容積）	ティースプーン	tsp
	小さじ	tspm
	カップ	cup
	オンス	oz
	ガロン	gal
	リットル	L または l または lt
	立方メートル	m3 または m^3
	立方マイル	mi3 または mi^3
	立法海里	Nmi3 または Nmi^3
	立方インチ	in3 または ly^3
	立方フィート	ft3 または ft^3
	立方ヤード	yd3 または yd^3
	立方光年	ly3 または ly^3
	登録総トン数	GRT (regton)
領域	ヘクタール	ha
	平方メートル	m2 または m^2
	平方マイル	mi2 または mi^2
	平方海里	Nmi2 または Nmi^2
	平方インチ	in2 または ly^2
	平方フィート	ft2 または ft^2
	平方ヤード	yd2 または yd^2
	平方光年	ly2 または ly^2
情報	ビット	bit
	バイト	byte
速度	英国ノット	admkn
	ノット	kn
	メートル / 時	m/h または m/hr
	メートル / 秒	m/s または m/sec
	マイル / 時	mph

305

●単位の接頭語とその記号

接頭語	倍数	記号
yotta (ヨタ)	10^{24}	Y
zetta (ゼタ)	10^{21}	Z
exa (エクサ)	10^{18}	E
peta (ペタ)	10^{15}	P
tera (テラ)	10^{12}	T
giga (ギガ)	10^{9}	G
mega (メガ)	10^{6}	M
kilo (キロ)	10^{3}	k
hecto (ヘクト)	10^{2}	h
deca (デカ)	10^{1}	e

接頭語	倍数	記号
deci (デシ)	10^{-1}	d
centi (センチ)	10^{-2}	c
milli (ミリ)	10^{-3}	m
micro (マイクロ)	10^{-6}	u
nano (ナノ)	10^{-9}	n
pico (ピコ)	10^{-12}	p
femto (フェムト)	10^{-15}	f
atto (アト)	10^{-18}	a
zepto (ゼプト)	10^{-21}	z
yocto (ヨクト)	10^{-24}	y

☑ 数値の比較　　　　　　　　　　365　2019　2016　2013　2010

2つの数値が等しいかどうかを調べる

デルタ

DELTA (数値1,数値2)

2つの[数値]を比較します。[数値]が等しければ1が、等しくなければ0が返されます。

数値1　比較したい一方の数値を指定します。
数値2　比較したいもう一方の数値を指定します。省略すると、0が指定されたものとみなされます。

☑ 数値の比較　　　　　　　　　　365　2019　2016　2013　2010

数値が基準値以上かどうかを調べる

ジー・イー・ステップ

GESTEP (数値,しきい値)

[数値]を[しきい値]と比較します。[数値]が[しきい値]以上であれば1が、[しきい値]未満であれば0が返されます。

数値　　[しきい値]と比較したい数値を指定します。
しきい値　[数値]を比較する基準となる数値を指定します。省略すると、0が指定されたものとみなされます。

記数法の変換

10進数表記を2進数表記に変換する

デシマル・トゥ・バイナリ
DEC2BIN(数値, 桁数)

10進数表記の[数値]を、[桁数]の2進数表記の文字列に変換します。

- **数値** 10進数表記の数値や文字列を指定します。指定できる[数値]は-512～511の範囲内です。
- **桁数** 変換結果の桁数を1～10の整数で指定します。戻り値の桁数が[桁数]に満たない場合は、[桁数]になるように頭に0が付けられます。[桁数]を省略すると、変換結果は必要最小限の桁数で返されます。ただし、[数値]に負の数が指定されたときは、戻り値は常に10桁で表示されます。

使用例 10進数表記の数値を10桁の2進数表記に変換する

=DEC2BIN(A3,10)

10桁の2進数表記に変換された

ポイント

- 引数に小数部分のある数値を指定した場合、小数点以下が切り捨てられた整数とみなされます。
- 戻り値は、0と1の数字からなる最大10桁の文字列で、1000000000（-512）～1111111111（-1)、および0000000000（0）～0111111111（511)の範囲内となります。結果は、標準では左揃えで表示されます。

関連 **DEC2OCT** 10進数表記を8進数表記に変換する……………………P.308
DEC2HEX 10進数表記を16進数表記に変換する………………P.308
BASE 10進数表記をn進数表記に変換する………………………P.308

左側縦書き見出し:
数学/三角 / 日付/時刻 / 統計 / 文字列 操作 / 論理 / Web 検索/行列 / データ ベース / 財務 / エンジニアリング / 情報 / キューブ

☑ 記数法の変換　　　　　　　◀365▶ 2019 2016 2013 2010

10進数表記を8進数表記に変換する

デシマル・トゥ・オクタル

DEC2OCT (数値,桁数)

10進数表記の[数値]を、[桁数]の8進数表記の文字列に変換します。

数値　10進数表記の数値や文字列を指定します。指定できる数値は-536870912 ～ 536870911の範囲内です。

桁数　変換結果の桁数を1 ～ 10の整数で指定します。

☑ 記数法の変換　　　　　　　◀365▶ 2019 2016 2013 2010

10進数表記を16進数表記に変換する

デシマル・トゥ・ヘキサデシマル

DEC2HEX (数値,桁数)

10進数表記の[数値]を、[桁数]の16進数表記の文字列に変換します。

数値　10進数表記の数値や文字列を指定します。指定できる数値は-549755813888 ～ 549755813887の範囲内です。

桁数　変換結果の桁数を1 ～ 10の整数で指定します。

☑ 記数法の変換　　　　　　　◀365▶ 2019 2016 2013 2010

10進数表記をn進数表記に変換する

ベース

BASE (数値,基数,最低桁数)

10進数表記の[数値]を、[基数]の記数法に変換します。結果は文字列として扱われます。

数値　　10進数表記の数値を0 ～ 253の範囲内で指定します。

基数　　2 ～ 36の整数を指定します。

最低桁数　結果の桁数が[最低桁数]に満たないとき、[最低桁数]になるように頭に0 が付けられます。省略すると、変換結果が必要最小限の桁数で返されます。

記数法の変換　365　2019　2016　2013　2010

2進数表記を8進数表記に変換する

バイナリ・トゥ・オクタル

BIN2OCT (数値,桁数)

2進数表記の［数値］を、［桁数］の8進数表記の文字列に変換します。

数値 2進数表記の数値や文字列を指定します。指定できる桁数は10桁までで、数値
としては1000000000（-512）～ 1111111111（-1）、および0000000000（0）
～ 0111111111（511）の範囲内です。
桁数 変換結果の桁数を1 ～ 10の整数で指定します。

記数法の変換　365　2019　2016　2013　2010

2進数表記を10進数表記に変換する

バイナリ・トゥ・デシマル

BIN2DEC (数値)

2進数表記の［数値］を10進数表記の数値に変換します。

数値 2進数表記の数値や文字列を指定します。指定できる桁数は10桁までで、数値
としては1000000000（-512）～ 1111111111（-1）、および0000000000（0）
～ 0111111111（511）の範囲内です。

記数法の変換　365　2019　2016　2013　2010

2進数表記を16進数表記に変換する

バイナリ・トゥ・ヘキサデシマル

BIN2HEX (数値,桁数)

2進数表記の［数値］を、［桁数］の16進数表記の文字列に変換します。

数値 2進数表記の数値や文字列を指定します。指定できる桁数は10桁までで、数値
としては1000000000（-512）～ 1111111111（-1）、および0000000000（0）
～ 0111111111（511）の範囲内です。
桁数 変換結果の桁数を1 ～ 10の整数で指定します。

☑ 記数法の変換　　　　　　365　2019　2016　2013　2010

8進数表記を2進数表記に変換する

オクタル・トゥ・バイナリ

OCT2BIN (数値,桁数)

8進数表記の[数値]を、[桁数]の2進数表記の文字列に変換します。

数値　8進数表記の数値や文字列を指定します。指定できる桁数は10桁までで、数値としては7777777000 (-512) ～ 7777777777 (-1)、および0000000000 (0) ～ 0000000777 (511)の範囲内です。

桁数　変換結果の桁数を1 ～ 10の整数で指定します。

☑ 記数法の変換　　　　　　365　2019　2016　2013　2010

8進数表記を10進数表記に変換する

オクタル・トゥ・デシマル

OCT2DEC (数値)

8進数表記の[数値]を10進数表記の数値に変換します。

数値　8進数表記の数値や文字列を指定します。指定できる桁数は10桁までで、数値としては4000000000 (-536870912) ～ 7777777777 (-1)、および0000000000 (0) ～ 3777777777 (536870911)の範囲内です。

☑ 記数法の変換　　　　　　365　2019　2016　2013　2010

8進数表記を16進数表記に変換する

オクタル・トゥ・ヘキサデシマル

OCT2HEX (数値,桁数)

8進数表記の[数値]を、[桁数]の16進数表記の文字列に変換します。

数値　8進数表記の数値や文字列を指定します。指定できる桁数は10桁までで、数値としては4000000000 (-536870912) ～ 7777777777 (-1)、および0000000000 (0) ～ 3777777777 (536870911)の範囲内です。

桁数　変換結果の桁数を1 ～ 10の整数で指定します。

☑ 記数法の変換　　　　　　365 2019 2016 2013 2010

16進数表記を2進数表記に変換する

ヘキサデシマル・トゥ・バイナリ

HEX2BIN （数値,桁数）

16進数表記の[数値]を、[桁数]の2進数表記の文字列に変換します。

数値　16進数表記の数値や文字列を指定します。指定できる桁数は10桁までで、数値としてはFFFFFFFE00（-512）～ FFFFFFFFFF（-1）、および0000000000（0）～ 00000001FF（511）の範囲内です。

桁数　変換結果の桁数を1 ～ 10の整数で指定します。

☑ 記数法の変換　　　　　　365 2019 2016 2013 2010

16進数表記を8進数表記に変換する

ヘキサデシマル・トゥ・オクタル

HEX2OCT （数値,桁数）

16進数表記の[数値]を、[桁数]の8進数表記の文字列に変換します。

数値　16進数表記の数値や文字列を指定します。指定できる桁数は10桁までで、数値としてはFFE0000000（-536870912）～ FFFFFFFFFF（-1）、および0000000000（0）～ 001FFFFFFF（536870911）の範囲内です。

桁数　変換結果の桁数を1 ～ 10の整数で指定します。

☑ 記数法の変換　　　　　　365 2019 2016 2013 2010

16進数表記を10進数表記に変換する

ヘキサデシマル・トゥ・デシマル

HEX2DEC （数値）

16進数表記の[数値]を10進数表記の数値に変換します。

数値　16進数表記の数値や文字列を指定します。指定できる桁数は10桁までで、数値としては8000000000（-549755813888）～ FFFFFFFFFF（-1）、および0000000000（0）～ 7FFFFFFFFF（549755813887）の範囲内です。

記数法の変換

n進数表記を10進数表記に変換する

DECIMAL（文字列, 基数）
デシマル

［文字列］が［基数］の記数法で表されているものとみなし、10進数に変換します。結果は数値として扱われます。

文字列 ［基数］の記数法で表される値を、255文字以内の値または文字列で指定します。
基数 2〜36の整数を指定します。

使用例 20進数で表記された値を10進数に変換する

=DECIMAL(B2,B3)

ポイント

- 使用例では、20進数で表記されたセルB2の「2D2H」という値を10進数の数値に変換しています。

関連 **BASE** 10進数表記をn進数表記に変換する ………………………P.308
　　　BIN2DEC 2進数表記を10進数表記に変換する ………………P.309
　　　OCT2DEC 8進数表記を10進数表記に変換する ………………P.310
　　　HEX2DEC 16進数表記を10進数表記に変換する ……………P.311

ビット演算

365 / 2019 / 2016 / 2013 / 2010

ビットごとの論理積を求める

ビット・アンド
BITAND(数値1, 数値2)

2つの[数値]のビットごとの論理積を求めます。2つの数値の同じ位置にあるビットが両方とも1の場合だけ1とし、それ以外の場合は0とした値を返します。

数値 ビットごとの論理積を求めたい数値を指定します。

使用例　値の右から2番目のビットが1かどうかを調べる

=BITAND(B3,B4)

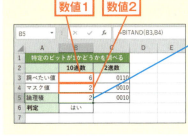

調べたい値とマスク値との論理積が求められた

右から2番目のビットが1であることが確かめられた

ポイント

- ある値の特定のビットが1であるかどうかを調べるには、調べたい位置のビットを1とし、それ以外のビットを0とした「マスク値」と呼ばれる値を用意して、もとの値とマスク値の論理積を求めます。
- 求めた結果が0であればそのビットは0であり、0以外であればそのビットは1であることがわかります。
- 使用例では、値6 (=0110)の右から2番目のビットが1かどうかを調べるために2 (=0010)というマスク値を用意し、両者の論理積を求めています。なお、C列にはDEC2BIN関数を入力してあるので、B列の値が2進数として表示されています。

関連 **DEC2BIN** 10進数表記を2進数表記に変換する P.307
BITOR/BITXOR
ビットごとの論理和や排他的論理和を求める P.314
BITLSHIFT/BITRSHIFT
ビットを左または右にシフトする..................P.315

ビット演算

365 2019 2016 2013 2010

ビットごとの論理和や排他的論理和を求める

ビット・オア
BITOR(数値1, 数値2)

ビット・エクスクルーシブ・オア
BITXOR(数値1, 数値2)

BITOR関数は、2つの[数値]のビットごとの論理和を求めます。BITXOR関数は、2つの[数値]のビットごとの排他的論理和を求めます。

> **数値** ビットごとの論理和や排他的論理和を求めたい数値を指定します。指定できる引数は2つだけです。

使用例　2つの数値のビットごとの論理和を求める

=BITOR(B3,B4)

2つの数値のビットごとの論理和が求められた

ポイント

- BITOR関数は、2つの数値の同じ桁位置にあるビットのどちらか一方でも1の場合は1とし、それ以外の場合は0とした値を返します。
- BITXOR関数は、2つの数値の同じ位置にあるビットが互いに異なる場合は1とし、同じ場合は0とした値を返します。
- C列にはDEC2BIN関数を入力してあるので、B列の値が2進数として表示されています。

関連 DEC2BIN　10進数表記を2進数表記に変換する ……………………P.307
　　　　BITAND　ビットごとの論理積を求める ……………………………P.313
　　　　BITLSHIFT/BITRSHIFT
　　　　ビットを左または右にシフトする……………………………………P.315

ビット演算

ビットを左または右にシフトする

ビット・レフト・シフト
BITLSHIFT (数値, シフト数)

ビット・ライト・シフト
BITRSHIFT (数値, シフト数)

BITLSHIFT関数は、[数値]の各ビットを[シフト数]だけ左へシフトします。このとき、空いた最下位のビットには0が入ります。BITRSHIFT関数は、[数値]の各ビットを[シフト数]だけ右へシフトします。このとき、最下位のビットから桁落ちした1や0は捨てられます。

数値 ビットをシフトしたい数値を指定します。
シフト数 シフトするビットの数を指定します。

使用例 数値のビットを左にシフトする

=BITLSHIFT(B3,1)

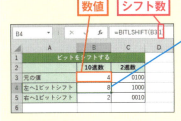

ポイント

- 数値の各ビットを1ビット左へシフトすると値が2倍になり、2ビット左へシフトすると4倍になります。逆に1ビット右へシフトすると値は1/2に、2ビット右にシフトすると1/4になります。一般にnビット左にシフトすると数値は2^n倍されます(nが負の場合には右にシフトするものとします)。
- C列にはDEC2BIN関数を入力してあるので、B列の値が2進数として表示されています。

関連 **BITAND** ビットごとの論理積を求める P.313
BITOR/BITXOR
ビットごとの論理和や排他的論理和を求める P.314

実部と虚部から複素数を作成する

コンプレックス
COMPLEX(実部, 虚部, 虚数単位)

[実部]の値aと[虚部]の値bを組み合わせて、複素数$a+bi$（または$a-bi$）を作成します。[虚数単位]には「i」のほか「j」も指定できます。

- **実部** 作成したい複素数の実部を数値で指定します。
- **虚部** 作成したい複素数の虚部を数値で指定します。
- **虚数単位** 虚部の単位として英小文字の「i」または「j」を文字列で指定します。英大文字の「I」または「J」は指定できません。省略すると、「i」を指定したものとみなされます。

使用例 複素数を作成する

=COMPLEX(A3,B3,"i")

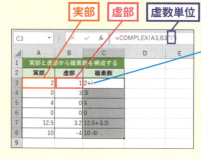

実部と虚部から複素数が作成された

ポイント

- 戻り値は、複素数の表記法に従った文字列となります。
- 戻り値は、複素数に関連した各種関数（IMREAL関数、IMSUM関数、IMPOWER関数など、「IM〜」で始まる25種類の関数）の引数に指定できます。

関連 IMREAL/IMAGINARY 複素数の実部や虚部を求める ………… P.317

複素数の作成と分解

365 2019 2016 2013 2010

複素数の実部や虚部を求める

イマジナリー・リアル
IMREAL (複素数)

イマジナリー
IMAGINARY (複素数)

IMREAL関数は、[複素数] から実部の値aを取り出します。IMAGINARY関数は、虚部の値bを取り出します。

複素数 実部や虚部を取り出したい複素数を$a+bi$（iは虚数単位）という複素数の表記法に従った文字列で指定します。実部のみ（a）、あるいは虚部のみ（bi）を指定することもできます。虚数単位は「i」または「j」のどちらでも使えます。

使用例 複素数の実部を取り出す

=IMREAL(A3)

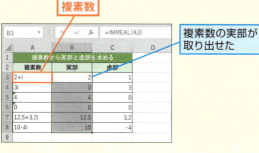

ポイント
- 戻り値は、複素数の実部や虚部を表す数値(実数)となります。
- [複素数] に実部のみを指定する場合は、文字列ではなく数値として指定しても構いません。

関連 COMPLEX 実部と虚部から複素数を作成する ……………………P.316

☑ 複素数の作成と分解　　　　　　　　365　2019　2016　2013　2010

共役複素数を求める

イマジナリー・コンジュゲイト

IMCONJUGATE（複素数）

[複素数]から虚部の符号を反転した共役複素数$a-bi$（または$a+bi$）を作成します。

複素数　共役複素数を求めたい複素数を$a+bi$（iは虚数単位）という複素数の表記法に従った文字列で指定します。実部のみ（a）、あるいは虚部のみ（bi）を指定することもできます。虚数単位は「i」または「j」のどちらでも使えます。

ポイント

- 戻り値は、複素数の表記法に従った文字列となります。
- 戻り値は、複素数に関連した各種関数（IMREAL関数、IMSUM関数、IMPOWER関数など、「IM～」で始まる25種類の関数）の引数に指定できます。

☑ 複素数の極形式　　　　　　　　365　2019　2016　2013　2010

複素数の絶対値を求める

イマジナリー・アブソリュート

IMABS（複素数）

[複素数]から絶対値rを求めます。

複素数　絶対値を求めたい複素数を$a+bi$（iは虚数単位）という複素数の表記法に従った文字列で指定します。実部のみ（a）、あるいは虚部のみ（bi）を指定することもできます。虚数単位は「i」または「j」のどちらでも使えます。

☑ 複素数の極形式　　　　　　　　365　2019　2016　2013　2010

複素数の偏角を求める

イマジナリー・アーギュメント

IMARGUMENT（複素数）

[複素数]から偏角θを求めます。

複素数　偏角を求めたい複素数を$a+bi$（iは虚数単位）という複素数の表記法に従った文字列で指定します。実部のみ（a）、あるいは虚部のみ（bi）を指定することもできます。虚数単位は「i」または「j」のどちらでも使えます。

☑ 複素数の四則演算　　365 / 2019 / 2016 / 2013 / 2010

複素数の和を求める

イマジナリー・サム

IMSUM (複素数1,複素数2,…,複素数255)

複数の複素数の和を求めます。

複素数 和を求めたい複素数を$a+bi$（iは虚数単位）という複素数の表記法に従った
文字列で指定します。複素数を表す文字列が入力されたセル範囲も指定できます。実部のみ（a）、あるいは虚部のみ（bi）を指定することもできます。虚数
単位は「i」または「j」のどちらでも使えます。

☑ 複素数の四則演算　　365 / 2019 / 2016 / 2013 / 2010

複素数の差を求める

イマジナリー・サブトラクション

IMSUB (複素数1,複素数2)

2つの複素数の差を求めます。

複素数1 ［複素数2］によって引かれる複素数を$a+bi$（iは虚数単位）という複素数の
表記法に従った文字列で指定します。実部のみ（a）、あるいは虚部のみ（bi）
を指定することもできます。虚数単位は「i」または「j」のどちらでも使えます。

複素数2 ［複素数1］から引く複素数を、［複素数1］と同様に指定します。

☑ 複素数の四則演算　　365 / 2019 / 2016 / 2013 / 2010

複素数の積を求める

イマジナリー・プロダクト

IMPRODUCT (複素数1,複素数2,…,複素数255)

複数の複素数の積を求めます。

複素数 積を求めたい複素数を$a+bi$（iは虚数単位）という複素数の表記法に従った
文字列で指定します。複素数を表す文字列が入力されたセル範囲も指定できます。実部のみ（a）、あるいは虚部のみ（bi）を指定することもできます。虚数
単位は「i」または「j」のどちらでも使えます。

複素数の四則演算 〈365〉〈2019〉〈2016〉〈2013〉〈2010〉

複素数の商を求める

イマジナリー・ディバイデッド

IMDIV (複素数1,複素数2)

2つの複素数の商を求めます。

複素数1 ［複素数2］によって割られる複素数（被除数）を$a+bi$（iは虚数単位）という複素数の表記法に従った文字列で指定します。実部のみ（a）、あるいは虚部のみ（bi）を指定することもできます。虚数単位は「i」または「j」のどちらでも使えます。

複素数2 ［複素数1］を割る複素数（除数）を、［複素数1］と同様に指定します。

複素数の平方根 〈365〉〈2019〉〈2016〉〈2013〉〈2010〉

複素数の平方根を求める

イマジナリー・スクエア・ルート

IMSQRT (複素数)

［複素数］の平方根を求めます。

複素数 平方根を求めたい複素数を$a+bi$（iは虚数単位）という複素数の表記法に従った文字列で指定します。実部のみ（a）、あるいは虚部のみ（bi）を指定することもできます。虚数単位は「i」または「j」のどちらでも使えます。

複素数のべき関数 〈365〉〈2019〉〈2016〉〈2013〉〈2010〉

複素数のべき関数の値を求める

イマジナリー・パワー

IMPOWER (複素数,数値)

［複素数］を［数値］に指定した指数でべき乗した値（べき関数の値）を求めます。

複素数 べき関数を求めたい複素数を$a+bi$（iは虚数単位）という複素数の表記法に従った文字列で指定します。実部のみ（a）、あるいは虚部のみ（bi）を指定することもできます。虚数単位は「i」または「j」のどちらでも使えます。

数値 べき関数の指数を数値で指定します。小数や負の数も指定できます。

複素数の指数関数 365 2019 2016 2013 2010

複素数の指数関数の値を求める

イマジナリー・エクスポーネンシャル

IMEXP (複素数)

[複素数]に対する指数関数の値を求めます。

複素数 指数関数を求めたい複素数を$a+bi$（iは虚数単位）という複素数の表記法に従った文字列で指定します。実部のみ（a）、あるいは虚部のみ（bi）を指定することもできます。虚数単位は「i」または「j」のどちらでも使えます。

複素数の対数関数 365 2019 2016 2013 2010

複素数の自然対数を求める

イマジナリー・ログ・ナチュラル

IMLN (複素数)

[複素数]に対する自然対数の値を求めます。

複素数 自然対数を求めたい複素数を$a+bi$（iは虚数単位）という複素数の表記法に従った文字列で指定します。実部のみ（a）、あるいは虚部のみ（bi）を指定することもできます。虚数単位は「i」または「j」のどちらでも使えます。

複素数の対数関数 365 2019 2016 2013 2010

複素数の常用対数を求める

イマジナリー・ログ・テン

IMLOG10 (複素数)

[複素数]に対する常用対数の値を求めます。

複素数 常用対数を求めたい複素数を$a+bi$（iは虚数単位）という複素数の表記法に従った文字列で指定します。実部のみ（a）、あるいは虚部のみ（bi）を指定することもできます。虚数単位は「i」または「j」のどちらでも使えます。

複素数の対数関数
365 **2019** **2016** **2013** **2010**

複素数の2を底とする対数を求める

イマジナリー・ログ・ツー

IMLOG2 (複素数)

[複素数]に対して2を底とする対数の値を求めます。

複素数 2を底とする対数を求めたい複素数を$a+bi$（iは虚数単位）という複素数の表記法に従った文字列で指定します。実部のみ（a）、あるいは虚部のみ（bi）を指定することもできます。虚数単位は「i」または「j」のどちらでも使えます。

複素数の三角関数
365 **2019** **2016** **2013** **2010**

複素数の正弦を求める

イマジナリー・サイン

IMSIN (複素数)

[複素数]に対する正弦（サイン）の値を求めます。

複素数 正弦を求めたい複素数を$a+bi$（iは虚数単位）という複素数の表記法に従った文字列で指定します。実部のみ（a）、あるいは虚部のみ（bi）を指定することもできます。虚数単位は「i」または「j」のどちらでも使えます。

複素数の三角関数
365 **2019** **2016** **2013** **2010**

複素数の余弦を求める

イマジナリー・コサイン

IMCOS (複素数)

[複素数]に対する余弦（コサイン）の値を求めます。

複素数 余弦を求めたい複素数を$a+bi$（iは虚数単位）という複素数の表記法に従った文字列で指定します。実部のみ（a）、あるいは虚部のみ（bi）を指定することもできます。虚数単位は「i」または「j」のどちらでも使えます。

☑ 複素数の三角関数 **365** **2019** **2016** **2013** 2010

複素数の正接を求める

イマジナリー・タンジェント

IMTAN（複素数）

［複素数］に対する正接（タンジェント）の値を求めます。

> **複素数** 正接を求めたい複素数を $a+bi$（iは虚数単位）という複素数の表記法に従った文字列で指定します。実部のみ（a）、あるいは虚部のみ（bi）を指定することもできます。虚数単位は「i」または「j」のどちらでも使えます。

☑ 複素数の三角関数 **365** **2019** **2016** **2013** 2010

複素数の余割を求める

イマジナリー・コセカント

IMCSC（複素数）

［複素数］に対する余割（コセカント）の値を求めます。

> **複素数** 余割を求めたい複素数を $a+bi$（iは虚数単位）という複素数の表記法に従った文字列で指定します。実部のみ（a）、あるいは虚部のみ（bi）を指定することもできます。虚数単位は「i」または「j」のどちらでも使えます。

☑ 複素数の三角関数 **365** **2019** **2016** **2013** 2010

複素数の正割を求める

イマジナリー・セカント

IMSEC（複素数）

［複素数］に対する正割（セカント）の値を求めます。

> **複素数** 正割を求めたい複素数を $a+bi$（iは虚数単位）という複素数の表記法に従った文字列で指定します。実部のみ（a）、あるいは虚部のみ（bi）を指定することもできます。虚数単位は「i」または「j」のどちらでも使えます。

できる | 323

複素数の三角関数

365　2019　2016　2013　2010

複素数の余接を求める

イマジナリー・コタンジェント

IMCOT （複素数）

[複素数]に対する余接（コタンジェント）の値を求めます。

複素数　余接を求めたい複素数を$a+bi$（iは虚数単位）という複素数の表記法に従った文字列で指定します。実部のみ（a）、あるいは虚部のみ（bi）を指定することもできます。虚数単位は「i」または「j」のどちらでも使えます。

複素数の双曲線関数

365　2019　2016　2013　2010

複素数の双曲線正弦を求める

ハイパーボリック・イマジナリー・サイン

IMSINH （複素数）

[複素数]に対する双曲線正弦（ハイパーボリック・サイン）の値を求めます。

複素数　双曲線正弦を求めたい複素数を$a+bi$（iは虚数単位）という複素数の表記法に従った文字列で指定します。実部のみ（a）、あるいは虚部のみ（bi）を指定することもできます。虚数単位は「i」または「j」のどちらでも使えます。

複素数の双曲線関数

365　2019　2016　2013　2010

複素数の双曲線余弦を求める

ハイパーボリック・イマジナリー・コサイン

IMCOSH （複素数）

[複素数]に対する双曲線余弦（ハイパーボリック・コサイン）の値を求めます。

複素数　双曲線余弦を求めたい複素数を$a+bi$（iは虚数単位）という複素数の表記法に従った文字列で指定します。実部のみ（a）、あるいは虚部のみ（bi）を指定することもできます。虚数単位は「i」または「j」のどちらでも使えます。

☑ 複素数の双曲線関数　　　365　2019　2016　2013　2010

複素数の双曲線余割を求める

ハイパーボリック・イマジナリー・コセカント

IMCSCH (複素数)

[複素数]に対する双曲線余割(ハイパーボリック・コセカント)の値を求めます。

> **複素数**　双曲線余割を求めたい複素数を$a+bi$（iは虚数単位）という複素数の表記法に従った文字列で指定します。実部のみ（a）、あるいは虚部のみ（bi）を指定することもできます。虚数単位は「i」または「j」のどちらでも使えます。

☑ 複素数の双曲線関数　　　365　2019　2016　2013　2010

複素数の双曲線正割を求める

ハイパーボリック・イマジナリー・セカント

IMSECH (複素数)

[複素数]に対する双曲線正割(ハイパーボリック・セカント)の値を求めます。

> **複素数**　双曲線正割を求めたい複素数を$a+bi$（iは虚数単位）という複素数の表記法に従った文字列で指定します。実部のみ（a）、あるいは虚部のみ（bi）を指定することもできます。虚数単位は「i」または「j」のどちらでも使えます。

☑ ベッセル関数　　　365　2019　2016　2013　2010

第1種ベッセル関数の値を求める

ベッセル・ジェイ

BESSELJ (数値,次数)

[数値]で指定した変数xに対して、[次数]で指定したn次の第1種ベッセル関数$J_n(x)$の値を求めます。

> **数値**　第1種ベッセル関数の値を求めたい変数xを数値で指定します。
> **次数**　次数nを数値で指定します。負の値は指定できません。

ポイント

● 第1種ベッセル関数は、円柱座標系や極座標系における有限の振動現象を扱うのに有効です。たとえば、太鼓に張られた皮の振動や、ミュージックシンセサイザーの波形を解析する場合などに応用できます。

☑ ベッセル関数 　　　　　　　　　　　365 2019 2016 2013 2010

第2種ベッセル関数の値を求める

ベッセル・ワイ

BESSELY (数値, 次数)

［数値］で指定した変数xに対して、［次数］で指定したn次の第2種ベッセル関数$Y_n(x)$の値を求めます。

> **数値** 第2種ベッセル関数の値を求めたい変数xを数値で指定します。0以下の数値やセル範囲は指定できません。
>
> **次数** 次数nを数値で指定します。負の値は指定できません。

☑ ベッセル関数 　　　　　　　　　　　365 2019 2016 2013 2010

第1種変形ベッセル関数の値を求める

ベッセル・アイ

BESSELI (数値, 次数)

［数値］で指定した変数xに対して、［次数］で指定したn次の第1種変形ベッセル関数$I_n(x)$の値を求めます。

> **数値** 第1種変形ベッセル関数の値を求めたい変数xを数値で指定します。
>
> **次数** 次数nを数値で指定します。負の値は指定できません。

☑ ベッセル関数 　　　　　　　　　　　365 2019 2016 2013 2010

第2種変形ベッセル関数の値を求める

ベッセル・ケイ

BESSELK (数値, 次数)

［数値］で指定した変数xに対して、［次数］で指定したn次の第2種変形ベッセル関数$K_n(x)$の値を求めます。

> **数値** 第2種変形ベッセル関数の値を求めたい変数xを数値で指定します。0以下の数値は指定できません。
>
> **次数** 次数nを数値で指定します。負の値は指定できません。

誤差関数

365 2019 2016 2013 2010

誤差関数を積分した値を求める

エラー・ファンクション
ERF(下限,上限)

エラー・ファンクション・プリサイス
ERF.PRECISE(上限)

ERF関数は、誤差関数を[下限]～[上限]の区間で積分した値を求めます。ERF.PRECISE関数は、誤差関数を0～[上限]の区間で積分した値を求めます。

下限 誤差関数を積分するときの下限を数値で指定します。
上限 誤差関数を積分するときの上限を数値で指定します。ERF関数ではこの引数を省略できます。

使用例 下限～上限の区間で積分した誤差関数の値を求める

=ERF(A4,B4)

誤差関数を積分した値が求められた

ポイント

- ERF関数で引数を1つだけ指定した場合は[上限]とみなされ、誤差関数が0～[上限]の区間で積分されます。
- 使用例では、セルF4に「=ERF.PRECISE(E4)」と入力し、ERF.PRECISE関数を使った場合の結果も表示しています。ERF.PRECISE関数の場合、誤差関数が常に0～[上限]の区間で積分されます。これは、ERF関数に引数を1つだけ指定した場合と同じ結果となります。

関連 ERFC/ERFC.PRECISE
相補誤差関数を積分した値を求める ……………………………………P.328

誤差関数

相補誤差関数を積分した値を求める

エラー・ファンクション・シー
ERFC (下限)

エラー・ファンクション・シー・プリサイス
ERFC.PRECISE (下限)

相補誤差関数を[下限] ～∞(無限大)の区間で積分した値を求めます。

> **下限** 相補誤差関数を積分するときの下限を指定します。積分の上限は常に∞(無限大)となります。

使用例　下限～∞の区間で相補誤差関数を積分した値を求める

=ERFC(A4)

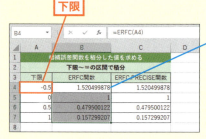

相補誤差関数を積分した値が求められた

ポイント

- 使用例では、セルC4に「=ERFC.PRECISE(A4)」と入力し、ERFC.PRECISE関数を使った場合の結果も表示しています。ERFC関数とERFC.PRECISE関数は、どちらも同じ結果を返すことがわかります。
- 相補誤差関数の値は1から下限0の誤差関数の値を引いたものと等しくなります。つまりERFC(x)=1-ERF(x)という関係が成り立ちます。

関連 ERF/ERF.PRECISE 誤差関数を積分した値を求める ……………P.327

第 **10** 章

情報関数

セルの表示形式やデータの種類を調べたり、空のセルかどうか、
エラー値かどうかを調べたりなど、セルやシートについての情
報を得るための関数群です。

セルの情報を得る

CELL (検査の種類, 対象範囲)

［対象範囲］のセルやセル範囲を対象に、［検査の種類］の情報を調べます。セルのアドレス、列番号や行番号、表示形式、セル内の文字の配置などの情報が得られます。

検査の種類　得たい情報の種類を、以下の文字列で指定します。

address	セル範囲の左上隅にあるセルのアドレス
col	セルの列番号
color	セルに、負の数を色付きで表す表示形式が設定されていれば1を、設定されていなければ0を返す
contents	セルの内容
filename	そのセルを含むファイルの名前
format	セルに指定されている表示形式
parentheses	数値を( )で囲むユーザー定義の表示形式が設定されていれば1を、設定されていなければ0を返す
prefix	データ(文字列)のセル内の配置
protect	セルがロックされていれば1を、ロックされていなければ0を返す
row	セルの行番号
type	セルに入力されているデータ
width	セル幅(標準のフォントサイズで何文字分か)

対象範囲　情報を得たいセルのセル参照を指定します。

使用例　対象範囲の左上隅にあるセルのアドレスを調べる

=CELL("address",A9:C12)

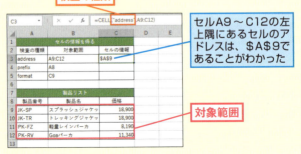

> **ポイント**
> - [対象範囲] を省略すると、CELL関数が入力されているセルの情報が得られます。
> - [対象範囲] にセル範囲を指定した場合は、セル範囲の左上隅にあるセルの情報が得られます。
> - IF関数の [論理式] の中でCELL関数を利用すれば、対象のセルの情報に応じて結果を変えることができます。
> - [検査の種類] に"prefix"を指定したときの戻り値は、セルに入力されている文字列が左詰めなら「'」、中央揃えなら「^」、右詰めなら「"」、両端揃えなら「¥」となります。それ以外の場合は空文字列が返されます。
> - [検査の種類] に"format"を指定してCELL関数を入力したあと、対象のセルの表示形式を変更しても戻り値は変化しません。このような場合、ワークシートを再計算すれば最新の戻り値が得られます。ワークシートを再計算するには、F9 キーを押します。
> - [検査の種類] に"format"を指定したときの戻り値は、セルの表示形式に対応した書式コードになります。以下の一覧はその対応の例です。たとえば、戻り値が「G」の場合、セルに「G/標準」という表示形式が設定されていることがわかります。

●戻り値の書式コードと表示形式

書式コード	設定されている表示形式の例	書式コード	設定されている表示形式の例
G	G/ 標準	S0	0E+00
	# ?/?	S2	0.00E+00
F0	0		yyyy/m/d
F2	0.00		yyyy" 年 "m" 月 "d" 日 "
,0	#,##0	D1	yyyy/m/d h:mm
,2	#,##0.00		d-mmm-yy
,0	#,##0;-#,##0		m/d/yy
,0	$#,##0_);($#,##0)	D2	mmm-yy
,2	#,##0.00;-#,##0.00	D3	d-mmm
,2	$#,##0.00_);($#,##0.00)	D4	ge.m.d
,0-	#,##0;[赤]-#,##0		ggge" 年 "m" 月 "d" 日 "
,2-	#,##0.00;[赤]-#,##0.00	D6	h:mm:ss AM/PM
C0	¥#,##0_);(¥#,##0)	D7	h:mm AM/PM
C2	¥#,##0.00_);(¥#,##0.00)	D8	h:mm:ss
C0-	¥#,##0_);[赤](¥#,##0)		h" 時 "mm" 分 "ss" 秒 "
C2-	¥#,##0.00_);[赤](¥#,##0.00)	D9	h:mm
P0	0%		h" 時 "mm" 分 "
P2	0.00%		

関連 **IF** 条件によって異なる値を返す ………………………………… P.212

☑ セルの内容と情報　　　365　2019　2016　2013　2010

空のセルかどうかを調べる

イズ・ブランク
ISBLANK(テストの対象)

[テストの対象]が空のセルかどうかを調べます。戻り値は、[テストの対象]が空のセルならばTRUE（真）、空のセルでなければFALSE（偽）になります。

| **テストの対象**　空かどうかを調べたいセルのセル参照を指定します。

📄 使用例　セルにデータが入力されているかどうかを調べる

=ISBLANK(B3)

ポイント

- IF関数の[論理式]の中でISBLANK関数を利用すれば、対象が空のセルかどうかに応じて結果を変えることができます。
- セルにデータが入力されていないように見えても、[テストの対象]のセルに数式が入力されていればISBLANK関数はFALSEを返します。

関連 **COUNTBLANK** 空のセルの個数を求める ………………………… P.103
　　　　ISTEXT/ISNONTEXT 文字列かどうかを調べる ……………… P.335
　　　　ISNUMBER 数値かどうかを調べる ………………………………… P.336
　　　　ISFORMULA 数式かどうかを調べる ………………………………… P.339

セルの内容と情報 365 2019 2016 2013 2010

エラー値かどうかを調べる

イズ・エラー
ISERROR(テストの対象)

イズ・エラー
ISERR(テストの対象)

[テストの対象]の値がエラー値であるかどうかを調べます。ISERROR関数は、[テストの対象]がエラー値であればTRUE（真）を返し、そうでなければFALSE（偽）を返します。ISERR関数は、[テストの対象]が[#N/A]以外のエラー値のときだけTRUE（真）を返し、そうでなければFALSE（偽）を返します。

| **テストの対象** エラー値かどうかを調べたい値や数式、セル参照を指定します。

使用例　セルの内容がエラー値かどうかを調べる

=ISERROR(D3)

ポイント

- よく現れるエラー値には［#DIV/0!］［#N/A］［#NUM!］［#VALUE!］などがあります。詳細については、P.377を参照してください。
- 使用例では、ISERROR関数の代わりにISERR関数を使っても、セルE3の値はTRUEになります。
- 引数には数式やNA関数も指定できます。
- IF関数の[論理式]の中でこれらの関数を利用すれば、対象がエラー値かどうかに応じて結果を変えることができます。
- ISERR関数とERROR.TYPE関数とを組み合わせると、エラー値の種類を詳しく調べることができます。

関連 **ERROR.TYPE** エラー値の種類を調べる……………………………P.344

[#N/A] かどうかを調べる

イズ・ノン・アプリカブル
ISNA(テストの対象)

[テストの対象]が[#N/A]かどうかを調べます。戻り値は、[テストの対象]が[#N/A]であればTRUE（真）、それ以外であればFALSE（偽）になります。

テストの対象　[#N/A]かどうかを調べたい値や数式、セル参照を指定します。

使用例 セルの内容が [#N/A] かどうかを調べる

=ISNA(B3)

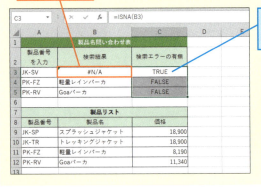

ポイント
- [テストの対象]に[#N/A]以外のエラー値が指定されていると、FALSE（偽）が返されます。詳細については、P.377を参照してください。
- 引数には数式やNA関数も指定できます。
- IF関数の[論理式]の中でISNA関数を利用すれば、対象が[#N/A]かどうかに応じて結果を変えることができます。
- Excel 2013以降では、IFNA関数を利用すれば、対象が[#N/A]かどうかに応じて結果を変えることができます。

関連 IFERROR/IFNA エラーの場合に返す値を指定する ……………P.219
エラー値の種類……………………………………………………………P.377

セルの内容と情報

365 2019 2016 2013 2010

文字列か文字列以外かどうかを調べる

イズ・テキスト
ISTEXT(テストの対象)

イズ・ノン・テキスト
ISNONTEXT(テストの対象)

[テストの対象]が文字列かどうかを調べます。ISTEXT関数は[テストの対象]が文字列ならばTRUE（真）、文字列以外ならばFALSE（偽）を返します。ISNONTEXT関数は[テストの対象]が文字列以外ならばTRUE（真）、文字列ならばFALSE（偽）を返します。

> **テストの対象** 文字列か文字列以外かどうかを調べたい値や数式、セル参照を指定します。

使用例 セルの内容が文字列かどうかを調べる

=ISTEXT(B3)

ポイント

● IF関数の[論理式]の中でこれらの関数を利用すれば、対象が文字列か文字列以外かに応じて結果を変えることができます。

関連 ISNUMBER 数値かどうかを調べる ……………………………………… P.336
ISFORMULA 数式かどうかを調べる ……………………………………… P.339

セルの内容と情報　365　2019　2016　2013　2010

数値かどうかを調べる

イズ・ナンバー
ISNUMBER(テストの対象)

[テストの対象]が数値かどうかを調べます。戻り値は、[テストの対象]が数値ならばTRUE（真）、数値以外ならばFALSE（偽）になります。

テストの対象　数値かどうかを調べたい値や数式、セル参照を指定します。

使用例　セルの内容が数値かどうかを調べる

=ISNUMBER(B3)

ポイント

- IF関数の[論理式]の中でISNUMBER関数を利用すれば、対象が数値かどうかに応じて結果を変えることができます。
- LEFT関数やRIGHT関数、MID関数などによって文字列から一部の数字を取り出しても、数値ではなく文字列として扱われます。そのような数字をISNUMBER関数の引数に指定すると、結果はFALSEになります。たとえば「=ISNUMBER(LEFT("123"))」の結果はFALSEです。

関連　**ISTEXT/ISNONTEXT** 文字列かどうかを調べる ……………… P.335
　　　　ISFORMULA 数式かどうかを調べる …………………………… P.339

セルの内容と情報

365 / 2019 / 2016 / 2013 / 2010

偶数か奇数かどうかを調べる

イズ・イーブン
ISEVEN(テストの対象)

イズ・オッド
ISODD(テストの対象)

[テストの対象]が偶数か奇数かを調べます。ISEVEN関数は[テストの対象]が偶数ならばTRUE(真)、奇数ならばFALSE(偽)を返します。ISODD関数は[テストの対象]が奇数ならばTRUE(真)、偶数ならばFALSE(偽)を返します。

| テストの対象 | 偶数か奇数かを調べたい数値を指定します。

使用例　セルの内容が偶数かどうかを調べる

=ISEVEN(B3)

ポイント

- IF関数の[論理式]の中でこれらの関数を利用すれば、対象が偶数か奇数かに応じて結果を変えることができます。

関連 ISNUMBER 数値かどうかを調べる……………………………………P.336

セルの内容と情報

365 2019 2016 2013 2010

論理値かどうかを調べる

イズ・ロジカル

ISLOGICAL(テストの対象)

[テストの対象]が論理値かどうかを調べます。戻り値は、[テストの対象]が論理値ならばTRUE（真）、論理値以外ならばFALSE（偽）になります。

テストの対象　論理値かどうかを調べたい値や数式、セル参照を指定します。

使用例　セルの内容が論理値かどうかを調べる

=ISLOGICAL(A3)

指定したセルの内容が論理値であることがわかった

ポイント

- IF関数の中の[論理式]の中でISLOGICAL関数を利用すれば、対象が論理値かどうかに応じて結果を変えることができます。
- Excelでは、0以外の数値をTRUE、0をFALSEとして扱いますが、ISLOGICAL関数では、値が論理値のTRUEかFALSEかどうかだけを調べます。したがって、ISLOGICAL関数の引数に数値を指定すると常に結果はFALSEになります。

関連 IF 条件によって異なる値を返す …………………………………………… P.212
　　　論理式とは ……………………………………………………………………… P.360

セルの内容と情報

365 2019 2016 2013 2010

数式かどうかを調べる

イズ・フォーミュラ

ISFORMULA(参照)

[参照]が数式かどうかを調べます。戻り値は、[参照]が数式ならばTRUE（真）、数式以外ならばFALSE（偽）になります。

参照 数式かどうかを調べたいセルのセル参照を指定します。

使用例 セルの内容が数式かどうかを調べる

=ISFORMULA(B5)

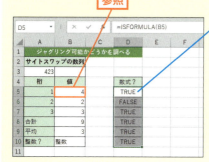

指定したセルの内容が数式であることがわかった

ポイント

- IF関数の[論理式]の中でISFORMULA関数を利用すれば、対象が数式かどうかに応じて結果を変えることができます。
- [参照]がエラー値であっても、数式が入力されていればTRUEが返されます。
- 使用例では、関数の働きがわかるように、セルB5とセルB7～B10に数式を入力し、セルB6には数式ではなく数値そのものを入力しています。そのため、セルD6の結果だけがFALSEになっています。

関連 ISNUMBER 数値かどうかを調べる ……………………………………… P.336
FORMULATEXT 数式を取り出す ……………………………………… P.340

セルの内容と情報　　365　2019　2016　2013　2010

数式を取り出す

フォーミュラ・テキスト
FORMULATEXT(参照)

[参照]に入力されている数式を取り出します。数式以外が入力されていればエラー値[#N/A]を返します。数式を表示して、どのような計算をしているか説明を加えるのに便利です。

| 参照 | 数式を取り出したいセルのセル参照を指定します。

使用例　セルに入力されている数式を取り出す

=FORMULATEXT(B5)

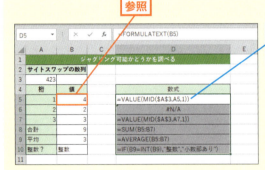

指定されたセルに入力されている数式がわかった

ポイント

- [参照]に複数のセルを指定すると、先頭のセルに入力されている数式を返します。
- [参照]がエラー値であっても、数式が入力されていれば、その数式を返します。
- [参照]に数式が含まれていないと[#N/A]エラーが返されます。
- 使用例では、関数の働きがわかるように、セルB6には数式ではなく数値そのものを入力しています。そのためセルD6の結果だけが[#N/A]となっています。

関連　ISFORMULA 数式かどうかを調べる …………………………………P.339

☑ セルの内容と情報　`365` `2019` `2016` `2013` `2010`

セル参照かどうかを調べる

イズ・リファレンス

ISREF(テストの対象)

[テストの対象]がセル参照かどうかを調べます。戻り値は、[テストの対象]がセル参照ならばTRUE（真）、セル参照以外ならばFALSE（偽）になります。

テストの対象　セル参照かどうかを調べたい対象を指定します。

ポイント

● [テストの対象]に指定した名前が定義されていればセルを正しく参照できるので、戻り値はTRUEになります。

☑ 操作環境の情報　`365` `2019` `2016` `2013` `2010`

現在の操作環境についての情報を得る

インフォ

INFO(検査の種類)

現在の操作環境について、[検査の種類]の情報を調べます。Excelのバージョン、開いているワークシートの枚数などの情報を得ることができます。

検査の種類　　調べたい情報の種類を、以下の文字列で指定します。

directory …… フォルダーのパス名を調べる

numfile　…… 現在開いているワークシートの枚数を調べる

origin　……… 現在表示されているウィンドウの左上隅にあるセル参照が、先頭に「$A:」を付けた絶対参照形式で返される。先頭の「$A:」はLotus 1-2-3リリース3.xとの互換性を保つための表記

osversion … 使用しているOSのバージョンを調べる

recalc ……… 設定されている再計算のモードを調べる

release　…… Excelのバージョンを調べる

system　…… Excelの操作環境を調べる

ポイント

● [検査の種類]に"origin"を指定してINFO関数を入力したあと、ワークシートをスクロールしても戻り値が更新されません。このような場合、F9キーを押してワークシートを再計算すれば、最新の戻り値が得られます。

できる | 341

ワークシートの情報

ワークシートの番号を調べる

SHEET(参照)

[参照]で指定されたワークシートの名前やセル参照が含まれるワークシートの番号を返します。

参照 ワークシートの名前やセル、セル範囲の参照、テーブル名などを指定します。

使用例 文字列からワークシートの番号を調べる

`=SHEET(T(A3))`

「北地区」シートの番号がわかった

ポイント

- 使用例では、T関数を使ってセルA3に入力されている文字列を取得し、その名前のワークシートの番号を求めています。「=SHEET(A3)」とすると、セルA3が含まれるワークシートの番号が返されるため、結果は1となります。
- 使用例では、「=SHEET("北地区")」としても同じ結果になります。
- ワークシートの番号は先頭のタブが1となります。タブの順序を入れ替えると番号も変わります。

関連 T 引数が文字列のときだけ文字列を返す……………………………P.210
SHEETS ワークシートの数を調べる……………………………P.343

ワークシートの情報

ワークシートの数を調べる

SHEETS(参照)

[参照]で指定された範囲に含まれるワークシートの数を返します。

参照　セルやセル範囲の参照、テーブル名などを指定します。

使用例　ブックに含まれるワークシートの数を調べる

=SHEETS()

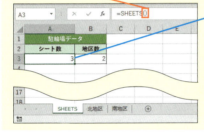

ポイント

- 使用例のように引数を省略すると、ブックに含まれるすべてのワークシートの数が返されます。
- [参照]にセル範囲を指定すると、そのセル範囲が含まれるワークシートの数が返されます。使用例では、セルB3に「=SHEETS("北地区":"南地区"!A1)」が入力されており、2つのワークシートにまたがる範囲が指定されているので、2という結果が表示されています。

関連　**SHEET** ワークシートの番号を調べる ……………………………… P.342

エラー値の種類を調べる

ERROR.TYPE(テストの対象)
エラー・タイプ

[テストの対象]に表示されているエラー値の種類を数値として返します。[テストの対象]がエラー値でない場合は、[#N/A]を返します。

テストの対象 エラー値かどうかを調べたい値や数式、セル参照を指定します。

使用例 対象セルのエラー値の種類を調べる

=ERROR.TYPE(D3)

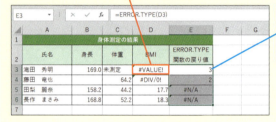

ポイント

- 返される値は、エラー値に応じた以下のような数値になります。詳細については、P.377を参照してください。

エラー値	戻り値
#NULL!	1
#DIV/0!	2
#VALUE!	3
#REF!	4
#NAME?	5
#NUM!	6

エラー値	戻り値
#N/A	7
#GETTING_DATA	8
#SPILL! または #スピル!	9
#FIELD!	13
#CALC!	14

- ERROR.TYPE関数をIF関数やVLOOKUP関数などと組み合わせると、エラーの種類に応じて結果を変えたり、説明を表示したりできます。

関連 IF 条件によって利用する式を変える ……………………………………P.212
ISERROR/ISERR エラー値かどうかを調べる ………………………P.333

データの種類を調べる

TYPE(テストの対象)

[テストの対象]に入力されているデータや数式の値などのデータの種類を調べます。

テストの対象 データの種類を調べたい値やセル参照、配列を指定します。

使用例 対象セルのデータの種類を調べる

=TYPE(A3)

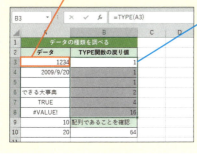

ポイント

- 返される値は、データの種類に応じた以下のような数値になります。

データの種類	戻り値
数値	1
文字列	2
論理値(TRUE または FALSE)	4
エラー値	16
配列	64

- TYPE関数をIF関数やVLOOKUP関数、INDEX関数などと組み合わせると、データの種類に応じて結果を変えたり、説明を表示したりできます。

関連 VLOOKUP 範囲を下に向かって検索する ……………………………… P.223
INDEX 行と列で指定したセルの参照を求める ……………………… P.232

☑ エラー値の数値変換　　365 ⟩ 2019 2016 2013 2010

［#N/A］を返す

ノン・アプリカブル

NA

「値がみつからない」、「使用できる値がない」、「該当する値がない」などの意味を持つエラー値［#N/A］を返します。

引数を指定する必要はありません。関数名に続けて( )のみ入力します。

ポイント
- セルや数式の中に「#N/A」と入力しても同じ結果が得られます。

☑ 引数の数値変換　　365 ⟩ 2019 2016 2013 2010

引数を数値に変換する

ナンバー

N(データ)

［データ］に指定した日付や時刻、論理値などを数値に変換します。データの種類に応じて、戻り値が異なります。

データ　数値に変換したい日付や時刻、論理値などを指定します。引数に指定するデータの種類と戻り値は、以下のとおりです。

数値 ……………………………………	指定された数値
日付または時刻 …………………………	日付または時刻のシリアル値
TRUE ……………………………………	1
FALSE …………………………………	0
エラー値（［#N/A］、［#VALUE!］など）…	指定されたエラー値
その他（文字列など）…………………	0

ポイント
- N関数は、Excel以外の表計算ソフトとの互換性を保つために用意されている関数です。Excelでは、数式に含まれる日付や時刻、論理値などのデータは必要に応じて自動的に数値に変換されます。しかし、表計算ソフトによっては、このような変換が行われないものもあり、N関数はそのような場合に強制的に変換を行うために使用されます。

第11章

キューブ関数

Microsoft SQL Server Analysis Services で利用される分析用データの集まりである「キューブ」から、特定のデータやデータ構造、集計値などを取得するための関数群です。

キューブ関数を利用するには、Microsoft SQL Server Analysis Services のデータソースと接続しておく必要があります。本章の使用例は、サーバーとデータベースが用意できている前提のもとで作成されています。なお、利用しているデータベースは Microsoft SQL Server 2017 向けに提供されているサンプルデータベース「Adventure Works DW 2017」です。

メンバーや組の取得 〈365〉〈2019〉〈2016〉〈2013〉〈2010〉

キューブ内のメンバーや組を返す

キューブ・メンバー
CUBEMEMBER(接続名,メンバー式,キャプション)

キューブ内のメンバーや組を返します。[メンバー式]で指定されたメンバーや組があれば、[キャプション]の文字列がセルに表示されます。[キャプション]が省略されている場合は、最後のメンバーの[キャプション]の文字列が表示されます。メンバーや組があるかどうかを調べるのによく使われます。

- **接続名** キューブへの接続名を指定します。
- **メンバー式** キューブのメンバーや組を表す多次元式を指定します。
- **キャプション** メンバーや組が見つかったときにセルに表示される文字列を指定します。

使用例 指定したメンバーがあるかどうかを調べる

=CUBEMEMBER(A2,
"[Customer].[English Country Region Name]","地域")

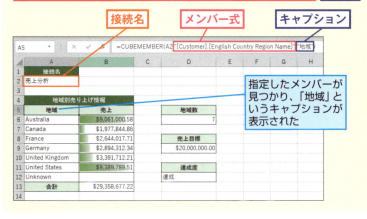

ポイント
- この関数を利用するためには、あらかじめSQL Analysis Servicesのキューブと接続しておく必要があります。
- キューブ関数をセルに直接入力する場合、[接続名]や[メンバー式]を入力するときに、「"」を入力した時点で、利用できる名前の一覧がヒントとして表示されます。文字列として入力する代わりに、ヒントの一覧から接続名が選択できます。

プロパティ値の取得　365 2019 2016 2013 2010

キューブメンバーのプロパティの値を返す

CUBEMEMBERPROPERTY(接続名, メンバー式, プロパティ)

[メンバー式]で指定されたキューブメンバーのプロパティの値を求めます。

接続名	キューブへの接続名を指定します。
メンバー式	キューブのメンバーを表す多次元式を指定します。
プロパティ	値を求めたいプロパティの名前を指定します。

使用例　指定したメンバーのプロパティを求める

=CUBEMEMBERPROPERTY(B1,B2,"Color")

指定したメンバーのColorプロパティの値である「Silver」が表示された

ポイント

- この関数を利用するためには、あらかじめSQL Analysis Servicesのキューブと接続しておく必要があります。
- キューブ関数をセルに直接入力する場合、[接続名]や[メンバー式]を入力するときに、「"」を入力した時点で、利用できる名前の一覧がヒントとして表示されます。文字列として入力する代わりに、ヒントの一覧から接続名が選択できます。
- 使用例では製品番号が559番のメンバーのColorプロパティの値を求めています。

セットの取得 365 2019 2016 2013 2010

キューブからメンバーや組のセットを取り出す

キューブ・セット
CUBESET(接続名,セット式,キャプション,並べ替え順序,並べ替えキー)

キューブからメンバーや組のセットを取り出します。[セット式]で指定されたメンバーや組のセットがあれば、サーバー上で作成されたセットが返されます。

接続名	キューブへの接続名を指定します。
セット式	キューブのメンバーや組のセットを表す多次元式を指定します。
キャプション	セットが返されたときにセルに表示される文字列を指定します。省略するとキューブのキャプションが表示されます。
並べ替え順序	並べ替えの方法を指定します。以下のいずれかが指定できます。

　0または省略 … 並べ替えを行わない
　1 ……………… [並べ替えキー]により昇順に並べ替える
　2 ……………… [並べ替えキー]により降順に並べ替える
　3 ……………… アルファベットの昇順に並べ替える
　4 ……………… アルファベットの降順に並べ替える
　5 ……………… もとのデータの昇順に並べ替える
　6 ……………… もとのデータの降順に並べ替える

並べ替えキー　並べ替えに使うキーを指定します。[並べ替え順序]が1または2のときに意味を持ちます。それ以外の場合は無視されます。

使用例　地域を表すセットを取り出す

=CUBESET(A2,"[Customer].[English Country Region Name].Children","地域数")

セットの項目数

365　2019　2016　2013　2010

キューブセット内の項目の個数を求める

キューブ・セット・カウント

CUBESETCOUNT(セット)

キューブセットに含まれる項目の個数を求めます。

> **セット** キューブセットを指定します。CUBESET関数や、CUBESET関数が入力されているセルへのセル参照が指定できます。

使用例 地域を表すセットの項目数を求める

ポイント

- 使用例では、セルD5に「=CUBESET(A2,"[Customer].[English Country Region Name].Children","地域数")」が入力されており、顧客の地域を表すセットを取り出しています。セルD6では、そのセット(セルD5)をもとに地域の数を求めています。

関連 **CUBESET** キューブからメンバーや組のセットを取り出す……P.350

集計値　　　365　2019　2016　2013　2010

キューブの集計値を求める

CUBEVALUE(接続名,メンバー式1,メンバー式2,…,メンバー式254)

キューブの集計値を求めます。

接続名　　キューブへの接続名を指定します。
メンバー式　キューブのメンバーや組を表す多次元式を指定します。CUBESET関数で求めたセットも指定できます。これらの[メンバー式]をスライサーとして、指定された部分の合計が返されます。

使用例　売上金額の合計を求める

=CUBEVALUE(A2,"[Measures].[Sales Amount]")

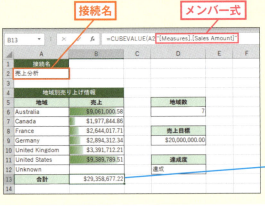

指定したメンバーの合計がわかった

ポイント

- 集計などに使うデータを絞り込むための軸をスライサーと呼びます。たとえば、ある年の売上の合計を求める場合には、「年」がスライサーとなります。
- [メンバー式]にメジャーが指定されていない場合は、キューブの既定のメジャーが使われます。メジャーとは、売上金額や個数などの「集計に使われる項目」のことです。

関連 CUBESET キューブからメンバーや組のセットを取り出す……P.350

メンバーの順位　　365 2019 2016 2013 2010

指定した順位のメンバーを求める

キューブ・ランクト・メンバー

CUBERANKEDMEMBER(接続名,セット式,ランク,キャプション)

キューブ内で、指定した順位のメンバーを求めます。

接続名　　キューブへの接続名を指定します。
セット式　キューブのメンバーや組のセットを表す多次元式を指定します。CUBESET関数で求めたセットも指定できます。
ランク　　取り出したいメンバーの順位(先頭からの位置)を指定します。
キャプション　メンバーが見つかったときにセルに表示される文字列を指定します。省略すると見つかったメンバーのキャプションが表示されます。

使用例　売上金額が1位の地域を求める

=CUBERANKEDMEMBER(A2,D5,1)

セットの先頭にあるメンバーが表示され、売上の第1位が「United States」であることがわかった

ポイント

- [ランク]に小数部分のある数値を指定した場合、小数点以下が切り捨てられた**整数**とみなされます。
- 使用例では、セルD5に「=CUBESET("売上分析","[Customer].[English Country Region Name].[All].Children","第1位",2,"[Measures].[Sales Amount]")」が入力されています。これは地域を売上の降順に並べたセットを表します。セルD6ではその先頭のメンバー(売上が一番大きな地域)を求めています。

関連 **CUBESET** キューブからメンバーや組のセットを取り出す……P.350

☑ KPIプロパティ　　　　　　　　　365　2019　2016　2013　2010

主要業績評価指標（KPI）のプロパティを返す

キューブ・ケーピーアイ・メンバー

CUBEKPIMEMBER(接続名,KPI名,プロパティ,キャプション)

キューブの主要業績評価指標（KPI）を取得します。

接続名　　　　キューブへの接続名を指定します。
KPI名　　　　キューブ内のKPIの名前を指定します。
プロパティ　　求めたいKPIのプロパティを指定します。
　1 … KPI名　　　　4 … 傾向
　2 … 目標値　　　　5 … 相対的重要度
　3 … 状態　　　　　6 … 現在の時間メンバー
キャプション　プロパティの代わりにセルに表示される文字列を指定します。

📄 **使用例**　**売上金額の目標値を求める**

=CUBEKPIMEMBER(A2,"Internet Sales",2,"売上目標")

接続名　　KPI名　　プロパティ　　キャプション

	A	B	C	D	E	F	G	H
1	接続名							
2	売上分析							
4	地域別売り上げ情報							
5	地域	売上		地域数				
6	Australia	$9,061,000.58		7				
7	Canada	$1,977,844.86						
8	France	$2,644,017.71		売上目標				
9	Germany	$2,894,312.34		$20,000,000.00				
10	United Kingdom	$3,391,712.21						
11	United States	$9,389,789.51		達成度				
12	Unknown			達成				
13	合計	$29,358,677.22						

D8 セル：=CUBEKPIMEMBER(A2,"Internet Sales",2,"売上目標")

> 指定したKPIの目標値が取り出され、「売上目標」というキャプションが表示された

ポイント

●KPIのプロパティ値を取得するには、CUBEVALUE関数の引数に、この関数の結果を指定します。使用例では、セルD9に「=CUBEVALUE(A2,D8)」が入力されています。

関連 ▶ **CUBEVALUE** キューブの集計値を求める ……………………………………P.352

354　できる

付録

関数の基礎知識

関数の入力方法や演算子の使い方、数式のコピー時に必要な相対参照と絶対参照の知識、配列数式と新しい「スピル」機能、エラーへの対処方法など、関数の基礎知識をまとめています。

関数と演算子　365　2019　2016　2013　2010

関数の形式

関数は「引数」に指定された数値や文字列を使って目的の計算や処理をし、結果を「戻り値」として返します。すでに関数が入力されているセルを例として、関数の形式を確認しましょう。

◆数式バー
関数が入力されたセルをクリックして選択すると、数式バーに関数を含む数式が表示される

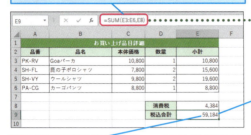

関数が入力されたセルに戻り値が表示される

関数が返す結果は「戻り値」と呼ばれる

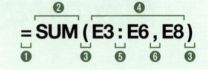

❶イコール
関数や数式を入力するときは、最初に「=」(イコール)を入力します。計算結果は関数や数式を入力したセルに表示されます。

❷関数名
関数には、半角英数字の組み合わせからなる「関数名」が付けられています。関数名は、大文字と小文字のどちらで入力しても構いません。自動的に大文字に変換されます。

❸括弧（かっこ）
引数の全体を( )で囲みます。引数が不要な関数でも( )は省略できないので、関数名のあとに( )だけ入力します。

❹引数（ひきすう）
関数の計算に使われる数値や文字列です。引数には、数値や文字列を直接入力するほかに、セルやセル範囲、あるいは、ほかの関数も入力できます。どのような引数が指定できるかは関数ごとに決まっています。

❺コロン
2つのセル参照を「:」(コロン)でつなぐと、その2つのセルの間に含まれるセル範囲全体を引数として指定できます。コロンは「参照演算子」と呼ばれる演算子の1つです。

❻カンマ
引数を複数指定できる場合は、それぞれの引数を「,」(カンマ)で区切ります。

引数に指定できるもの

関数の引数には、以下の表に示すようなさまざまなものが指定できます。どの引数をいくつ指定できるかは、利用する関数ごとに決まっています。

●引数の種類と具体例

引数に指定できるもの		説明
セル参照	セル	1つのセル。セルに入力されているデータやセルの情報が計算に使われる <例> =SUM(A2,B2,C2)
	セル範囲	A1:B10のように2つのセルを「:」で区切ったもの。2つのセルの間にある、すべてのセルのデータやセルの情報が計算に使われる <例> =AVERAGE(C1:D10)
定数	数値	10、-20、3.45のような数値、60%のようなパーセント記号付きの数値、"20,000"のように「"」(ダブルクォーテーション)で囲んだカンマ付きの数字など <例> =SUM(100,200,"2,500")
	文字列	「"」で囲んだ文字列。文字を含まない空文字列は「""」と表す <例> =LEN("できるシリーズ")
	論理値	TRUEまたはFALSE <例> =NOT(FALSE)
	エラー値	#DIV/0!、#N/A、#NAME?、#NULL!、#NUM!、#REF!、#VALUE!、#SPILL!(または#スピル!)など。意図的にエラーを発生させる場合にも使う <例> =ERROR.TYPE(#N/A)
	配列定数	{100,200}のように数値や文字列を「,」や「;」(セミコロン)で区切って「{」(始め中かっこ)と「}」(終わり中かっこ)で囲んだもの。「,」は列の区切り、「;」は行の区切りと見なされる。{1,2,3;4,5,6}なら2行3列の配列となる <例> =SUM({10,20}*{30,40})
関数		引数に別の関数を指定すると、内側の関数が先に計算され、その戻り値(結果)が外側の関数の引数として使用される <例> =INT(SUM(A2:B2))
名前		特定のセル、またはセル範囲に付けられた名前。名前が示すセルやセル範囲に入力されているデータやセルの情報が計算に使われる <例> =MAX(単価リスト)
論理式		セル参照、定数、関数を、比較演算子を使って組み合わせたもの。その比較結果が正しければTRUE、正しくなければFALSEとなる <例> =AND(B4>=80,C4>=80)
数式		セル参照、定数、関数を、算術演算子や文字列演算子を使って組み合わせたもの <例> =INT(SUM(E3:E7)*5%)

ポイント

- 本書では、たとえば「数値を指定します」と説明がある場合、数値そのものだけでなく、数値が入力されているセルの参照や数値を返す関数、数式も指定できることを表します。
- 文字列、論理値、エラー値、配列を指定する場合も、セル参照や関数、数式が指定できます。

☑ 関数と演算子　　　　　365　2019　2016　2013　2010

演算子の種類

Excelでは、セル参照、定数、関数といった数式の要素を「演算子」を使って組み合わせることにより、さまざまな計算ができます。演算子には、四則演算（加減乗除）の算術演算子、値の大小を比較する比較演算子、文字列を連結する文字列演算子、複数のセル参照をまとめる参照演算子の4種類があります。

●演算子の種類

	演算子	意味	使用例	使用例の説明
算術演算子	+ (プラス)	加算	A1+A2	A1 の値に A2 の値を足す
	- (マイナス)	減算	A3-A2	A3 の値から A2 の値を引く
	* (アスタリスク)	乗算	A3*100	A3 の値に 100 を掛ける
	/ (スラッシュ)	除算※1	B5/B1	B5 の値を B1 の値で割る
	^ (キャレット)	べき乗	C7^2	C7 の値を 2 乗する
	% (パーセント)	パーセント指定	80%	80 を 100 で割り、全体を 1 とした割合 (0.8) に換算する
比較演算子※2	=	等しい	A1=B1	A1 の値と B1 の値が等しければ TRUE、そうでなければ FALSE となる
	<>	等しくない	A1<>B1	A1 の値と B1 の値が等しくなければ TRUE、そうでなければ FALSE となる
	>	より大きい	A1>B1	A1 の値が B1 の値より大きければ TRUE、そうでなければ FALSE となる
	<	より小さい	A1<B1	A1 の値が B1 の値より小さければ TRUE、そうでなければ FALSE となる
	>=	以上	A1>=B1	A1 の値が B1 の値以上であれば TRUE、そうでなければ FALSE となる
	<=	以下	A1<=B1	A1 の値が B1 の値以下であれば TRUE、そうでなければ FALSE となる
文字列演算子	& (アンパサンド)	連結	"できる"&E4	E4 に「シリーズ」という文字列が入力されていれば、「できるシリーズ」という文字列になる
参照演算子	: (コロン)	セル範囲	A1:B10	A1 と B10 の間にあるすべてのセル、つまり A1 ～ A10 および B1 ～ B10 が指定される
	, (カンマ)	セル範囲の複数指定	A1:B10,D1:D10	A1 と B10 の間にあるすべてのセルと、D1 と D10 の間にあるすべてのセル、つまり A1 ～ A10、B1 ～ B10、D1 ～ D10 が指定される
	(半角空白)	セル範囲の共通部分	A1:B4 B2:C5	A1 と B4 との間にあるすべてのセルと、B2 と C5 との間にあるすべてのセルの重複する部分、つまり B2 ～ B4 の範囲が指定される

※1　除算では、割る数が 0 の場合は [#DIV/0!] エラーとなります
※2　比較演算子は文字列の比較にも利用できます

関数と演算子

365　2019　2016　2013　2010

演算子の優先順位

数式は左なら右に向かって計算されます。ただし、優先順位の高い演算子があれば、その計算が先に行われます。思い通りの結果を得るためには、優先順位に注意して数式を作る必要があります。演算子やかっこ類の優先順位は以下の通りです。

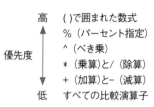

●優先順位に従った計算の例

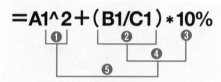

- ❶ ^ を計算(セルA1を2乗する)
- ❷ + より先に ( ) の中を計算(セルB1をセルC1で割る)
- ❸ + と * より先に % を計算(10を100で割る)
- ❹ + より先に * を計算(❷の結果に❸の結果を掛ける)
- ❺ + を計算(❶の結果と❹の結果を足す)

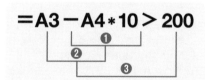

- ❶ - より先に * を計算(セルA4に10を掛ける)
- ❷ - を計算(セルA3から❶の結果を引く)
- ❸ > を計算(❷の結果が200より大きいか比較する)

ポイント

- 数式を作るときは、先に計算したい部分を「( )」で囲むようにするといいでしょう。思い通りの結果が得られるだけでなく、数式そのものもわかりやすくなります。

論理式とは

「論理式」は、2つの要素（セル参照、定数、関数）を比較演算子でつないだものです。IF関数のように条件に応じて結果が変わる関数や、AND関数のように複数の条件を組み合わせる論理関数の中で、条件を指定するための引数として使用します。

◆AND関数の引数に指定した論理式

◆論理値
論理式での比較結果は論理値（TRUEまたはFALSE）となる

論理式によって、「物理」と「化学」の点数が両方とも80点以上ならTRUEが、いずれかが80点未満ならFALSEが表示される

ポイント

- 基本的な論理式は、比較演算子を使って2つの値を比較したものです。セルA1に8、セルA2に5、セルA3に8が入力されているとき、各種の論理式とその結果は以下のようになります。

=A1>A2
論理式「A1>A2」が成り立つので、TRUEが返される

=A1=A2
論理式「A1=A2」は成り立たないので、FALSEが返される

=A1<=A3
値が等しい場合は論理式「A1<=A3」が成り立つので、TRUEが返される

- 「=A1=A2」といった数式は、日常の感覚からすると違和感がありますが、最初の「=」は数式であることを表し、続く「A1=A2」が比較の演算であると考えるといいでしょう。したがって、「=A1<A2」はFALSEを返し、「=A1=A3」はTRUEを返します。
- AND関数は、指定された論理式がすべてTRUEであればTRUEを返します。それ以外の場合（1つでもFALSEがある場合）にはFALSEを返します。
- OR関数は、指定された論理式のいずれかがTRUEであればTRUEを返します。それ以外の場合（すべてFALSEの場合）にはFALSEを返します。
- 論理値が数式の中で数値として扱われることもあり、その場合はTRUE=1、FALSE=0となります。例えば、「=(10=10)*3」という数式では、論理式「10=10」の部分がTRUEとなり、1と見なされます。したがって、もとの数式は「=1*3」という計算になり、結果は3となります。ただし、比較演算子を使って論理値をほかの値と比較する場合は、TRUE > FALSE > ほかの値、という関係になります。

関数を直接入力する

関数は、セルに直接入力したり、数式バーを使って入力したりできます。セルや数式バーに関数名の先頭から何文字かを入力すると、入力した文字で始まる関数名の一覧が自動的に表示されます。入力したい関数名をダブルクリックするか、上下の方向キー（↑↓）で関数名を選択して Tab キーを押すと関数が入力されます。

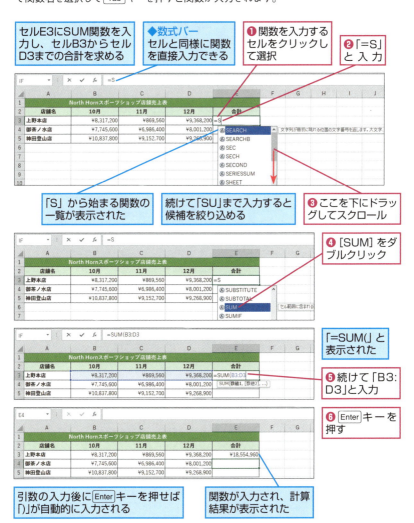

☑ 関数の入力　　　　　365　2019　2016　2013　2010

ダイアログボックスを使って関数を入力する

[関数の挿入] ダイアログボックスを使うと、目的の関数やその引数についての説明が表示されるので、初めて使う関数でも簡単に入力できます。

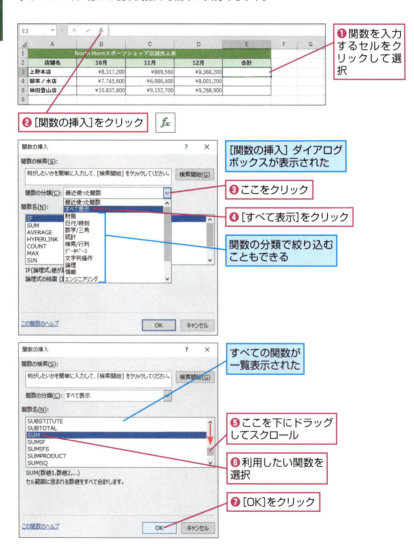

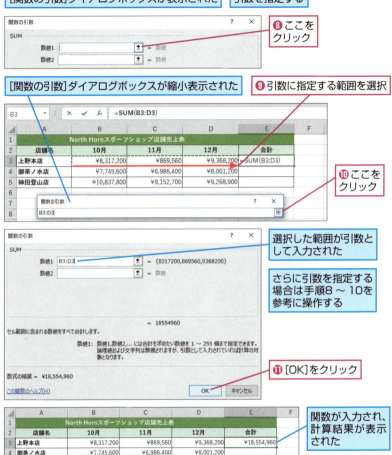

ポイント

- 関数の引数に数値や文字列を直接指定したいときは、[関数の引数]ダイアログボックスで引数の入力欄に数値や文字列をそのまま入力します。このとき、文字列の前後を「"」で囲む必要はありません。
- 引数には、ほかのワークシートのセルへの参照も指定できます。[関数の引数]ダイアログボックスで引数を指定するときに、ほかのワークシートタブをクリックしてから目的のセルまたはセル範囲を選択します。引数には「Sheet2!A3」のように、ワークシート名を含むセル参照が自動的に入力されます。

関数ライブラリを使って関数を入力する

Excelの関数は、計算内容や処理の目的に応じて12種類に分類されています。[数式]タブの[関数ライブラリ]グループのボタンをクリックすると、分類をもとに関数を検索して入力できます。

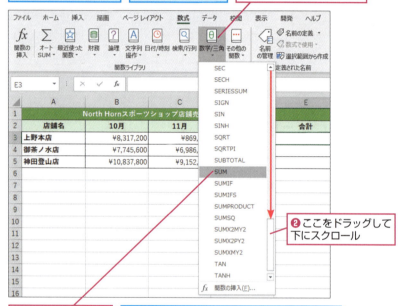

ポイント

- 入力したい関数の名前も分類もわからないときは、[数式]タブの[関数ライブラリ]グループにある[関数の挿入]ボタンをクリックして[関数の挿入]ダイアログボックスを表示します。[関数の検索]フィールドに関数の目的を文章で入力して[検索開始]をクリックすると、関数を検索できます。

関連 ダイアログボックスを使って関数を入力する ……………………P.362

☑ 関数の入力 365 2019 2016 2013 2010

関数を組み合わせる

関数の引数として、さらに関数を指定することを「ネスト」といいます。この場合、内側に指定された関数が先に計算され、その結果（戻り値）が外側の関数の引数として使われます。関数をネストすれば、1つの数式で複雑な計算ができるようになります。

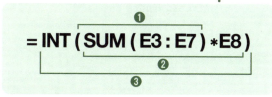

❶ セルE3 ～ E7を合計する
❷ ❶の結果にセル E8 を掛ける
❸ ❷の結果の小数点以下を切り捨てる

ポイント

- 関数をネストするとき、ある関数Aの引数に関数Bを指定するだけでなく、さらにその関数Bの引数に関数Cを……というように、階層的にネストすることもできます。
- 関数の引数に別の関数を指定するには、[関数の挿入] ダイアログボックスを使うか、またはセルや数式バーに直接入力します。ただし、直接入力する場合は、数式が複雑になると間違えやすいので注意が必要です。特に左右のかっこの数が合っているか、よく確かめるようにしましょう。
- あまりにも数式が複雑になる場合は、作業用のセルを利用して、数式を何段階かに分けて入力したほうが確実です。再計算の回数も少なくて済むので、数式の数が多いときには、ネストさせた場合よりも処理速度が速くなります。
- ネストできる関数のレベルは64までです。

数式を修正する

数式の修正とコピー　　365　2019　2016　2013　2010

数式が入力されているセルをダブルクリックすると編集状態になり、数式を直接修正できるようになります。このとき、数式の中で利用しているセルやセル範囲が「カラーリファレンス」と呼ばれる色付きの枠線で囲まれるので、数式が入力されているセルと、計算の対象とするセルとの位置関係が把握しやすくなります。

セル内で数式を直接修正する

❶セルをダブルクリック　／　F2キーを押してもいい

カーソルが表示され、数式が編集できる状態になった

◆カラーリファレンス　参照されているセルが色分けされて強調表示される

❷数式を修正

❸Enterキーを押す

修正した数式に基づいて自動的に再計算される

ポイント

- セル内に表示されたカーソルを方向キー（↑↓←→）で移動して関数を修正します。
- 数式を修正しているときにEscキーを押せば、修正が取り消されて、もとの数式に戻ります。
- Enterキーを押して数式を修正したあと、取り消してもとの数式に戻すには、Ctrl+Zキーを押します。
- 数式が入力されているセルを選択してから数式バーをクリックすれば、数式バーの中で数式を修正することもできます。
- セルに入力されている数式を削除するには、セルを選択してからDeleteキーを押します。

関連 数式中のセル参照を修正する ……………………………………… P.367

数式の修正とコピー

365 2019 2016 2013 2010

数式中のセル参照を修正する

数式に指定したセル参照を修正するときは、数式の編集中に表示される「カラーリファレンス」が利用できます。この枠はセル参照ごとに色分けされており、マウスでドラッグするだけでセル参照の移動や範囲の拡大／縮小ができます。

❶ 数式を編集できる状態にしておく

参照されているセルにカラーリファレンスが表示された

❷ 枠線の隅にあるハンドルにマウスポインターを合わせる

マウスポインターの形が変わった

❸ セルE7までドラッグ

ドラッグした範囲が引数のセル参照に反映される

❹ Enter キーを押す

関数の引数が修正され、自動的に再計算される

カラーリファレンスの枠をドラッグするとセル参照の位置を移動できる

ポイント

- カラーリファレンスの色は、数式中のセル参照の文字の色と対応しています。
- マウスポインターの形が ↘ のときはセル範囲の拡大／縮小、 のときはセル参照の移動ができます。

関連 数式を修正する ……………………………………………………………… P.366

数式をコピーする

数式の修正とコピー　365　2019　2016　2013　2010

数式が入力されたセルをコピーすると、セル参照がコピー先の位置に合わせて自動的に変更されます。そのため、同じパターンの計算であれば、たいていの場合、コピー先でも適切な結果が得られます。数式をコピーするには、以下に示すフィルハンドルを操作する方法のほかに、クリップボードを使ってコピーと貼り付けを行う方法も使えます。

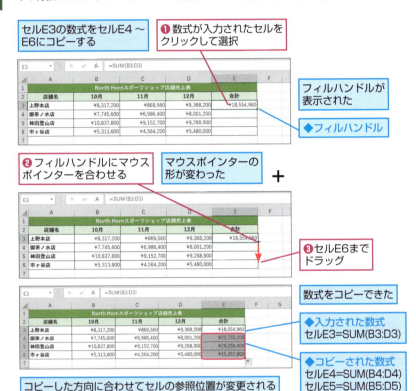

ポイント

- コピー先の位置に合わせてセル参照が自動的に変更されるようなセル参照の形式を「相対参照」といいます。「B3」や「E7」といった通常の表現は相対参照による指定です。
- 複数の数式から特定の同じセルを参照したい場合には、単純に数式をコピーしてしまうと正しい結果が得られません。そのような場合には次ページの絶対参照を使います。

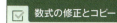

数式の修正とコピー　365　2019　2016　2013　2010

セル参照を固定したまま数式をコピーする

相対参照の場合、数式が入力されたセルをコピーすると、セル参照がコピー先の位置に合わせて変更されます。しかし、どの数式からも特定の同じセルを参照したい場合には、セル参照が変更されてしまうと正しい結果が得られません。そのような場合、セル参照の形式を「絶対参照」にしておけば、数式をコピーしてもセル参照が変更されなくなります。

関数の基礎知識

E列に入力された「小計」から、セルE9に入力されている定額の割引額を引いた結果を求める

❶ P.370を参考にセルF3の数式を絶対参照「=SUM(E3,$E$9)」に変更

❷ セルF3の数式をセルF7までコピー

数式がコピーできた

◆入力した数式
セルF3=SUM(E3,$E$9)

◆コピーされた数式
セルF4=SUM(E4,$E$9)
セルF5=SUM(E5,$E$9)
セルF6=SUM(E6,$E$9)
セルF7=SUM(E7,$E$9)

セル参照が変更されずに正しく計算された

ポイント

- セル参照の列と行の前に「$」を付けておくと、数式をコピーしてもセル参照は変更されません。このようなセル参照の形式を「絶対参照」といいます。上の例の数式に含まれる「$E$9」は、絶対参照による指定です。
- 数式中のセル参照の部分にカーソルを合わせて F4 キーを押すと、相対参照と絶対参照を切り替えられます。
- F4 キーを押して参照形式を切り替える代わりに、キーボードから直接「$」を入力して列番号や行番号の前に「$」を付けても絶対参照にできます。

関連 相対参照と絶対参照を切り替える……………………………………P.371

できる　369

セル参照の列または行を固定してコピーする

数式を右方向にコピーするときにはセル参照の列を変え、下方向にコピーするときには行を固定しておきたいことがあります。列の先頭のセルをどのセルからも参照している場合がそれに当たります。また、列は固定し、行を変えながらコピーすることもあります。これは、行の先頭のセルをどのセルからも参照している場合です。そのような場合は、セルの参照形式を「複合参照」に変えてからコピーします。

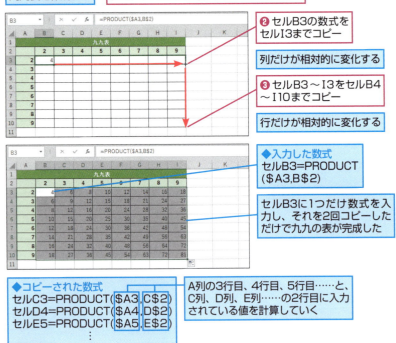

ポイント

- セル参照の列番号または行番号の前に「$」を付けておくと、数式をコピーしたときにも列または行だけを固定しておくことができます。このようなセル参照の形式を「複合参照」といいます。
- F4 キーを押して参照形式を切り替える代わりに、キーボードから直接「$」を入力して列や行の前に「$」を付けても複合参照にできます。

数式の修正とコピー

365 2019 2016 2013 2010

相対参照と絶対参照を切り替える

数式の入力中や修正中に、セル参照の部分にカーソルを移動させて F4 キーを押すと、相対参照と絶対参照の切り替えができます。F4 キーを押すたびに、「絶対参照 → 行のみ絶対参照 → 列のみ絶対参照 → 相対参照」の順に参照形式が変わります。セル参照を固定したいときに便利です。

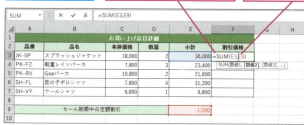

ポイント

- 「:」で区切られたセル範囲の場合は、「:」の前後のセル参照の部分でそれぞれ F4 キーを押して参照形式を切り替える必要があります。ただし、数式中の複数のセル参照をまとめて選択してから F4 キーを押せば、選択した範囲に含まれるすべてのセル参照の形式を一度に切り替えることができます。

関連 セル参照を固定したまま数式をコピーする ……………………………… P.369
　　　 セル参照の列または行を固定してコピーする ……………………………… P.370

☑ 配列の利用　　　　　　　　　365　2019　2016　2013　2010

関数の引数に配列定数を指定する

LOOKUP、VLOOKUP、INDEX、MATCHなどの検索関数では、検索対象となる表を配列として指定します。配列とは、列と行からなるデータのことです。これらの関数には配列としてセル範囲を指定するのが一般的ですが、配列定数という決まった値も指定できます。ここでは、VLOOKUP関数の引数に配列定数を指定する例を示します。

この表を2列×3行の配列定数で表す

各列を「,」、各行を「;」で区切り、全体を「{}」で囲む

❶ セルB3に「=VLOOKUP(B2,{"ER-L","消しゴム大";"RP-A4","レポート用紙A4";"CN-A4","大学ノートA4"},2,FALSE)」と入力

❷ Enterキーを押す

配列定数で作成した表から、品番「CN-A4」に対応する値が求められた

ポイント

- 「,」(カンマ)は列の区切りを表し、「;」(セミコロン)は行の区切りを表します。
- 配列定数の要素に文字列を指定するときには、「"」で囲みます。
- 数式が長くなる場合には、セル内で Alt + Enter キーを押して数式の途中で改行しておくと見やすくなります。
- 配列定数は、検索の対象となる表のように、データの内容が決まっているときに使います。表の内容が変わる可能性がある場合や、表が大きい場合には配列定数を使わず、セル範囲にデータを入力して利用したほうがいいでしょう。

配列の利用

配列数式で複数の計算を一度に実行する

多くの関数では、引数に配列を指定できます。配列としてはセル範囲や配列定数のほか、配列数式も指定できます。配列数式とは、1つの数式で複数の値を配列として返す数式のことです。たとえば、以下のような表で総合計を求めるには、単価×数量を個々の商品ごとに求め、それらを合計する必要があります。配列数式を利用すれば、単価×数量の結果を配列として返せるので、その配列を合計すれば一度に総合計が求められます。

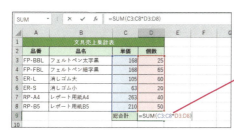

SUM関数を配列数式として入力し、C3*D3、C4*D4……C8*D8の各計算結果の総合計を求める

❶「=SUM(C3:C8*D3:D8)」と入力

❷ Ctrl + Shift + Enter キーを押す

入力した数式が「{ }」で囲まれ、配列数式になった

すべての文具の売り上げの総合計が求められた

ポイント

- 配列数式を入力するときは、最後に Enter キーではなく Ctrl + Shift + Enter キーを押す必要があります。
- 配列数式を入力すると数式が自動的に「{ }」で囲まれて表示されます。配列定数を指定する場合とは異なり、自分で「{ }」を入力してはいけないことに注意してください。
- 配列数式を修正する場合も、入力の最後に Ctrl + Shift + Enter キーを押す必要があります。
- 上の例の「C3:C8*D3:D8」は、「C3～C8とD3～D8をそれぞれ掛けたもの」という意味です。つまり「C3*D3、C4*D4、……C8*D8」という計算を表します。結果(すべての商品の単価×数量)は複数あるので、配列として返されます。その配列がSUM関数の引数に指定されているので、すべての商品の単価×数量の合計が求められるというわけです。

関連 複数の値を返す関数を配列数式で入力する …………………………… P.374

配列の利用

複数の値を返す関数を配列数式で入力する

関数の中には複数の値を一度に返すものがあります。そのような関数は、結果が配列として返されるので、配列数式として入力します。その場合、結果を表示したいセル範囲を選択しておいてから関数を入力し、入力の終了時に Ctrl + Shift + Enter キーを押します。以下の例では、複数の最頻値を求めるMODE.MULT関数を配列数式として入力します。

ポイント

- 複数の値を返す関数を配列数式として入力する場合は、結果を表示したいセル範囲を選択してから数式を入力し、最後に Ctrl + Shift + Enter キーを押す必要があります。
- 複数のセルに入力した配列数式は、一部のセルだけを修正したり、削除したりすることはできません。配列数式が入力されたセルのどれかを選択して Ctrl + / キーを押せば、配列数式が入力されたセル全体を選択できるので、その状態で数式を修正します。修正の終了時にも Ctrl + Shift + Enter キーを押す必要があります。
- このような関数を入力するときに Enter キーを押すと、結果の配列の先頭の要素だけが表示されます（エラーを返す関数もあります）。

配列の利用

スピル機能を利用して配列数式を簡単に入力する

365 / 2019 / 2016 / 2013 / 2010

Office 365とExcel 2019では、「スピル」と呼ばれる機能により、配列数式が簡単に入力できるようになっています。従来とは違い、配列数式を入力するために、結果を表示したい範囲をあらかじめ選択しておいたり、数式の入力終了時に Ctrl + Shift + Enter キーを押したりする必要はありません。通常の数式と同じ方法で入力すれば、複数の結果が得られます。

スピル機能を使って配列数式を入力する

❶ セルC3に「B3:B7/B8」と入力

❷ Enter キーを押す

セルC3～C7にまとめて数式が入力された

セルB3～B7をそれぞれセルB8で割った値が求められた

ポイント

- 企業や組織でOfficeを導入している場合は、最新機能よりも安定性を重視した設定になっていることがあります。そのような場合にはにはスピル機能が使えないこともあります。
- 配列数式が入力されている範囲のいずれかのセルをクリックすると、その範囲が枠で囲まれて表示されます。
- 配列数式を入力するとき、結果が表示されるセルにすでにデータが入っている場合は［#SPILL!］（または［#スピル!］）エラーが表示され、結果は求められません。ただし、入力されているデータを削除すると、配列数式の結果が表示されます。
- 配列数式が入力されている範囲の先頭のセルにデータを入力すると、配列数式すべてが削除されます。
- 配列数式が入力されている範囲の先頭以外のセルにデータを入力すると、先頭のセルに［#SPILL!］（または［#スピル!］）エラーが表示され、配列数式は削除されます。ただし、入力したデータを削除すると、配列数式の結果が表示されます。

配列の利用　　　　　　　　　365　2019　2016　2013　2010

スピル機能を利用して配列を返す関数を簡単に入力する

Office 365とExcel 2019のスピル機能を使えば、配列数式を簡単に入力できます。このスピル機能は複数の結果を配列として返す関数でも利用できます。以下の例は、連続した値を作成するSEQUENCE関数（Office 365のみ利用可能）を入力した例です。

配列を返す関数をスピル機能を使って入力する

セルA3に「=SEQUENCE(5)」と入力

セルA3〜A7に、1から5の連番が一度に入力された

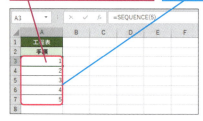

ポイント

- 企業や組織でOfficeを導入している場合は、最新機能よりも安定性を重視した設定になっていることがあります。そのような場合にはにはスピル機能が使えないこともあります。
- 複数の値を配列として返す関数を入力する場合も、従来の配列数式とは違って結果が表示される範囲をあらかじめ選択しておく必要はありません。
- 関数の入力時にCtrl+Shift+Enterキーを押す必要はありません。単にEnterキーを押すだけで構いません。
- 以前からある関数でも、結果を配列として返すものであれば、スピル機能により配列数式として入力できます（TRANSPOSE、INDEX、MODE.MULT、LINESTなど）。
- 配列数式が入力されている範囲のいずれかのセルをクリックすると、その範囲が枠で囲まれて表示されます。
- 数式を入力したセル以外の、配列数式の結果が表示される範囲にほかのデータが入っていたり、ほかのデータを入力しようとした場合には［#SPILL!］（または［#スピル!］）エラーが表示されます。詳細については、P.375を参照してください。
- スピル機能により入力されたセル範囲は、#記号を使って表せます。上の例では「A3#」でSEQUENCE関数の結果が求められているセル範囲を参照できるので、たとえば、セルB3に「=SORT(A3#, 1, -1)」と入力すると、もとの値(A3#)を降順に並べ替えた値が求められます。

関連　複数の値を返す関数を配列数式として入力する　…………………… P.374

☑ エラーの取り扱い 〈365〉〈2019〉〈2016〉〈2013〉〈2010〉

エラー値の種類

関数の基礎知識

数式や関数に間違いがあったり、数式に含まれるセル参照のデータが不適切だったりすると、セルにエラー値が表示されます。エラー値には、次の11種類があります。

●エラー値の種類とその原因

エラー値	エラーの原因	エラーとなる例
#DIV/0!	0（ゼロ）で割り算が行われるような数式になっている	「=SUM(A1:A4)/A5」と入力したが、セル A5に何も入力されていなかった
#N/A	検索／行列関数などで、検索値の指定が不適切だったか、検索値が見つからなかった。または関数の計算で適切な値が得られなかった	=MODE(10,20,30,40) と入力したが、すべての値が 1 回しか現れないため最頻値がない
#NAME?	関数名が間違っているか、数式に使用した名前が定義されていない。または、使用しているバージョンには非対応の関数を入力している	=HEIKIN(A1:C1) と入力したが、HEIKIN 関数は存在しない
#NULL!	セルの共通部分を返す参照演算子（半角空白）を使って指定した 2 つのセル範囲に共通部分がない	=SUM(A1:A3 C1:C3) と入力したが、セル A1 ～ A3 とセル C1 ～ C3 には共通部分がない
#NUM!	使用できる範囲外の数値を指定したか、それが原因で関数の解が見つからない	=DATE(50000,1,1) と入力したが、引数の500000 は DATE 関数で使用できる範囲を超えている
#REF!	参照先のセルを移動したり削除したりしたため、正しいセルを参照できなくなった	「=INT(A1)」と入力したあとで、セル A1 を移動または削除した
#VALUE!	数値を指定すべきところに文字列を指定したり、1 つのセルを指定すべきところにセル範囲を指定したりしている	MAX("Dekiru") と入力したが、MAX 関数の引数に文字列は指定できない
#GETTING_DATA	計算に時間がかかる処理を実行している（待っていればエラーは消える）	キューブ関数の実行中、すべてのデータを取得するのに時間がかかっている
#SPILL! または #スピル!	スピル機能により入力されたセル範囲内に余計なデータが入力されている	セル A1 に「= SEQUENCE(5)」と入力したとき、セル A2 ～ A5 のどれかにすでにデータが入力されていた
#FIELD!	参照したフィールドが存在しない	「=FIELDVALUE(A1,"GNP")」と入力したが、セル A1 のデータに項目名「GNP」がない
#CALC!	配列数式で空の配列が返された	「=FILTER(A2:B4,B2:B4>10)」と入力したが、セル B2 ～ B4 に 10 より大きな値がない

ポイント

● エラーの原因を知るには、[エラーのトレース]ボタンを利用してヘルプを見たり、エラーの内容や計算の過程を確認したりするといいでしょう。詳しくはP.378を参照してください。

● セルの幅が狭くて値を表示しきれない場合や、Excelで扱える範囲外の数値が入力されている場合、セルの幅いっぱいに「########」と表示されることがあります。そのような場合には、セルの幅を広げるか、取り扱える範囲内の数値（シリアル値であれば0以上、2958466未満）を入力するかします。

できる | 377

エラーをチェックする

エラー値が表示されているセルをクリックして選択すると、[エラーのトレース] ボタンが表示されます。このボタンをクリックするとメニューが表示され、エラーのヘルプを表示する、計算の過程を確認する、エラーを無視するなどの操作ができます。

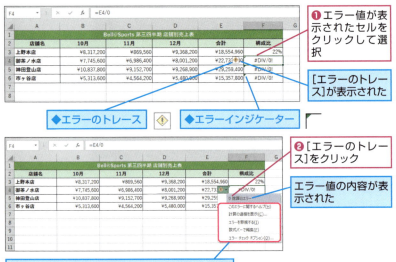

ポイント

- エラー値が表示されていないのに、セルの左上隅に [エラーインジケーター] が表示されることがあります。これは、数式内で指定されているセル参照が周囲のセルの数式と異なるパターンになっている場合に起こります。セルを選択して[エラーのトレース]ボタンをクリックすれば、エラーの内容を確認したり、対処方法を選んだりできます。

●入力した数式

セル	数式
セル E3	=SUM(B3:D3)
セル E4	=SUM(B4:D4)
セル E5	=SUM(B5:D5)
セル E6	=SUM(B5:C5)

エラーの取り扱い
365 / 2019 / 2016 / 2013 / 2010

循環参照に対処する

数式や関数の参照先にそのセル自身のセル参照が含まれていると、計算結果を求めるために自分自身の値を使うという矛盾が発生します。これは「循環参照」と呼ばれるエラーです。循環参照に関するメッセージが表示されたら、数式に指定されているセル間の参照関係を調べ、問題のあるセル参照を修正する必要があります。

❶ セルE3に「=SUM(B3:E3)」と入力

数式の参照先に、数式を入力したセル自身（E3）が含まれるため、循環参照が発生してメッセージが表示された

❷ [OK]をクリック

[ヘルプ] をクリックすると循環参照に関するヘルプが表示される

循環参照を起こしているセルがわからないときは、次ページを参考にする

❸ 数式が入力されたセルをダブルクリック

❹ 循環参照が発生しないように数式を修正

❺ Enter キーを押す

循環参照が解消され、正しい計算結果が表示される

ポイント

● どのセルが循環参照を起こしているかわからないときは、まずそのセルを探し出す必要があります。循環参照を起こしているセルを探す方法については、次ページを参照してください。

関連 循環参照を起こしているセルを探す ……………………………… P.380

☑ エラーの取り扱い　365　2019　2016　2013　2010

循環参照を起こしているセルを探す

循環参照を示すメッセージが表示されたときに[OK]ボタンまたは[キャンセル]ボタンをクリックして閉じてしまうと、それ以後、循環参照を示す手がかりが表示されなくなることがあります。そのような場合は、以下のように操作することにより、循環参照を起こしているセルを探し出して選択できます。

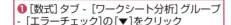

❶[数式]タブ - [ワークシート分析]グループ - [エラーチェック]の[▼]をクリック
❷[循環参照]にマウスポインターを合わせる
問題のあるセルが一覧表示された
❸項目をクリック

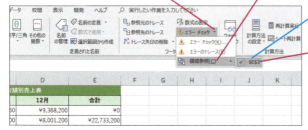

問題のあるセルが選択された
数式を修正して循環参照を解消する

ポイント

- 循環参照は、数式や関数の参照先にそのセル自身が含まれている場合などに起こります。
- 問題のあるセルが見つかったら、数式に含まれるセル参照を確認し、正しい数式に修正しましょう。
- 循環参照を起こしているセルを選択し、[数式]タブの[ワークシート分析]グループにある[参照元のトレース]ボタンをクリックすると、そのセルを数式の中で利用しているセルからの矢印が表示されます。もう一度[参照元のトレース]ボタンをクリックすると、参照先をさらにさかのぼって示す矢印が表示されます。逆に[参照先のトレース]ボタンは、そのセルを数式で参照しているセルを矢印で示します。これらのボタンを、数式の間違いを見つける手がかりとして利用するといいでしょう。

関連　数式中のセル参照を修正する ……………………………………………P.355

互換性関数

互換性関数とは

Excel 2010以降で、統計関数を中心として関数名や機能が整理され、名前に「.」の入った関数が多数追加されました。これらと同等の機能を持つ旧バージョンの関数は「互換性関数」として分類されており、Excel 2007以前でブックを利用することが想定される場合に使います。ここでは互換性関数と現行の関数との対応を確認できるよう、一覧を掲載します。

●互換性関数の一覧

互換性関数	機能	現行の関数	掲載ページ
BETADIST	ベータ分布の累積分布関数の値を求める	BETA.DIST	P.181
BETAINV	ベータ分布の累積分布関数の逆関数を求める	BETA.INV	P.182
BINOMDIST	二項分布の確率や累積確率を求める	BINOM.DIST	P.156
CEILING	数値を基準値の倍数に切り上げる	CEILING.PRECISE	P.60
CHIDIST	カイ二乗分布の右側確率を求める	CHISQ.DIST.RT	P.166
CHIINV	カイ二乗分布の右側確率から逆関数の値を求める	CHISQ.INV.RT	P.166
CHITEST	カイ二乗検定を行う	CHISQ.TEST	P.167
CONCATENATE	文字列を連結する	CONCAT	P.192
CONFIDENCE	母集団に対する信頼区間を求める（正規分布を利用）	CONFIDENCE.NORM	P.155
COVAR	共分散を求める	COVARIANCE.P	P.154
CRITBINOM	二項確率の累積確率が基準値以下になる最大値を求める	BINOM.INV	P.157
EXPONDIST	指数分布の確率や累積確率を求める	EXPON.DIST	P.178
FDIST	F分布の右側確率を求める	F.DIST.RT	P.175
FINV	F分布の右側確率から逆関数の値を求める	F.INV.RT	P.176
FLOOR	数値を基準値の倍数に切り捨てる	FLOOR.PRECISE	P.58
FORECAST	単回帰分析を使って予測する	FORECAST.LINEAR	P.141
FTEST	F検定を行う	F.TEST	P.177
GAMMADIST	ガンマ分布の確率や累積確率を求める	GAMMA.DIST	P.179
GAMMAINV	ガンマ分布の逆関数の値を求める	GAMMA.INV	P.180
GAMMALN	ガンマ関数の自然対数を求める	GANMALN.PRECISE	P.180
HYPGEOMDIST	超幾何分布の確率を求める	HYPGEOM.DIST	P.158
LOGINV	累積対数正規分布の逆関数の値を求める	LOGNORM.INV	P.164
LOGNORMDIST	対数正規分布の確率や累積確率を求める	LOGNORM.DIST	P.164
MODE	数値の最頻値を求める	MODE.SNGL	P.117
NEGBINOMDIST	負の二項分布の確率を求める	HYPGEOM.DIST	P.158
NORMDIST	正規分布の確率や累積確率を求める	NORM.S.DIST	P.160
NORMINV	累積正規分布の逆関数の値を求める	NORM.INV	P.161

互換性関数	機能	現行の関数‥‥‥‥‥ 掲載ページ
NORMSDIST	標準正規分布の累積確率を求める	NEGBINOM.DIST ‥‥‥P.162
NORMSINV	標準正規分布の累積確率の逆数を求める	NORM.S.INV ‥‥‥‥‥‥P.163
PERCENTILE	百分位数を求める（0%と100%を含めた範囲）	PERCENTILE.INC ‥‥‥‥P.123
PERCENTRANK	百分率での順位を求める（0%と100%を含めた範囲）	PERCENTRANK.INC ‥‥P.125
POISSON	ポアソン分布の確率や累積確率を求める	POISSON.DIST ‥‥‥‥‥P.159
QUARTILE	四分位数を求める（0%と100%を含めた範囲）	QUARTILE.INC ‥‥‥‥‥P.127
RANK	順位を求める（同じ値のときは最上位の順位を返す）	RANK.EQ ‥‥‥‥‥‥‥‥P.121
STDEV	数値をもとに不偏標準偏差を求める	STDEV.S ‥‥‥‥‥‥‥‥P.135
STDEVP	数値をもとに標準偏差を求める	STDEV.P ‥‥‥‥‥‥‥‥P.133
TDIST	t分布の右側確率や両側確率を求める	T.DIST.RT ‥‥‥‥‥‥‥P.168 T.DIST.2T ‥‥‥‥‥‥‥P.169
TINV	t分布の両側確率から逆数の値を求める	T.INV.2T ‥‥‥‥‥‥‥‥P.171
TTEST	t検定を行う	T.TEST ‥‥‥‥‥‥‥‥‥P.172
VAR	数値をもとに不偏分散を求める	VAR.S ‥‥‥‥‥‥‥‥‥P.131
VARP	数値をもとに分散を求める	VAR.P ‥‥‥‥‥‥‥‥‥P.129
WEIBULL	ワイブル分布の値を求める	WEIBULL ‥‥‥‥‥‥‥‥P.182
ZTEST	正規母集団の平均を検定する	Z.TEST‥‥‥‥‥‥‥‥‥P.173

ポイント

- CONCATINATE関数とFORECAST関数は、Excel 2013以前のバージョン利用できる互換性関数です。それ以外の関数はExcel 2007以前のバージョンで利用できる互換性関数です。

- 現行の関数と互換性関数の多くは名前が異なるだけで、機能や引数の指定方法は同じです。ただし、一部の関数では機能や引数の指定方法が異なっている場合があります。詳細については上の表の各関数のページで確認してください。

- Excel 2007のサポートは2017年10月10日に終了しています。また、Excel 2010のサポートは2020年10月13日に終了する予定です。

■著者

羽山 博(はやま ひろし)

京都大学文学部哲学科卒業後、NECでユーザー教育や社内SE教育を担当したのち、ライターとして独立。ソフトウェアの使い方からプログラミング、認知科学、統計学まで幅広く執筆。読者の側に立った分かりやすい表現を心がけている。2006年に東京大学大学院学際情報学府博士課程を単位取得後退学。現在、有限会社ローグ・インターナショナル代表取締役、日本大学、青山学院大学、お茶の水女子大学、東京大学講師。

吉川明広(よしかわ あきひろ)

芝浦工業大学工学部電子工学科卒業後、特許事務所勤務を経て株式会社アスキーに入社。パソコン関連記事の編集に従事したのち、フリーエディターとして独立。IT分野を対象に書籍や雑誌の執筆・編集を手がけている。どんな難解な技術も中学3年生が理解できる言葉で表現することが目標。2000年〜2003年、国土交通省航空保安大学校講師。2004年〜2017年、お茶の水女子大学講師。

STAFF

カバーデザイン	株式会社ドリームデザイン
本文フォーマット	株式会社ドリームデザイン
DTP制作	株式会社トップスタジオ
制作協力	町田有美・田中麻衣子
デザイン制作室	今津幸弘 <imazu@impress.co.jp>
	鈴木 薫 <suzu-kao@impress.co.jp>
制作担当デスク	柏倉真理子 <kasiwa-m@impress.co.jp>
編集	株式会社トップスタジオ
デスク	山田貞幸 <yamada@impress.co.jp>
副編集長	小渕隆和 <obuchi@impress.co.jp>
編集長	藤井貴志 <fujii-t@impress.co.jp>

本書のご感想をぜひお寄せください

https://book.impress.co.jp/books/1118101125

読者登録サービス

アンケート回答者の中から、抽選で**商品券(1万円分)**や**図書カード(1,000円分)**などを毎月プレゼント。
当選は賞品の発送をもって代えさせていただきます。

本書は、Excelを使ったパソコンの操作方法について、2019年2月時点での情報を掲載しています。紹介しているハードウェアやソフトウェア、サービスの使用法は用途の一例であり、すべての製品やサービスが本書の手順と同様に動作することを保証するものではありません。

本書の内容に関するご質問については、該当するページや質問の内容をインプレスブックスのお問い合わせフォームより入力してください。電話やFAXなどのご質問には対応しておりません。なお、インプレスブックス（https://book.impress.co.jp/）では、本書を含めインプレスの出版物に関するサポート情報などを提供しております。そちらもご覧ください。

本書発行後に仕様が変更されたハードウェア、ソフトウェア、サービスの内容などに関するご質問にはお答えできない場合があります。該当書籍の奥付に記載されている初版発行日から3年が経過した場合、もしくは該当書籍で紹介している製品やサービスについて提供会社によるサポートが終了した場合は、ご質問にお答えしかねる場合があります。また、以下のご質問にはお答えできませんのでご了承ください。

・書籍に掲載している手順以外のご質問
・ハードウェア、ソフトウェア、サービス自体の不具合に関するご質問

本書の利用によって生じる直接的または間接的被害について、著者ならびに弊社では一切の責任を負いかねます。あらかじめご了承ください。

■商品に関する問い合わせ先
インプレスブックスのお問い合わせフォームより入力してください。
https://book.impress.co.jp/info/
上記フォームがご利用いただけない場合のメールでの問い合わせ先
info@impress.co.jp

■落丁・乱丁本などの問い合わせ先
TEL　03-6837-5016　FAX　03-6837-5023
service@impress.co.jp
受付時間　10:00 〜 12:00 ／ 13:00 〜 17:30
　　　　　（土日・祝祭日を除く）
●古書店で購入されたものについてはお取り替えできません。

■書店／販売店の窓口
株式会社インプレス 受注センター
TEL　048-449-8040　FAX　048-449-8041

株式会社インプレス 出版営業部
TEL　03-6837-4635

できるポケット　時短の王道
Excel 関数全事典 改訂版
Office 365 & Excel 2019/2016/2013/2010対応

2019年3月21日　初版発行
2020年4月1日　第1版第3刷発行

著　者　羽山 博・吉川明広 & できるシリーズ編集部

発行人　小川 亨

編集人　高橋隆志

発行所　株式会社インプレス
　　　　〒101-0051　東京都千代田区神田神保町一丁目105番地
　　　　ホームページ　https://book.impress.co.jp/

本書は著作権法上の保護を受けています。
本書の一部あるいは全部について（ソフトウェア及びプログラムを含む）、
株式会社インプレスから文書による許諾を得ずに、
いかなる方法においても無断で複写、複製することは禁じられています。

Copyright © 2019 Rogue International, Akihiro Yoshikawa and Impress Corporation. All rights reserved.

印刷所　図書印刷株式会社
ISBN978-4-295-00580-3 C3055

Printed in Japan